高等职业教育"十三五"规划教材（软件技术专业）

Java 程序设计简明教程

黄能耿　黄致远　编著

中国水利水电出版社
www.waterpub.com.cn
·北京·

内 容 提 要

本书是"Jitor 实训丛书"中的一本，以软件行业对编程人才的需求为导向，以培养应用型和创新型人才为目标，以 Eclipse 为平台，重点讲解 Java 程序设计基础、方法、数组、面向对象的程序设计、Java API、异常处理、多线程、文件处理、JSON 串行化和网络编程等内容，最后以一个综合项目结束。本书面向初学者，以程序设计的基本主线为重点，深入讲解程序设计的内涵，并将软件企业中的开发流程、编码规范等职业素养有机地融入到教材中。

本书的特点是提供了一个在线的 Jitor 校验器软件（下载地址为 http://ngweb.org/），提供了 112 个 Jitor 实训项目和 43 个 Jitor 综合实训项目，读者可以在 Jitor 校验器的指导下一步步地完成实训任务，每完成一步都提交给 Jitor 校验器检查并实时得到通过或失败的反馈信息，校验通过后才能进入下一步操作。Jitor 校验器还会将成绩上传到服务器，让教师实时掌握学生的实训进展情况。

本书是 Java 语言的基础教程，既可作为高等职业院校的教材，也可作为应用型本科、中等职业院校、非学历培训机构的教材，还可供自学者使用。

本书中的 155 个 Jitor 实训项目也可配合其他教材使用。

图书在版编目（CIP）数据

Java程序设计简明教程 / 黄能耿，黄致远编著. -- 北京 : 中国水利水电出版社，2020.2
高等职业教育"十三五"规划教材. 软件技术专业
ISBN 978-7-5170-8395-5

Ⅰ. ①J… Ⅱ. ①黄… ②黄… Ⅲ. ①JAVA语言－程序设计－高等职业教育－教材 Ⅳ. ①TP312.8

中国版本图书馆CIP数据核字(2020)第027396号

策划编辑：石永峰　责任编辑：石永峰　加工编辑：张玉玲　封面设计：李　佳

书　　名	高等职业教育"十三五"规划教材（软件技术专业） Java 程序设计简明教程 Java CHENGXU SHEJI JIANMING JIAOCHENG
作　　者	黄能耿　黄致远　编著
出版发行	中国水利水电出版社 （北京市海淀区玉渊潭南路 1 号 D 座　100038） 网址：www.waterpub.com.cn E-mail：mchannel@263.net（万水） sales@waterpub.com.cn 电话：（010）68367658（营销中心）、82562819（万水）
经　　售	全国各地新华书店和相关出版物销售网点
排　　版	北京万水电子信息有限公司
印　　刷	三河市铭浩彩色印装有限公司
规　　格	184mm×260mm　16 开本　18.25 印张　445 千字
版　　次	2020 年 2 月第 1 版　2020 年 2 月第 1 次印刷
印　　数	0001—2000 册
定　　价	48.00 元

Jitor 实训丛书使用说明

"Jitor 实训丛书"是一套 IT 类专业基础课程的教材，第一批出版的图书包括《C++程序设计简明教程》《C 程序设计简明教程》《Java 程序设计简明教程》《MySQL 数据库应用简明教程》和《Python 程序设计简明教程》，特色是采用 Jitor 校验器对读者的实训过程进行指导和校验。Jitor 的含义是即时校验（Just In Time，JIT），每做完一步操作即时进行校验。

丛书主编为"Jitor 实训丛书"开发了一个 Jitor 实训平台（软件著作权登记号 2014SR079784），支持 C、C++、Java、Python、MySQL 和 SQL Server 等语言的学习。该平台由 Jitor 校验器和 Jitor 管理器两部分组成。

丛书主页地址为 http://ngweb.org/，可以下载本书需要的软件和 Jitor 校验器。Jitor 管理器入口地址也在这个主页上。

一、Jitor 校验器

Jitor 校验器是一个绿色软件，下载后解压到合适的目录（目录名不能含有空格、汉字或特殊符号）中即可直接运行。

双击 Jitor 校验器的可执行文件，打开 Jitor 校验器的登录界面。

普通读者可以免费注册一个账号，注册时需要提供正确的 QQ 邮箱地址（一个 QQ 号只能注册一个账号）。学生则应该从教师处获取账号和密码。

登录后，选择《Java 程序设计简明教程》，将看到本书的实训列表，第一次使用时选择【实训 1-1】，按照实训指导内容一步步地操作，每完成一步，单击【Jitor 校验第 n 步】，由 Jitor 校验器检查这一步的操作是否正确。校验成功则得到相应分数并进入下一步操作，校验失败则倒扣 1 分，改正错误后再次校验，直到成功为止。成绩将记录在服务器上，因此使用时需要连接互联网。

应该告诉 Jitor 校验器 Java 项目保存的位置，这是在 Jitor 校验器的"配置"菜单中通过指定 Java 的工作空间来完成的，Jitor 校验器的工作空间应该与 Eclipse 的工作空间相同。

在 Jitor 校验器中，可以查看本次实训的成绩记录以及所有已做过的实训的成绩汇总，同时可以查看最近的错误日志。

Jitor 校验器的界面和使用说明详见第 1 章。

二、Jitor 管理器

Jitor 管理器是一个管理网站，为教师提供班级管理、学生管理、实训安排、成绩查询和汇总等功能。学生和普通读者不需要使用 Jitor 管理器。

三、Jitor 实训项目

本书提供了 112 个实训项目和 40 个综合实训项目，供普通读者和院校师生使用。

1. 普通读者

本书的特点是内容简明扼要，以程序设计的基本主线为重点，深入讲解程序设计的内涵，通过实训来充分展现基本知识点和技能点，因此读者要认真阅读相关代码，深入领会代码中的要点，特别是代码中的注释部分。

在阅读本书的同时，根据自己对书中内容的理解程度有选择地做相应的实训。

- 简单的实训：不必花费太多时间。
- 中等难度的实训：通过实训得到执行结果，从结果中再来理解代码。
- 难度大的实训：通过实训和跟踪调试加深对代码的理解。

2. 院校师生

对于院校师生，本书的实训项目分以下 4 种用途：

（1）课堂讲授：选用一些以基本知识点为主的实训作为课堂讲授，课后还可以让学生作为作业再做，对于简单的实训，也可以不做。

（2）机房实训：这类实训以巩固知识为主，可以直接让学生做；也可以由教师先讲一遍，然后再由学生做。

（3）机房测试：这是有一定综合性要求的实训，可以作为阶段小测或考试来使用；也可以事先让学生预习几个实训，小测或考试时从中选择一个或几个实训。

（4）课后作业：上述没有用到的实训选择一定数量作为课后作业。

实训的计分原则：只要完成了实训，就能够得到及格的分数（每个步骤扣分达到 3 分就不再扣分）。这些分数可以作为平时成绩和小测成绩计入学期总评分数，因此要鼓励学生完成教师布置的所有实训。

《Java 程序设计简明教程》的实训资源列表见表 1。

表 1 Jitor 实训平台提供的 Java 实训一览表

序号	实训标题	序号	实训标题
1	【实训 1-1】体验 Java 程序和 Jitor 校验器	12	【实训 2-10】数据输入
2	【实训 1-2】Java 的输入和输出	13	【实训 2-11】数据格式控制
3	【实训 2-1】变量及赋值	14	【实训 3-1】if 语句的 3 种基本形式
4	【实训 2-2】字面常量	15	【实训 3-2】理解条件表达式
5	【实训 2-3】中文字符	16	【实训 3-3】巧用 if 语句
6	【实训 2-4】程序调试：变量的查看	17	【实训 3-4】if 语句的应用
7	【实训 2-5】前置自增和后置自增	18	【实训 3-5】if 语句的嵌套
8	【实训 2-6】逻辑运算和关系运算的应用	19	【实训 3-6】条件表达式
9	【实训 2-7】位运算符和位运算表达式	20	【实训 3-7】switch 语句的基本形式
10	【实训 2-8】数据类型转换	21	【实训 3-8】switch 语句的应用
11	【实训 2-9】数据输出	22	【实训 3-9】实例详解（一）：求给定年份和月份的天数

续表

序号	实训标题	序号	实训标题
23	【实训 3-10】while 循环——计算 1～n 的整数和	57	【实训 5-5】对象作为方法参数
24	【实训 3-11】do…while 循环——计算 1～n 的整数和	58	【实训 5-6】对象作为方法的返回值
25	【实训 3-12】程序调试：循环的跟踪调试	59	【实训 5-7】构造方法
26	【实训 3-13】for 循环——计算 1～n 的整数和	60	【实训 5-8】访问控制修饰符
27	【实训 3-14】for 语句常见的两种变化	61	【实训 5-9】getters 方法和 setters 方法
28	【实训 3-15】while 语句的变化	62	【实训 5-10】默认访问权限——包与访问权限
29	【实训 3-16】循环语句的嵌套——输出乘法表	63	【实训 5-11】静态成员变量
30	【实训 3-17】实例详解（二）：求圆周率 π 的近似值	64	【实训 5-12】静态成员方法
31	【实训 3-18】实例详解（三）：斐波那契数列	65	【实训 5-13】3 种内部类
32	【实训 3-19】break 语句——输出三角形的乘法表	66	【实训 6-1】父类与子类
33	【实训 3-20】continue 语句	67	【实训 6-2】程序调试：内存中的父类对象和子类对象
34	【实训 3-21】实例详解（四）：求自然常数 e 的近似值	68	【实训 6-3】继承和访问控制
35	【实训 3-22】实例详解（五）：输出素数表	69	【实训 6-4】super 的使用
36	【实训 3-23】实例详解（六）：百钱买百鸡问题	70	【实训 6-5】对象兼容规则
37	【实训 3-24】使用 Java 库方法	71	【实训 6-6】对象之间的类型转换
38	【实训 3-25】使用自定义方法	72	【实训 6-7】抽象方法
39	【实训 3-26】方法返回值	73	【实训 6-8】接口以及接口的实现
40	【实训 3-27】无返回值的方法	74	【实训 6-9】类的单继承与接口的多继承
41	【实训 3-28】传值调用——实参与形参	75	【实训 7-1】方法的重载
42	【实训 3-29】嵌套调用——杨辉三角	76	【实训 7-2】方法的覆盖
43	【实训 3-30】递归调用——阶乘	77	【实训 7-3】实例详解：接口与覆盖
44	【实训 3-31】方法重载	78	【实训 8-1】toString()方法
45	【实训 4-1】一维数组的输出和输入	79	【实训 8-2】包装类与类型转换
46	【实训 4-2】一维数组的最大值、最小值和平均值	80	【实训 8-3】实例详解（一）：分析目录结构
47	【实训 4-3】实例详解（一）：一维数组逆序交换	81	【实训 8-4】数组查找
48	【实训 4-4】程序调试：一维数组的跟踪调试	82	【实训 8-5】日期操作
49	【实训 4-5】二维数组的输出和输入	83	【实训 8-6】日期类与字符串之间的转换
50	【实训 4-6】计算学生平均成绩	84	【实训 8-7】List 例子
51	【实训 4-7】实例详解（二）：矩阵的转置	85	【实训 8-8】泛型的使用
52	【实训 4-8】传值调用与传数组调用	86	【实训 8-9】Set 例子
53	【实训 5-1】对象的使用	87	【实训 8-10】Map 例子
54	【实训 5-2】程序调试：内存中的对象	88	【实训 8-11】正则表达式例子
55	【实训 5-3】对象的输入和输出	89	【实训 8-12】实例详解（二）：文本计算器的实现
56	【实训 5-4】对象作为类的成员变量	90	【实训 9-1】捕获异常

续表

序号	实训标题	序号	实训标题
91	【实训 9-2】声明抛出异常	102	【实训 11-5】复制二进制文件
92	【实训 9-3】自定义异常	103	【实训 11-6】缓冲流
93	【实训 9-4】单元测试	104	【实训 11-7】读取文本文件
94	【实训 10-1】单线程和多线程	105	【实训 11-8】缓冲型字符流
95	【实训 10-2】多线程的实现（实现 Runnable 接口）	106	【实训 11-9】JSON 对象串行化和反串行化
96	【实训 10-3】实例详解（一）：猜数字游戏	107	【实训 11-10】实例详解：复杂数据结构的串行化和反串行化
97	【实训 10-4】实例详解（二）：模拟布朗运动	108	【实训 12-1】使用 URL 访问网页
98	【实训 11-1】文件过滤器	109	【实训 12-2】使用 URLConnection 提交数据
99	【实训 11-2】递归调用列出各级目录的内容	110	【实训 12-3】服务器端程序（ServerSocket 类）
100	【实训 11-3】字节输入流	111	【实训 12-4】客户端程序（Socket 类）
101	【实训 11-4】字节输出流	112	【实训 12-5】支持多客户的服务器端程序

前　言

本书根据高等职业教育的特点，结合作者多年教学改革和应用实践经验编写而成，全书遵循项目导向的理念，在内容上做到简而精，在要求上实现高而严。本书不求面面俱到，重点和难点会详细讲解，并通过 Jitor 校验器指导读者反复练习，通过动手做让学习更轻松、理解更深刻、记忆更久远。

本书的最大特点是采用了作者开发的 Jitor 实训平台（见表 2）。

表 2　Jitor 实训平台功能介绍

<table>
<tr><td colspan="2">Jitor 实训平台是信息技术大类专业课程（C、C++、Java、Python、MySQL 和 SQL Server 等）的实训教学平台，提供实训项目供教师选用。每门课程提供 100～200 个实训项目，对学生编写的代码和运行结果进行实时评价，实时监测全班学生的实训进展情况。
Jitor 实训平台下载地址为 http://ngweb.org/，包括 Jitor 校验器和 Jitor 管理器的入口地址。</td></tr>
<tr><td>教师容易使用，一步一步地教</td><td>学生乐于学习，一关一关地学</td></tr>
<tr><td>根据教学进度，在 Jitor 管理器中选择合适的 Jitor 实训项目发布给学生，要求学生在指定的时间内完成。可以安排在实训课的上课时间，也可以安排在课前课后时间里完成，教师可以实时掌握每位学生每个步骤的成功或失败情况。
实训项目的每个步骤都有实训指导内容，详细描述了该步骤的要求。教师只要布置好实训，Jitor 校验器就会自动地一步一步教学生如何去完成，并检查完成的效果。</td><td>每个实训项目由若干步骤组成，就像通关游戏一样。每个步骤如同关卡，每通过一个关卡就能得到一定的分数，如果通关失败，则倒扣 1 分。只要通过所有关卡，就能得到及格以上分数。如果想得高分，就要尽量避免失败。
学生按照每一关卡的要求进行编程操作，完成后提交给 Jitor 校验器检查，成功通关并得到分数后才能进入下一个关卡。学生只需跟着一关一关地学，就能学到编程技能。</td></tr>
</table>

本书每个章节都有代码实例，提供了 155 个在线 Jitor 实训项目，供读者选择使用；最后一章是“综合项目”，综合运用本书的知识完成一个学生成绩管理系统的开发。

本书特点如下：

（1）实例：本书包含大量的实例，实例简明扼要、容易理解。

（2）实训：所有实例都有配套的实训，通过 Jitor 校验器在线使用，实时反馈结果。

（3）综合实训：每章结尾都有一些综合实训，测试读者综合运用所学知识的能力。

（4）综合项目：最后一章是一个综合性项目，可以安排在单独的课程设计专用周中完成。

（5）微课：针对 Java 的重点和难点提供了 20 个微课。

本书遵循高职学生的认知和技能形成规律，使用通俗易懂的语言，配合数量众多的实例，由易到难、由浅入深、循序渐进地介绍各个知识点，通过大量的 Jitor 实训项目进行验证和巩固，并通过每章结尾的综合实训进行综合练习。在最后一章的综合项目中进行全面综合运用，将知识融于形象的案例中，提高学习的兴趣和效果。

本书面向初学者，起点低、无门槛，不需要任何编程基础知识，高中生就能学习。读者学完本书后，可以阅读更多的 Java 相关书籍，进一步提高编程水平。

本书共 13 章，教师可以根据学生情况和教学安排来组织教学内容，可用于 48 课时或 64

课时的教学，甚至是作为32课时的快速入门课程（见表3），不同课时的教学计划以及课件和软件等相关资源可以从本书主页 http://ngweb.org/下载。

表3　课时安排建议

章	课时			
	32课时	48课时	64课时（A）	64课时（B）
第1章　Java概述	4	4	4	4
第2章　Java语言基础	6	8	8	8
第3章　流程控制和方法	8	8	8	8
第4章　数组	2	2	4	4
第5章　类与对象——封装性	4	6	8	6
第6章　父类与子类——继承性	4	6	8	6
第7章　重载与覆盖——多态性		2	4	2
第8章　Java API类库	2	6	10	8
第9章　异常处理与单元测试		2	2	4
第10章　多线程			2	2
第11章　文件处理与串行化			2	4
第12章　网络编程				4
机动	2	4	4	4
合计	32	48	64	64

本书由无锡职业技术学院的黄能耿和无锡赛博盈科科技有限公司的黄致远共同编写，其中黄致远编写 100 千字，其余部分由黄能耿编写。本书由无锡职业技术学院的刘德强副教授主审。Jitor 实训平台由黄能耿研发，Jitor 实训项目由黄致远制作，全书由黄能耿统稿。在本书编写过程中编者得到单位领导和同事的大力支持和帮助，在此表示衷心感谢。

由于编者水平所限，加之时间仓促，书中不足甚至错误之处在所难免，恳请读者批评指正。

编　者

2019年12月

目　录

第 1 章　Java 概述

本章所有实训可以在 Jitor 校验器的指导下完成。

1.1　为什么学 Java

因为 Java 是编程语言排行榜上长期居于第一位的语言。TIOBE 排行榜是对编程语言流行程度的权威解读（见表 1-1）。

表1-1　TIOBE 排行榜（https://www.tiobe.com/tiobe-index/，2019 年 4 月）

编程语言	2004	2009	2014	2019	说明
Java	1	1	2	1	吸收 C 语言精华，降低编程难度，是大型网站和安卓手机的开发语言
C	2	2	1	2	编程语言的一代宗师，开创了 C 编程风格，是通用开发语言
C++	3	3	4	3	在 C 语言的基础上，增加了面向对象的功能，是通用开发语言
Python	9	5	7	4	一种 AI（人工智能）时代的编程语言
VB.NET	—	—	10	5	微软公司力推的编程语言，前身 Basic 语言有 60 年的历史
C#	7	6	5	6	微软公司力推的编程语言，采用 Java 所创建的技术
JavaScript	8	8	8	7	最初是用于网站前端开发的语言，现已扩展应用到众多领域
PHP	5	4	6	8	用于开发网站后端的一种语言
SQL	6	—	—	9	数据库设计和开发的通用语言
Objective-C	44	36	3	10	是 C 语言的一种扩展，是苹果操作系统和苹果手机的开发语言

因为 Java 吸收了 C++的精华，是编辑语言中的姣姣者。

还因为 Java 摒弃了 C++的缺点，相比于 C 语言和 C++，更容易学习，结构清晰，开发速度快、效率高。

更因为 Java 是一种使用广泛的计算机编程语言，可以用来开发大型网站。许多新技术，例如大数据、云计算和人工智能等前沿技术中都有它的身影。它也是 Android（安卓）手机上的唯一开发语言。

如果专业方向是电子类、控制类，那么合适的选择是学习 C 语言。
如果专业方向是软件类、信息类，那么合适的选择是学习 C++、Java 和 SQL。
如果专业方向是大数据、人工智能，那么合适的选择是学习 Python。

1.2 安装 Java 开发环境

本书使用的所有软件都可以从本书主页下载，下载地址为 http://ngweb.org。

Java 开发环境包括两个部分：Java 开发工具包和集成开发环境。

- Java 开发工具包（JDK）：JDK 的最新版本是 12 版。对于初学者，主要学习 Java 语言的基础部分。本书要求的最低版本是 6.0 版（也称为 1.6 版），本书使用的版本是 1.8 版。
- 集成开发环境（IDE）：Java 的 IDE 有 Eclipse 和 IntelliJ IDEA 等。本书采用 Eclipse Neon（4.6 版），其他版本也可以使用，使用方面差别不大，最低要求是 Eclipse Galileo（3.5 版）。所有例子都可以同时在 Eclipse 和 IntelliJ IDEA 环境中使用。

1. 安装

从本书主页的链接中下载合适版本的 JDK 和 Eclipse。首先安装 JDK，直接双击安装文件，然后全部单击“下一步”按钮即可，一两分钟就能完成安装；而 Eclipse 不需要安装，将文件解压出来，运行其中的 eclipse.exe 即可。

如果安装 JDK 时采用默认的安装路径，对于学习本课程，可以不需要进行配置，直接运行 Eclipse；否则需要进行下述配置后才能正常运行。

2. Java 环境变量设置

按照 JDK 的标准安装流程，安装结束后，需要设置如下环境变量：

- JAVA_HOME=Java SDK 所在的目录。
- path=javac 和 java 命令所在的目录。
- CLASSPATH=存放字节码文件的目录。

在 Windows 平台上，如果 JDK 的安装目录是 C:\Program Files\Java\jdk6.0_18，上述环境变量的设置如下：

```
JAVA_HOME=C:\Program Files\Java\jdk6.0_18
path=;%JAVA_HOME%/bin
CLASSPATH=.;%JAVA_HOME%/lib/tools.jar;%JAVA_HOME%/lib/dt.jar
```

设置的方法是通过“我的电脑”右键菜单中的“属性”打开“系统属性”窗口，然后选择“高级”选项卡，单击“环境变量”按钮，打开“环境变量”对话框。在其中的“系统变量”列表框中，按上述要求“新建”或“编辑”环境变量。

设置时需要注意以下几点：

- 环境变量的各个值之间用分号分隔。
- 系统中已经存在 path 变量，千万不能删除或更改原有的值，只能在后面添加。不要忘记用分号“;”与原有的值分隔开来。
- CLASSPATH 值的第一个字符是小数点，它表示当前目录。

安装后要测试安装是否成功，可以在命令行下运行：

```
java -version
```

如果安装正确，这时应该显示 Java 的版本号等有关信息。

Java 语言的版本

Java 语言最初发布于 1995 年，经历了 1.0、1.2、1.4、1.5、1.6 等版本，从 1.5 版起改称 5.0 版，1.6 版称为 6.0 版，然后是 7（1.7）、8（1.8）、9、10、11 版，目前最新版本是 12 版。1.6 版是学习 Java 语言最经典的版本。

Java 的 1.2 版发展出 3 个不同用途的版本：J2SE、J2EE 和 J2ME，这 3 个版本后来改称为 Java SE、Java EE 和 Java ME。

- Java SE（标准版）：分为 Java SDK 和 Java JRE 两个部分。SDK 用于 Java 程序的开发，JRE 用于支持 Java 程序的运行。
- Java EE（企业版）：在标准版本的基础上，增加了用于企业应用的编程架构，主要是开发大型网站。
- Java ME（微型版）：是标准版本的子集，用于手机、家用电器等小电器的编程。在这个框架上发展成为 Android（安卓）手机上的唯一开发语言。

1.3　体验 Java

1.3.1　体验 Java 程序和 Jitor 校验器

本小节通过 Hello, world!的例子，学习 Eclipse 开发环境的使用，掌握 Java 程序最基本的开发过程，学会使用 Jitor 校验器校验你的每一步操作。

体验 Java 语言程序

学习使用 Jitor 校验器

【例 1-1】体验 Java 程序和 Jitor 校验器（参见实训平台【实训1-1】）。

运行并登录 Jitor 校验器，选择《Java 程序设计简明教程》，将看到本书的实训列表，如图 1-1 所示。

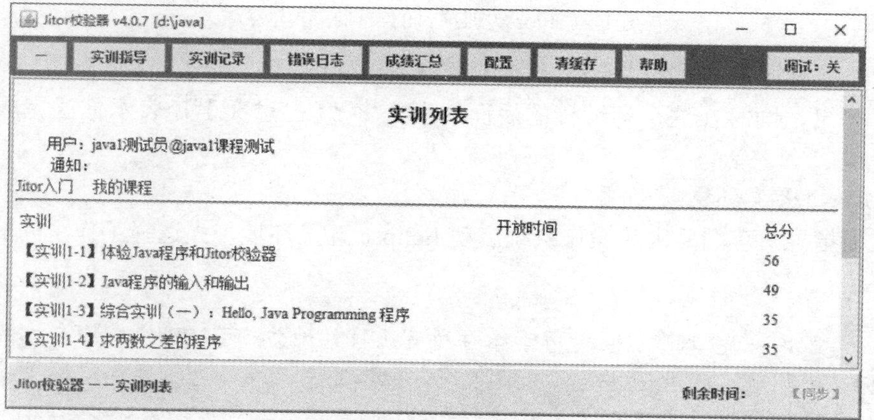

图 1-1　Jitor 校验器的实训列表界面（普通读者界面）

Jitor 校验器的安装见本书扉页后的“Jitor 实训丛书使用说明”，其中也有关于账号和密码的说明。详细使用说明参见“1.3.2　Jitor 校验器的使用”。

单击【实训 1-1】，将看到该项目的实训指导内容，如图 1-2。

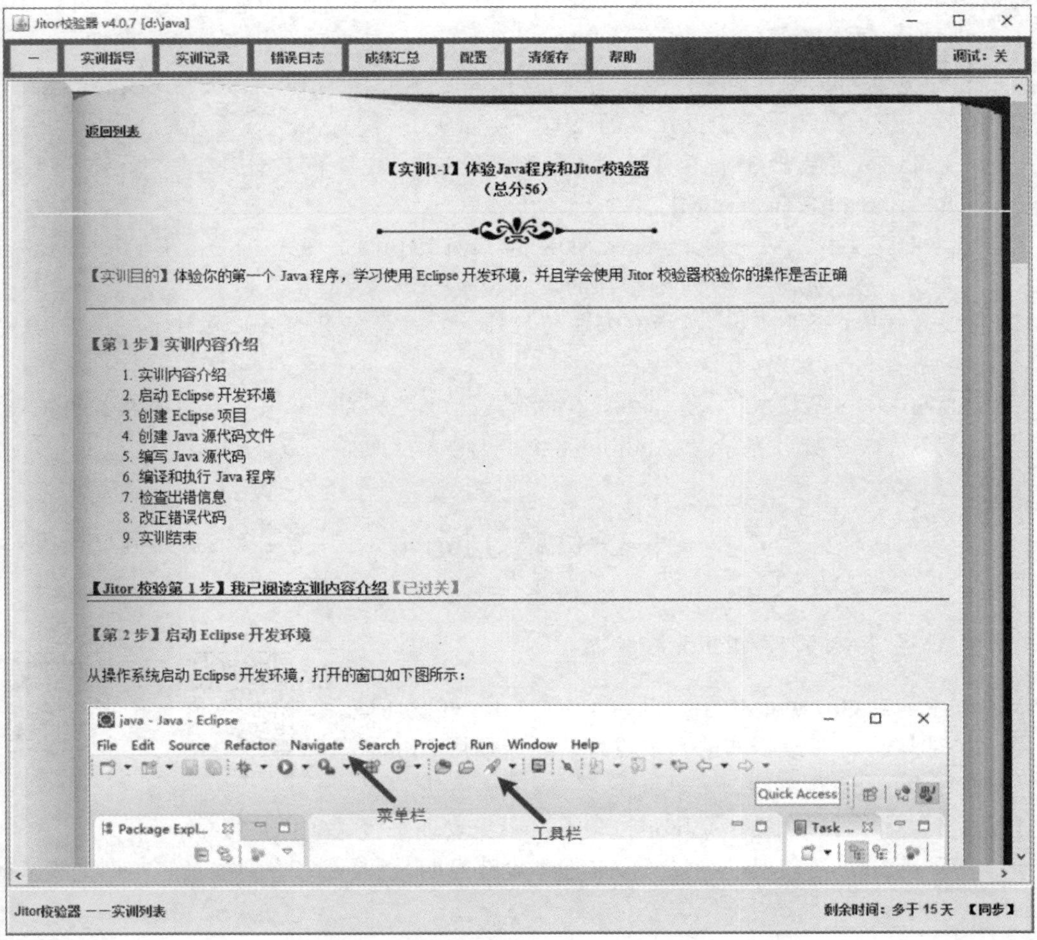

图 1-2　Jitor 实训项目的实训指导内容

阅读【第 1 步】实训内容介绍，然后单击【Jitor 校验第 1 步】，这时会得到“签到送 2 分”的提示信息，同时在这个超链接的后面加上文字“【已过关】”，表示你已完成这一步，参见图 1-2。

1. 启动 Java 开发环境

按照实训指导内容的要求从操作系统启动 Eclipse 开发环境，先选择工作空间的窗口，如图 1-3 所示。

Eclipse 的工作空间是用于保存所有项目的地方，可以替换成你自己的目录名，例如用你姓名的汉语拼音作为目录名，但不要用汉字，也不要加空格或其他符号。工作空间可以是其他盘（如 E:\或 F:\盘）的目录。

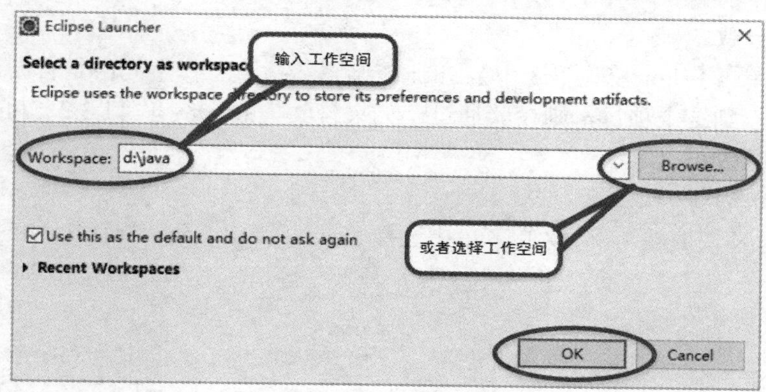

图 1-3 选择工作空间

单击 OK 按钮后才进入 Eclipse，关闭它的 Welcome（欢迎）页面，它的主界面如图 1-2 所示。

单击【Jitor 校验第 2 步】，告诉 Jitor 校验器你已完成这一步并得到相应的分数。

Eclipse 的运行文件是 eclipse.exe，位于解压出来的目录中。通常可以为它建立一个快捷方式，以方便日后的使用。

2. 创建 Java 项目

按 Ctrl + N 快捷键（或从菜单 File 中选择 New），将弹出 New 对话框，如图 1-4 左图所示。

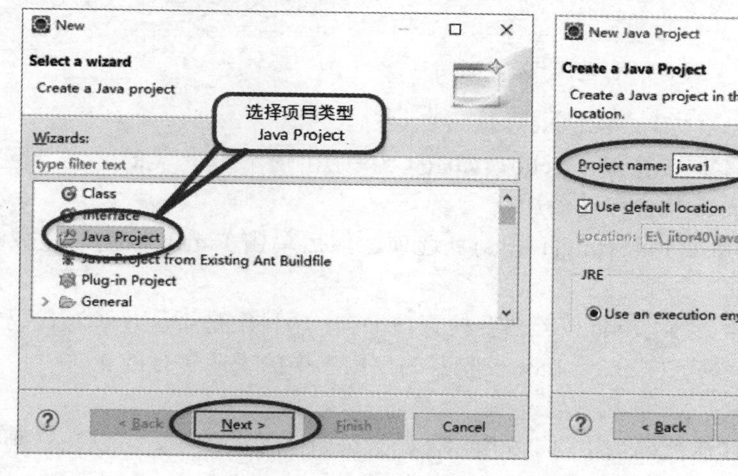

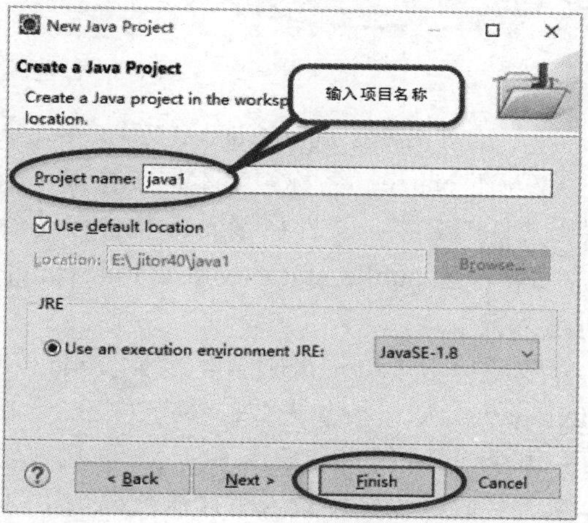

图 1-4 创建项目对话框

（1）在对话框中选择 Java Project，单击 Next 按钮。

（2）输入项目名称（Project name）：java1，如图 1-4 右图所示。这个名称表示 Java 课程的第 1 章，项目名称不能更改，因为 Jitor 校验器要求项目名称为“java”加上每章的编号。

（3）单击 Finish 按钮，这时在 Eclipse 中可以看到建立的项目。

在单击【Jitor 校验第 3 步】之前，需要设置 Jitor 校验器的工作空间目录。参考“1.3.2 Jitor 校验器的使用”中“2. Jitor 校验器的配置”的说明，配置 Jitor 校验器的工作空间目录与 Eclipse

的工作空间目录一致。

这时才可以单击【Jitor 校验第 3 步】，Jitor 校验器将检查工作空间中是否创建了名为 java1 的项目，如果检查到这个项目，则校验通过。如果校验失败，参考“1.3.2　Jitor 校验器的使用”中的说明进行改正。

3. 创建 Java 源代码文件

再次按 Ctrl + N 快捷键（或从菜单 File 中选择 New），弹出 New 对话框，如图 1-5 左图所示。

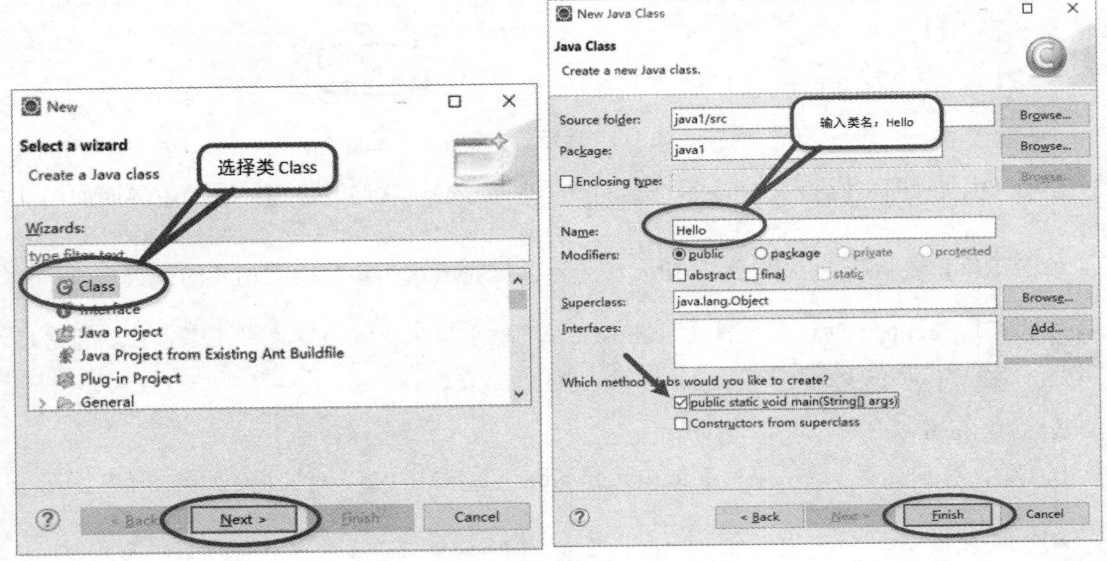

图 1-5　创建源代码文件对话框

（1）在对话框中选择 Class（类），单击 Next 按钮。

（2）在 Name（名称）文本框中输入：Hello，如图 1-5 右图所示，这是类的名字，也是源代码文件的名字，文件后缀.java 将会自动添加。

（3）勾选 public static void main(String[] args)复选项，然后单击 Finish 按钮，完成类的创建。

完成后单击【Jitor 校验第 4 步】，Jitor 校验器会检查在 java1 项目中是否创建了源代码文件 Hello.java。如果校验失败，参考“1.3.2　Jitor 校验器的使用”中的说明进行改正。

4. 编写 Java 源代码

在源代码编辑区中录入下述源代码，如图 1-6 所示。如果编辑区被关闭了，可以在右侧的 Package Explorer 窗口中找到 Hello.java，双击文件名即可打开文件进行编辑。

```
package java1;

public class Hello {
    public static void main(String[] args) {
        System.out.println("Hello, world!");
    }
}
```

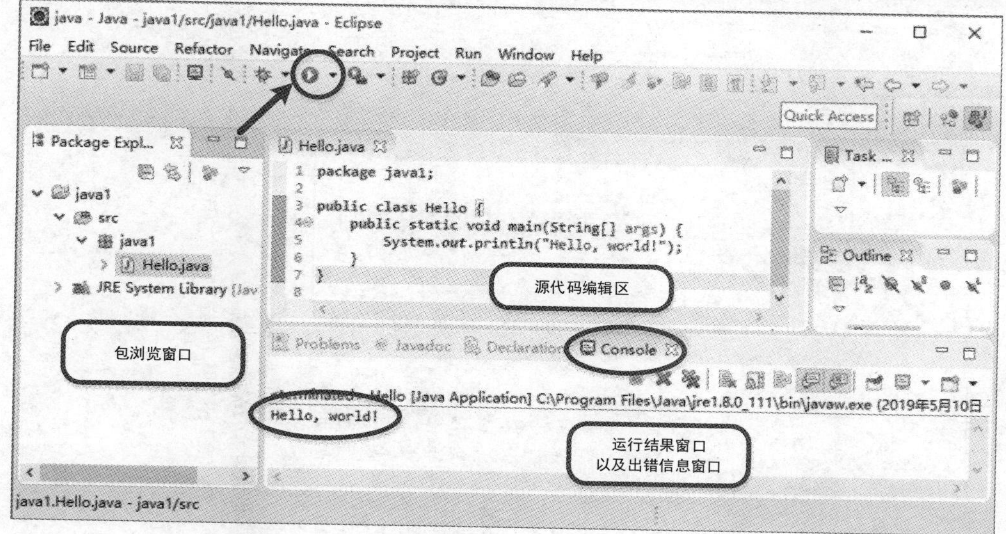

图 1-6 Eclipse 主界面及运行结果

Eclipse 已经自动创建了程序的基本内容，需要输入的只有第 5 行代码。

```
System.out.println("Hello, world!");
```

这个程序非常简单，就是在运行结果窗口中输出字符串“Hello, world!”。

自动创建的程序的基本内容也有可能与上述的不同，原因如下：

- 如果使用的是早期版本的 Eclipse，生成的代码中可能没有第一行代码：package java1;，如果没有这行代码，不应该补充输入。
- 如果在图 1-5 中没有勾选相应的选项（public static void main(String[] args)），生成的代码中可能没有第 4～6 行这段代码，这时需要自己输入。

完成后单击【Jitor 校验第 5 步】，Jitor 校验器会检查源代码文件 Hello.cpp 中的代码是否正确。如果校验失败，参考“1.3.2 Jitor 校验器的使用”中的说明进行改正。

5. 运行 Java 程序

源代码输入完成后，直接按 Ctrl + F11 快捷键（或从菜单 Run 中选择 Run，也可以从工具栏中单击绿底白色的三角形运行按钮），Eclipse 将完成一系列操作：对源代码进行编译、生成可执行的字节码文件 Hello.class，然后调用 Java 虚拟机执行这个文件，将执行的结果显示在运行结果窗口中。

完成后单击【Jitor 校验第 6 步】，Jitor 校验器会校验你的运行结果。如果校验失败，参考“1.3.2 Jitor 校验器的使用”中的说明进行改正。

6. 检查出错信息

如果代码中存在错误，则 Eclipse 会显示错误信息。例如，故意将代码中的“System”错误地写成“system”（首字母错写为小写），这时会用一系列红色的标记显示错误信息，如图 1-7 所示。

图 1-7 中一个错误就引起了至少 10 个错误标记，提示错误所在的位置。其中错误信息窗口中列出所有错误，双击这一行错误信息快速定位到出错的代码上，出错的部分代码用红色波浪线标示，这时可以根据错误信息的提示改正代码中的错误。

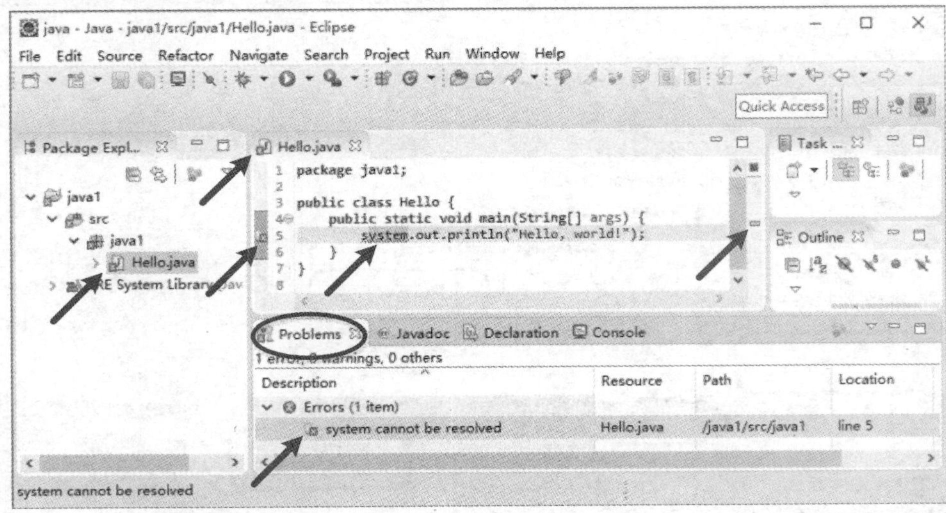

图 1-7　错误信息

这条错误信息如下：

```
system cannot be resolved    Hello.java    /java1/src/java1    line 5    Java Problem
```

意思是无法解析“system”这个词，出错位置是 Hello.java 的第 5 行。

在出现编译错误时，单击【Jitor 校验第 7 步】，告诉 Jitor 校验器你尝试过这个错误，然后再回答一个问题。

7. 改正错误代码

只要改正这个拼写错误，再次编译执行，这个错误信息自然就消失了。有时一个错误会引起多条错误信息，这时需要改正的是第一个错误，再次编译执行，可能就可以通过。如果仍然有错误信息，再改正新出现的第一个错误。

这一步只要将“system”改回正确的拼写“System”，再次编译和执行。然后单击【Jitor 校验第 8 步】，Jitor 校验器将会确认你已经改正这个错误。

这个发现错误和改正错误的过程称为调试，因为程序中的错误被形象地称为臭虫（bug），调试的过程就是去除臭虫的过程（debug）。

1.3.2　Jitor 校验器的使用

Jitor 校验器是本书配套的一个软件，它能帮助读者根据实训指导内容完成实训项目。

1. Jitor 实训项目列表

运行并登录 Jitor 校验器，学生和普通读者的界面有点不同。

（1）普通读者界面。普通读者需要自行注册账号。登录后选择《Java 程序设计简明教程》，可以看到本书完整的实训项目列表。实训项目列表界面中没有指定开放时间，表示所有实训项目都是开放的，由读者自由选做，参见图 1-1。

（2）学生界面。学生需要从老师处取得账号和密码。登录后只能看到本书实训项目的部分列表，列表的内容是由老师安排的，每个实训项目的开放时间由老师设置，学生只能做开放时间内的实训项目，其他的实训项目要等待老师的安排才能去做。

2. Jitor 校验器的配置

在实训项目开始之前需要配置 Jitor 校验器，告诉 Jitor 校验器你的 Eclipse 工作空间在哪里。单击 Jitor 校验器菜单中的"配置"，将弹出"选择工作空间的目录"对话框，选择启动 Eclipse 时使用的 Eclipse 工作空间目录，完成后单击"工作空间"。如图 1-8 中的双向箭头所示，要求 Jitor 校验器的工作空间设置为 Eclipse 的工作空间。

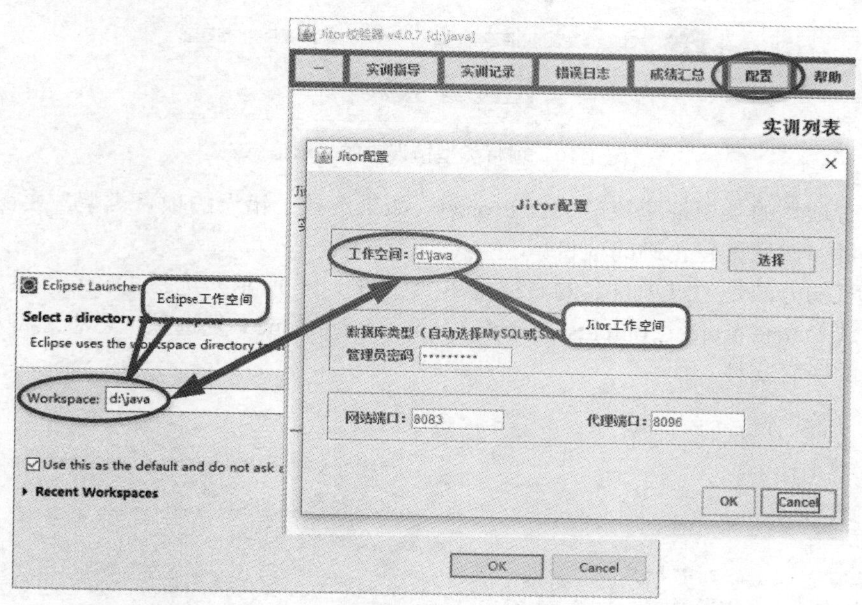

图 1-8　将 Jitor 校验器的工作空间设置为与 Eclipse 的工作空间一致

在实训中应该确保 Jitor 校验器的工作空间与 Eclipse 的工作空间一致，否则 Jitor 校验器无法校验你编写的代码以及运行的结果。

3. 校验项目名称和项目类型是否正确

如果校验项目失败，Jitor 校验器会提示如下信息：

（1）项目找不到错误：这时会提示"在当前工作空间××××下找不到项目 java1"，如图 1-9 所示，其中的××××是你设置的 Jitor 校验器的工作空间。原因有以下两个：

- 项目名称拼写错误，第 1 章的项目名称应该是 java1，第 2 章的项目名称应该是 java2。
- Jitor 校验器的工作空间与 Eclipse 的工作空间不一致，从而导致 Jitor 校验器无法找到在 Eclipse 工作空间中的项目，这时要参考图 1-8 将 Jitor 校验器的工作空间设置成与 Eclipse 的工作空间一致。

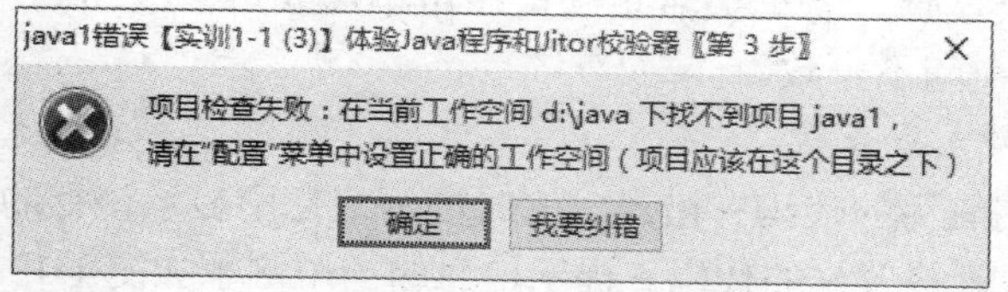

图 1-9　"项目找不到错误"时的提示信息

（2）项目类型错误：这时会提示“项目不是 Eclipse 的 Java 项目”，如图 1-10 所示。这时虽然在工作空间中找到了 java1 目录，但项目的类型不是通过 Eclipse 创建的。这时要参考“1.3.6 Java 工作空间和项目”的内容，找到 java1 项目所在的目录并将它删除，然后通过 Eclipse 重新创建正确的项目。

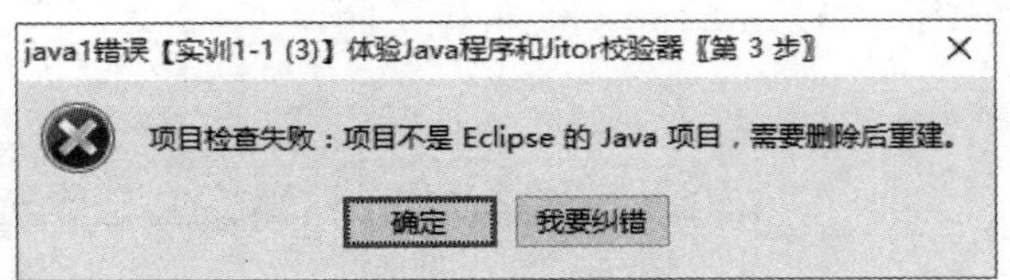

图 1-10　项目类型错误时的提示信息

本书所有项目的类型都应该是 Java Project。如果选择了错误的项目类型，要在 Eclipse 中删除这个项目，然后重建正确的项目。

删除项目的方法是通过项目名的右键菜单（如图 1-11 所示）选择 Delete，然后在弹出的对话框中勾选 Delete project contents on disk（cannot be undone）复选项，意思是将从硬盘上彻底删除项目的所有文件。

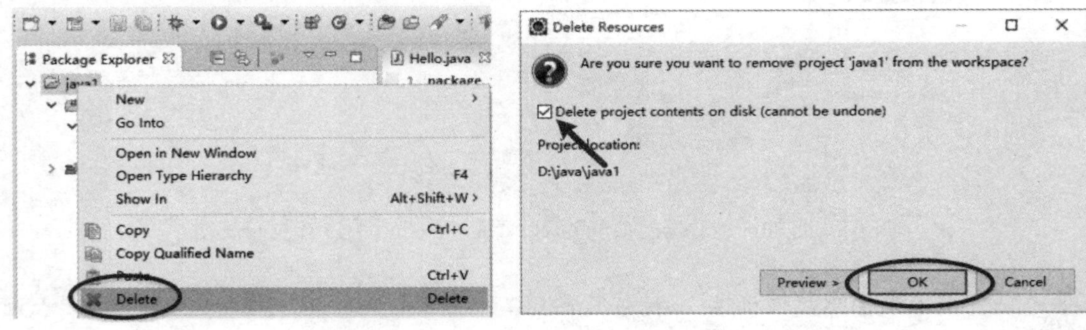

图 1-11　删除项目

4. 校验类名是否正确

校验失败时，Jitor 校验器提示创建类失败的信息，如图 1-12 所示。

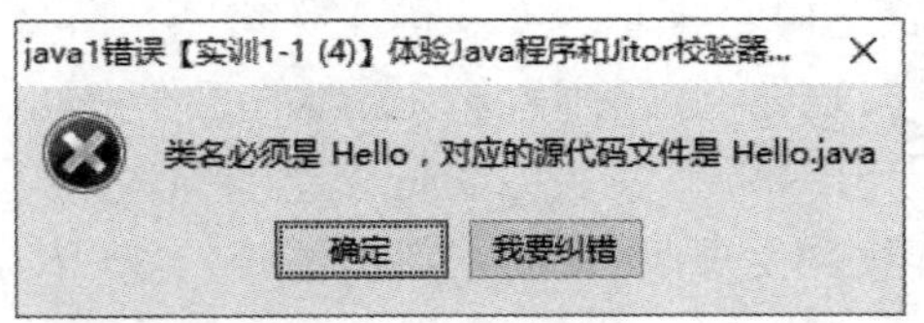

图 1-12　创建源代码文件失败时的提示信息

这时要重新创建类文件，保证类名正确，通常不需要再修改 Jitor 校验器的工作空间，除非它与 Eclipse 的工作空间不一致。

5. 校验编写的代码是否正确

校验失败时，说明编写的代码有错误，这时提示信息中显示该行的正确代码作为修改时的参考，根据正确的代码来修改你的代码。提示信息的一个例子如图 1-13 所示，这条信息提示正确的代码是“System.out.println("Hello, world!");”，而你的代码与显示中最后一行代码不同。

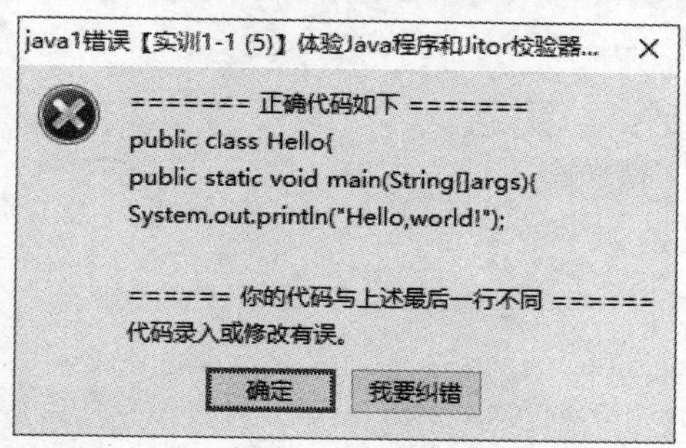

图 1-13　代码编写错误时的提示信息

6. 校验程序运行的结果是否符合要求

校验失败时，说明程序的运行结果有错误。提示信息的一个例子如图 1-14 所示。

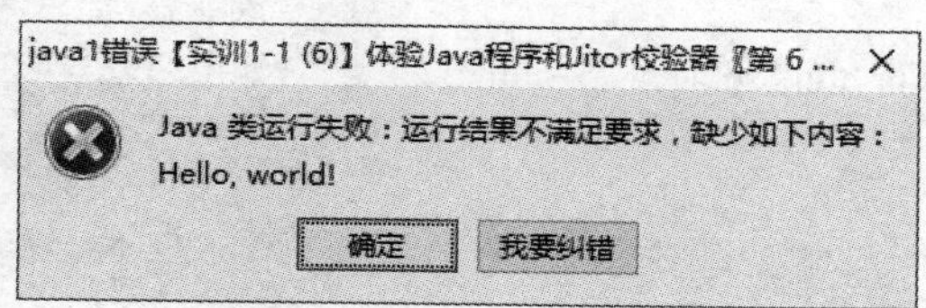

图 1-14　程序的运行结果有错误时的提示信息

可能的失败原因只有一个，就是运行的结果无法满足预定的要求，可能是你的代码本身有错误，也可能是在录入或修改代码后并没有运行程序，这时 Jitor 校验器找不到可执行文件，或者校验的是旧的可执行文件。

7. 校验一些其他的操作是否正确

还有一些其他的错误提示信息，这时要按照提示信息的要求修改代码并提交 Jitor 校验器校验。

1.3.3　Java 的输入和输出

本小节将要编写一个程序，从键盘输入两个整数，求这两个整数的和。通过这个程序了解 Java 程序的输入和输出功能。

【例 1-2】Java 的输入和输出（参见实训平台【实训1-2】）。

运行并登录 Jitor 校验器，选择【实训 1-2】。实训过程包含以下步骤：

（1）打开 Eclipse 项目。

本次实训还是在项目 java1 中进行。如果已经关闭了 Eclipse，可以重新启动并打开项目，具体方法参见“1.4.3　Eclipse 的使用”。打开项目后，通常可以看到上一次打开的源代码文件。

如果找不到原来的项目（例如换了一台计算机或者是删除了原来的项目），这时可以再创建这个项目（项目名仍然是 java1），继续进行实训。Jitor 校验器的工作空间要通过配置与 Eclipse 的工作空间保持一致。

（2）创建源代码文件 Example。

在项目 java1 中创建源代码文件 Example。

（3）编写 Example 的代码。

在源代码编辑区中录入以下源代码：

```
1.  package java1;   //早期 Eclipse 版本自动生成的代码没有这一行
2.
3.  import java.util.Scanner;      //导入 java.util.Scanner 类
4.  /*
5.    求两个整数的和
6.  */
7.  public class Example {
8.          public static void main(String[] args) {
9.                  Scanner sc = new Scanner(System.in);     //键盘输入的准备工作
10.                 int a, b, sum;                //声明 3 个整型变量
11.                 System.out.print("Input a, b: ");   //输出提示信息
12.                 a = sc.nextInt();             //从键盘输入一个整数
13.                 b = sc.nextInt();             //再从键盘输入一个整数
14.                 sum = a + b;                  //将 a 和 b 的值相加，赋给 sum
15.
16.                 System.out.println("sum = {" + sum + "}");     //输出结果
17.         }
18. }
```

这个程序比上一个程序复杂一些，第 4～6 行是注释，是给程序员读的。Eclipse 编译器会忽略所有的注释。每一行“//”之后的内容也是注释。

第 10 行代码声明了 3 个变量，名字分别是 a、b 和 sum，这 3 个变量就像用来存放数据的 3 个杯子，如图 1-15 所示。

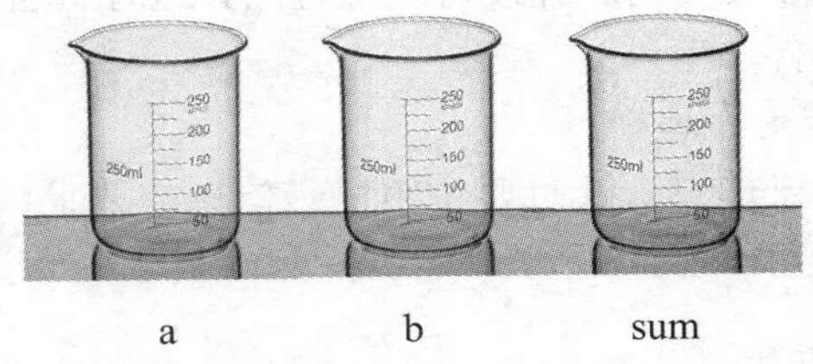

图 1-15　声明时的 3 个变量

第 11 行代码输出字符串“Input a, b:”到屏幕上，提示你要输入 a 和 b 的值。

第 12 行和第 13 行用 sc.nextInt()将键盘输入的两个值存放到变量 a 和 b 中。就像把一定数量的水倒入到图 1-15 中的杯子 a 和 b 中。

第 14 行将 a 和 b 的值相加，将相加的结果放入变量 sum 中，代码是“sum = a + b”。它的含义是将 a+b 的计算结果赋值给变量 sum，即 a + b → sum，如图 1-16 所示。就像把前面两个杯子中的水都倒入后一个杯子中。

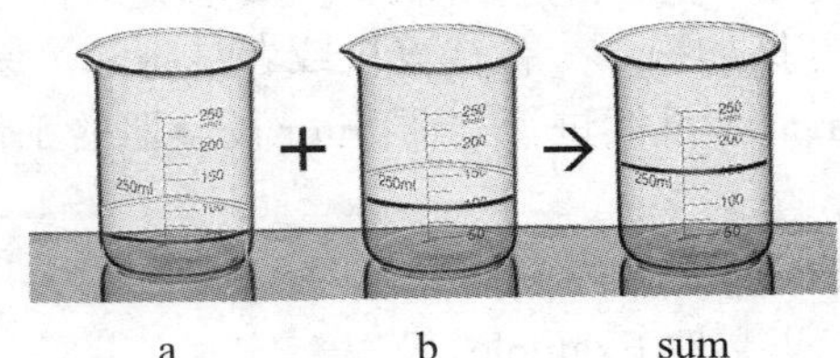

图 1-16　加法结束时 3 个变量的值

第 16 行输出字符串“sum =”以及变量 sum 中保存的值。

执行第 14 行的加法操作后，sum 中保存了相加的结果，而 a 和 b 中的数据仍然保留原来的值，数据是复制的。这不像杯子中的水倒出去以后杯子就空了。

1. 编译和执行

按 Ctrl + F11 快捷键编译和执行，在执行结果区域中进行输入和输出，如图 1-17 所示。

```
Problems  @ Javadoc  Declaration  Console
Example [Java Application] C:\Program Files\Java\jre1.8.0_111
Input a, b:
```

```
Problems  @ Javadoc  Declaration  Console
<terminated> Example [Java Application] C:\Program Files\Java\
Input a, b: 50 100
sum = 150
```

图 1-17 程序的输入和输出

一开始是提示你输入 a 和 b 的值，然后输入想要相加的两个数，输入结束后按回车键，程序显示计算的结果。

输入两个值的时候，例如输入 50 和 100 时，要用空格把两个值分隔开，可以用一个或多个空格，还可以用回车键来分隔。在输入整数时，不能键入字母或任何符号。

1.3.4 Java 程序的结构

上一小节重点分析了程序的功能，本小节重点分析程序的结构。

1. 程序的组成部分

（1）注释。注释是写给程序员阅读的，也包括以后自己阅读，主要内容是记录程序的设计思路。Java 编译器会忽略所有的注释。

注释的写法有两种：多行注释和单行注释。

- 多行注释：第 4～6 行是多行注释，它以“/*”开始，以“*/”结束，这两个符号之间的一行或多行内容都是注释。
- 单行注释：第 1、3、9 等行是单行注释，以“//”开始直到行尾的部分是单行注释。

（2）包声明。一个源代码文件的第一行应该是包声明，但有时可以省略。

包声明使用关键字 package。关于包的声明详见第 5 章讲解，现在只需要使用自动生成的包声明即可，不需要修改它。

（3）导入语句。第 3 行的导入语句用于导入类，它使用关键字 import。

关于导入类详见第 5 章讲解，现在只需要严格按教程中代码中的用法使用。

（4）类。第 7 行代码用于声明一个名为 Example 的类。class 是类的意思，而 public 的意思是这个类是可以公开访问的。类的格式如下：

```
public class Example {
    //类体代码
}
```

（5）方法。第 8 行代码用于声明一个名为 main 的主方法，主方法在 Java 程序中具有特殊的含义，即程序运行的起点。main 方法必须写在类的内部，格式如下：

```
public static void main(String[] args) {
```

```
        //方法体
    }
```

（6）语句。第 9～16 行是语句。Java 要求每一条语句都以分号结束。这些语句的功能在上一小节已经讲解过了。

2. 程序的基本结构

一个完整的 Java 程序的基本结构如下：

```
package 包名;          //早期 Eclipse 版本自动生成的代码没有这一行
import 类全名;         //导入类

public class 类名 {
    public static void main(String[] args) {   //主方法
        //语句
    }
    //其他方法
}
```

3. 程序书写格式

程序代码书写格式的要求如下：

- Java 区分大小写，即 System 和 system 是不同含义的两个名字。
- 每条语句以分号结束。
- 一行可以有多条语句（不提倡这样写）。
- 一条语句可以跨越多行（只有一行太长时才这样写）。
- 括号严格匹配（圆括号、方括号、花括号）。
- 花括号有特别的作用，用于将一条或多条语句组合在一起。
- 开始花括号在行的末尾，结束花括号单独占一行。
- 花括号与代码缩进相关联，内层花括号中的代码要比外层的代码多一个 Tab 键（或者用 4 个空格代表一个 Tab 键）。

在代码中加适当的空格和空行可以使代码更容易阅读；代码行的正确缩进对于提高代码的可读性有极为重要的作用。

1.3.5 Java 程序的开发过程

现在你已经完成了本章的两个实训，恭喜你。总结一下，一个 Java 程序的开发过程可以分成多个步骤，见表 1-2。

表1-2 Java 程序的开发过程

步骤	说明
1. 分析问题	对问题进行分析，提出解决方案，并为这个问题创建一个项目（例子中是 java1）
2. 编辑程序	创建 Java 源代码文件（后缀为.java，例子中是 Example.java 文件），编辑修改代码、改正错误
3. 编译程序	由编译器编译源代码文件，生成后缀为.class 的字节码文件，例子中是 Example.class
4. 运行程序	调用 Java 虚拟机（JVM）运行字节码文件 Example.class，检查程序的运行结果

按 Ctrl + F11 快捷键执行程序时 Eclipse 会自动地依次对源代码进行编译和执行，因此在使用 Eclipse 时并没有感觉到编译和执行是分开的两个步骤。

这样不断地编辑修改程序代码、执行（含编译）程序，直到程序没有错误，得到预期的结果。这样反复进行的过程就是程序开发和调试的过程。

Java 程序的特点

Java 语言的最大特点是 Java 字节码和 Java 虚拟机。

- Java 字节码（Java Byte Code）：Java 源代码编译后的结果不是直接可以执行的机器码，例如 C/C++编译连接后的是机器码（后缀为.exe 的可执行文件），Java 源代码编译后的结果是字节码（后缀为.class 的跨平台可执行文件），它在执行时还需要翻译为目标机器上的机器码。
- Java 虚拟机（Java Virtual Machine，JVM）：JVM 用于将字节码翻译为目标机器上的机器码，每一台运行 Java 程序的计算机上都必须安装 JVM，它是 JRE 的主要组成部分。

因此，Java 语言可以实现二进制意义上的跨平台。例如编译好的字节码文件既可以在 Windows 平台上运行，也可以在 Linux 平台上运行，前者是由 Windows 上的 JVM 解释执行，后者是由 Linux 上的 JVM 解释执行。

1.3.6 Java 工作空间和项目

1. 工作空间

Eclipse 把保存项目的目录称为工作空间（Workspace），其中每一个项目对应工作空间目录中的一个子目录，如图 1-18 左图所示。

2. 项目

本书共 13 章，每一章都是一个项目，项目名命名为“java”加每章的编号。

每个项目内保存了项目用的文件和源代码文件，源代码文件保存在 src 目录下（如图 1-18 左图所示），编译生成的字节码文件保存在 bin 目录下（如图 1-18 右图所示）。

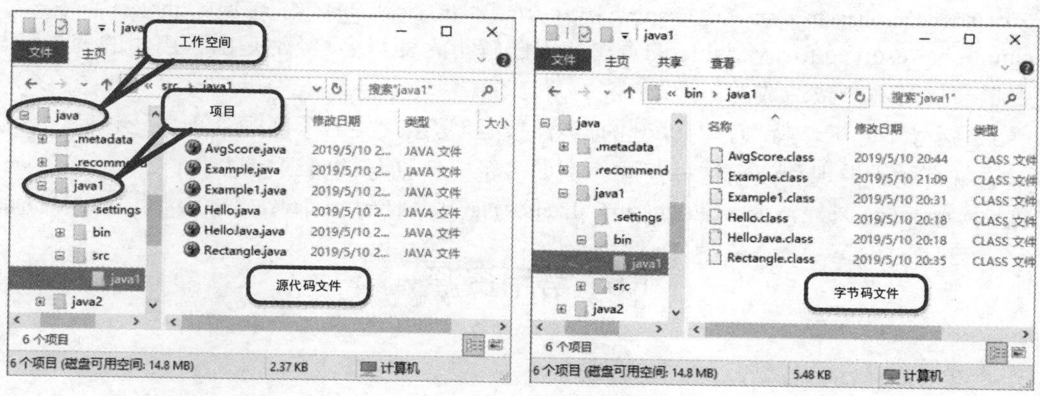

图 1-18　工作空间和项目的文件结构

1.4 常见问题

1.4.1 JDK 的安装

安装时应安装到默认的安装目录中，否则还需要配置，增加不必要的麻烦。

1.4.2 Eclipse 的安装

（1）本书提供的 Eclipse 是英文版（建议用英文版），这样还能熟悉一下英文，对学习英文有帮助。

（2）安装时只需要解压缩即可，然后为 eclipse.exe 文件建立一个快捷方式。

1.4.3 Eclipse 的使用

（1）创建项目时，项目类型必须是 Java Project，否则会引起错误。

（2）创建源代码文件时，操作上是创建一个 class 类，每个类对应一个源代码文件。

1.4.4 编程时遇到的问题

（1）缺少分号。每条语句的最后必须以分号作为结束。

（2）单词拼写错误。这是初学者最常见的错误，例如【例 1-2】中 println 的倒数第二个字母是小写的 L，不是数字 1，ln 的意思是 line，打印时会增加一个换行符；另一个例子是 main 写成了 mian，或者是大小写方面写错了。

（3）代码中用了全角的标点符号。例如用了全角的分号“；”、全角的圆括号“（”等。特别难以发现的是用了一个全角的空格。例如使用了一个全角分号作为语句结束时的错误信息如下：

```
Syntax error on token "Invalid Character", invalid AssignmentOperator    Example.java    /java1/src/java1
line 11    Java Problem
```

提示中 Invalid Character 的意思是非法的字符。

（4）变量或方法未声明。例如变量 c 未声明时的错误信息如下：

```
c cannot be resolved to a variable  Example.java    /java1/src/java1   line 14    Java Problem
```

cannot be resolved to a variable 的意思是无法解析为变量名。经常是由于声明的变量名与引用的变量名拼写不一致造成的。

（5）括号不匹配，特别是有嵌套的括号时，经常出现括号不匹配的现象。这时，代码的正确缩进就有助于发现和改正这种问题。例如多了一个括号的错误信息如下：

```
Syntax error on token ")", delete this token    Example.java    /java1/src/java1   line 11    Java Problem
```

1.5 常用资源

1. 本书资源

http://ngweb.org/　本书作者提供的资源

2. 其他资源

http://java.sun.com	从前的 Java 官方网站
https://www.oracle.com/technetwork/java/index.html	现在的 Java 官方网站
https://www.eclipse.org/	Eclipse 官方网站
https://www.w3cschool.cn/java/	适合初学者的网站
https://www.runoob.com/java/java-tutorial.html	适合初学者的网站

1.6 综合实训

下述综合实训需要 Jitor 校验器实时批改。

1.【Jitor 平台实训 1-3】编写一个程序，功能是输出字符串“Hello, Java Programming!”。

2.【Jitor 平台实训 1-4】编写一个程序，功能是从键盘输入两个整数，输出两数之差。

3.【Jitor 平台实训 1-5】编写一个程序，功能是从键盘输入矩形的长和宽（整数），输出其代表的矩形的面积。

4.【Jitor 平台实训 1-6】编写一个程序，功能是从键盘输入 3 个整数的成绩，输出其平均值（取整数）。

第 2 章　Java 语言基础

本章所有实训可以在 Jitor 校验器的指导下完成。

2.1　Java 的基本要素

Java 的基本要素有关键字、标识符、字面常量、运算符、分隔符、注解和代码注释 7 种。

2.1.1　关键字

Java 关键字（也称保留字）是指那些具有特定含义和专门用途的单词，它们不能被用作标识符。Java 关键字共 53 个，按其作用可分为表 2-1 所示的几类。

表 2-1　Java 语言关键字分类列表

关键字分类	关键字数量	关键字列表
字面常量	3	true、false、null
基本类型	9	boolean、byte、char、short、int、long、float、double、void
流程控制	11	if、else、switch、case、default、break、do、while、for、continue、return
访问权限修饰	3	private、protected、public
类型修饰	7	final、abstract、static、transient（11）、synchronized（#）、native（#）、volatile（#）
类、接口和包	6	class、interface、extends、implements、package、import
对象相关	4	new、this、super、instanceof
异常处理	5	try、catch、finally、throw、throws
1.0 版本后新增	3	enum、strictfp（#）、assert（#）
保留不用	2	goto（#）、const（#）

注：括号中标注的数字表示该关键字仅在某一章中讨论，#表示本书不予讨论。其他关键字都是常用关键字。

2.1.2　标识符

标识符是用来表示常量、变量、标号、方法、类、接口和包的名字。

1. 命名规则

标识符的命名规则如下：

- 只能使用字母、数字、下划线和美元符。
- 只能以字母、下划线和美元符开头，不能用数字开头。
- 严格区分大小写，没有长度限制。
- 不能使用 Java 关键字（共 53 个，见表 2-1）。

由于 Java 语言内置了对 Unicode 字符编码的支持，因此中文字符也是字母，允许用中文作为标识符，但强烈反对用中文作为标识符。

下面是一些非法标识符：12Programe（数字开头）、_java&project（含有非法字符）、$Programe Java（含有空格）、class（Java 关键字）。

2. 命名规范

标识符的命名规范（非强制的要求，不同公司有不同的要求）如下：

- 标识符用英语单词，尽量使用完整的单词，不要使用缩写，可以是一个或多个单词，应该具有合适的含义，这样的代码具有自我说明的功能。例如用 fileName 而不是 name 或 n 表示文件名。
- 标识符中不使用美元符和下划线（下划线只在常量名中使用），尽量只使用字母，必要时才少量使用数字。美元符和下划线将用于某些特殊场合中。
- 不要使用常用的类名以及内部使用的常用名称，如 String、java 等，如果使用了这样的标识符，在有些情况下可能引起编译错误，也可能使程序不能正常执行。
- 不要用汉字、汉语拼音或无意义的字符组合，例如不要用 abc，原因是难以理解。

本书出于方便学习的目的，在例子程序中经常会出现单字母的变量名。

2.1.3　字面常量

例如 3.14，详见 2.3.2 节。

2.1.4　运算符

例如加减乘除“+-*/”等运算符，详见 2.4 节。

2.1.5　分隔符

分隔符用于分隔标识符和关键字，它们是空格、句号、分号、逗号、圆括号、方括号和花括号等。分隔符是半角的符号，如果使用了中文的空格、分号、逗号等那么就会出错。

与空格具有相同作用的还有制表符（Tab）、换行符（Enter），连续的多个空格与一个空格的作用是相同的。

2.1.6　注解

注解（annotation）是给编译器的一种编译指令。它以@开头，单独占一行，多数只有一个单词，有时也会比较复杂。例子见“6.3.2　抽象方法”中的@Override 注解。

2.1.7　代码注释

注释（comment）是给程序员阅读的说明，说明或评论代码中的设计思想和思路。注释有 3 种：单行注释、多行注释和文档注释。

1. 单行注释

下面是单行注释，单行注释从双斜线“//”开始，直到本行的结束。

```
//单行注释，以换行符为结束
```

2. 多行注释

下面是多行注释，多行注释从“/*”开始，直到“*/”结束。

```
/*
    多行注释，注释内容跨越数行。
*/
```

3. 文档注释

下面是文档注释，文档注释从“/**”开始，直到“*/”结束。

```
/**
    文档注释，用于生成文档。
*/
```

文档注释的例子详见“13.1.7　生成 API 文档”。

2.2 数据类型

Java 中的数据保存在内存空间中。内存空间就像现实世界中不同类型和不同大小的容器，如图 2-1 所示。

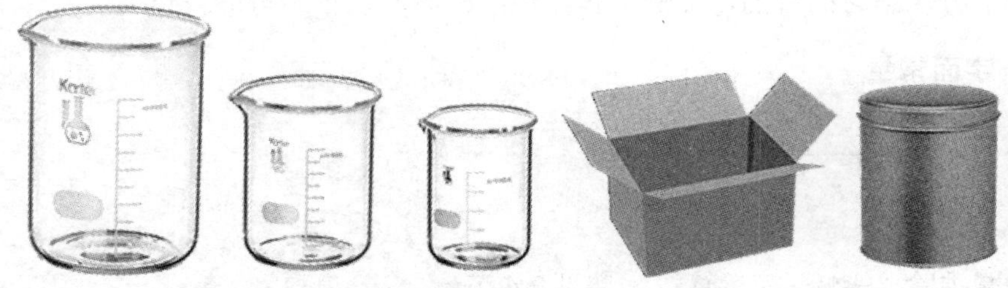

图 2-1　现实世界中不同类型和不同大小的容器

Java 需要不同大小和格式的空间来保存不同的数据。Java 的数据类型用于指定存放数据的内存空间的大小和格式，并限制其运算的种类。

Java 的数据类型如图 2-2 所示。

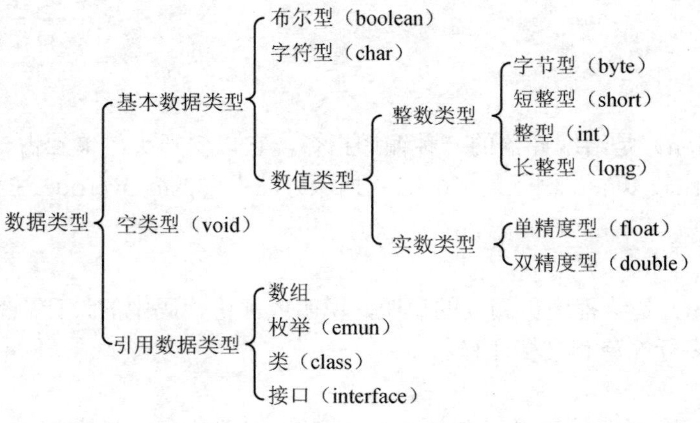

图 2-2　Java 的数据类型

当选择数据类型时，需要考虑取值范围、精度和用途等因素，一般来说，数据类型占用的字节数越大，它所能表示的范围就越大，或者说是精度越高。

2.2.1 基本数据类型

Java 有 8 种基本数据类型，它们的名称、占用字节数、取值范围和精度见表 2-2。

表 2-2 基本数据类型

数据类型	名称	占用字节数	取值范围	精度
boolean	布尔型		true、false	精确
char	字符型	2	0～65536 （各种语言的字母和文字）	精确
byte	字节型	1	-128～127	精确
short	短整型	2	-32768～32767	精确
int	整型	4	-2^{31}～（2^{31}-1）	精确（约-21 亿～21 亿）
long	长整型	8	-2^{63}～（2^{63}-1）	精确
float	单精度型	4	-10^{38}～10^{38}	6～7 位有效数字
double	双精度型	8	-10^{308}～10^{308}	15～16 位有效数字

例如一个整数值 60，它可以用 int、short 或 byte 类型的变量来保存，而 300 则不能用 byte 类型的变量来保存，因为超出了可表示的范围。同理，100000 也不能用 short 类型的变量来保存。

实数在 Java 里又称为浮点数，例如 1.23，如果用单精度来表示，最多具有 6～7 位有效数字，而用双精度来表示，则可以有 15～16 位有效数字。

2.2.2 引用数据类型

1. 引用数据类型简介

引用数据类型也有多种，如下：

- 数组。数组是存储相同类型的多个数据的一种数据结构，将在第 4 章详细讨论。
- 类。类是存储不同类型的多个数据的一种数据结构，将在第 5 章详细讨论。
- 接口。接口是一种抽象的数据结构，将在第 6 章详细讨论。
- 枚举。枚举是一组有限个数常量的列表。枚举具有自我说明的能力，合理使用枚举可以大大提高代码的可阅读性，并提高代码的可靠性。例如声明一个表示星期中每一天的枚举（名为 WeekDay）：

```
enum WeekDay {//声明一个枚举类型
    SUN, MON, TUE, WED, THU, FRI, SAT;
}
```

然后就可以声明枚举 WeekDay 的变量，这种变量只能取这 7 个值中的一个。本书对枚举不作更多讲解。

2. 字符串

字符串（String）是一种预定义的引用数据类型，是类的一种，它十分常用，因此在这一节作个极简单的介绍，第 8 章还要详细讲解。例如【例 1-1】可以改写为以下代码：

```
public static void main(String[] args) {
    String str = " Hello, world!";            //声明一个 String（字符串）的变量
```

```
        System.out.println(str);                    //输出这个变量
    }
```

2.3 变量和常量

观察 Java 程序中的变量

2.3.1 变量

1. 变量的声明

变量用于保存一个具体的值。变量要有一个名字，变量还需要关联一个数据类型。因此，变量声明的语法格式如下：

```
数据类型 变量名;
```

例如，以下代码声明了两个变量：

```
int score;                    //声明一个保存成绩的整型变量
float temperature;            //声明一个保存气温的单精度型变量
```

在同一行语句中可以声明多个同类型的变量，变量之间用逗号分隔，例如以下代码：

```
int a, b, c;                  //声明 3 个整型变量
```

需要注意以下几点：

- 所有变量都具有数据类型，如整型、双精度型、字符型等。数据类型的作用就是指定变量内存空间的大小和格式。
- 变量具有名字，通过名字来访问对应的内存空间，将值保存到内存中或从内存中读取变量的值。
- 不可重复声明同名变量。

2. 变量的赋值

变量的赋值有以下 3 种情况：

（1）先声明后赋值。语法格式如下：

```
数据类型 变量名;
变量名 = 值;
```

例如先声明变量 score，然后再对其赋值。

```
int score;                          //声明整型变量 score
score = 86;                         //赋值为 86
```

（2）声明和赋值同时进行（初始化赋值）。语法格式如下：

```
数据类型 变量名 = 初始值;
```

例如以下代码：

```
int score = 86;                     //声明整型变量 score 并初始化为 86
```

（3）直接赋值。可以再次对变量直接赋值，从而改变原有的值。语法格式如下：

```
变量名 = 值;
```

例如前面的代码已经将 86 赋值给变量 score，还可以通过直接赋值修改它的值。

```
score = 96;
```

需要注意以下几点：

- 必须先声明后使用，不能在声明变量之前直接对其赋值或读取它的值。
- 变量必须赋值后才能使用，不赋值直接使用将无法编译完成。

【例 2-1】变量及赋值（参见实训平台【实训 2-1】）。

```
public class Demo {
    public static void main(String[] args) {
        int score = 76;
        double temperature;
        int a;

        System.out.println("score = {" + score + "}");
        System.out.println("temperature = {" + temperature + "}");   //错误：因为变量 temperature 未赋值
        System.out.println("a = {" + a + "}");   //错误：因为变量 a 还未赋值

        d = 3;   //错误：因为变量 d 还未声明就使用
        int d;   //后声明

        System.out.println("再次赋值：");
        score = 86;
        temperature = 20.3;
        a = 11;

        System.out.println("score = {" + score + "}");
        System.out.println("temperature = {" + temperature + "}");
        System.out.println("a = {" + a + "}");
    }
}
```

删除了错误的代码行后，运行结果如下：

```
score = {76}
再次赋值：
score = {86}
temperature = {20.3}
a = {11}
```

2.3.2 字面常量

字面常量是直接用文字表示的固定不变的值，例如 12、3.14159 和“Hello!”。

1. 整型常量和实型常量

整型常量有十进制、八进制和十六进制 3 种表示法，实型常量有小数表示法和科学记数法，见表 2-3。

表 2-3 整型常量和实型常量表示法

类型	表示法	可用的数字	说明	例子
整数	十进制	0～9	不以数字 0 开始的数字	1234
	八进制	0～7	以数字 0 开始的数字	01234（换算为十进制 668）
	十六进制	0～9、ABCDEF	以 0x 或 0X 开始的数字	0x1234（换算为十进制 4660）
实数（浮点数）	小数表示法		普通的小数表示法	1.234
	科学记数法		字母 e 或 E 表示 10 的幂次	1.234e3（即 1.234×10^3）

使用整型常量时要注意以下几个方面：

- 整型常量默认为 int 型。
- 长整型常量需要在数字后加字母 l 或 L，建议加 L，因为小写的 l 与数字 1 很相像。

使用浮点型常量时要注意以下几个方面：

- 单精度浮点型常量加后缀 F 或 f。
- 双精度浮点型常量加后缀 D 或 d。
- Java 的浮点型默认为双精度型，即没有后缀时为 double。

2. 布尔型常量

布尔型常量只有两个：true 和 false。它们是 Java 关键字。

3. 字符常量和字符串常量

（1）字符。Java 中的字符是 16 位（两字节）的，可以表示各种语言的字母和文字，因此英文字母是字符，例如'a'，每一个汉字也是字符，例如'字'。

字符常量可以用普通字符、转义字符来表示，转义字符有 3 种方式：控制字符、ASCII 码（八进制，参见附录 A）和 Unicode 码（十六进制），如图 2-3 所示。

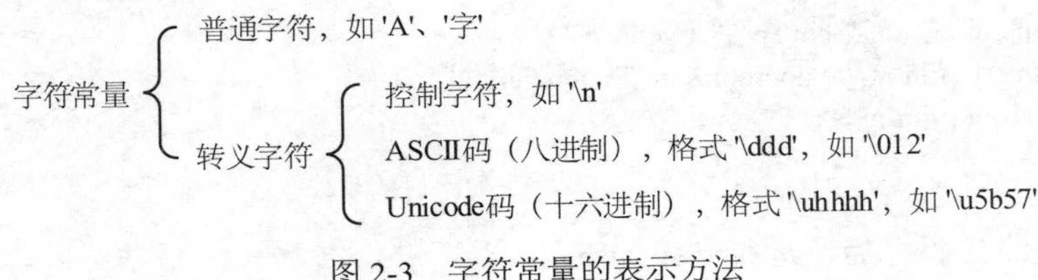

图 2-3　字符常量的表示方法

常用的转义字符有 6 个，见表 2-4。

表 2-4　常用的转义字符

控制字符	八进制	Unicode 码	名称	功能或用途
\t	\011	\u0009	水平制表符（Tab）	输出时水平移动一个制表位
\n	\012	\u000a	换行符	输出时转到下一行（Linux 和 Windows）
\r	\015	\u000d	回车符（Enter）	输出时转到行的第一列（MacOS 和 Windows）
\'	\047	\u0027	单引号	输出单引号
\"	\042	\u0022	双引号	输出双引号
\\	\134	\u005c	反斜线	输出反斜线（用于 Windows 路径中）

反斜线本身一定要转义，单引号和双引号在有歧义时要转义，单引号在单引号内要转义，双引号在双引号内要转义，否则可转义也可以不转义。

（2）字符串。字符串常量是多个字符连在一起，表示一个单词或一句话等。在需要时，字符串内部也应该使用转义字符。

字符串中转义字符的使用：双引号“"”、水平制表符“\t”和换行符“\n”经常用于字符串中，回车符“\r”通常不使用。

字符常量和字符串常量的区别见表 2-5。

表 2-5　字符常量和字符串常量的区别

比较项	字符	字符串
字符数量	一个字符，不能是零个	一个、多个或零个字符
分界符	单引号	双引号
例子	'A'、'\''、'"'、'\"'、'\\'、'\t'、'\011'、'\x09'	"A string."、"He said \"Hi!\""、"It's me."、"It\'s me."

【例 2-2】字面常量（参见实训平台【实训 2-2】）。

```
public class Demo {
    public static void main(String[] args) {
        //整数和浮点数
        int a = 42;
        int b = 052;                    //八进制的 42
        int c = 0x2a;                   //十六进制的 42
        int china = 1300000000;         //13 亿（中国人口数），是一个整型整数
        long world = 7000000000L;       //70 亿（世界人口数），是一个长整型整数，后加字母 L
        double d = 12345.67;
        float f = 1.234567e4F;          //科学记数法

        System.out.println("a ={" + a + "}");
        System.out.println("b ={" + b + "}");
        System.out.println("c ={" + c + "}");
        System.out.println("中国人口数 ={" + china + "}");
        System.out.println("世界人口数 ={" + world + "}");
        System.out.println("d（双精度） ={" + d + "}");
        System.out.println("f（单精度） ={" + f + "}");

        //字符和字符串
        System.out.println("{\t}");              //水平制表符（普通转义字符）
        System.out.println("{\011}");            //水平制表符（八进制转义字符）
        System.out.println("{\\t}");             //\t（文本）
        System.out.println("{\n}");              //换行符（普通转义字符）
        System.out.println("{\012}");            //换行符（八进制转义字符）
        System.out.println("{\\n}");             //\n（文本）
        System.out.println("{'}");               //单引号（在双引号内）
        System.out.println("{" + '\'' + "}");    //单引号（在单引号内）
        System.out.println("{\"}");              //双引号（在双引号内）
        System.out.println("{" + '"' + "}");     //双引号（在单引号内）
        System.out.println("{\\}");              //反斜线（普通转义字符）
        System.out.println("{\\\\}");            //\\（文本）
    }
}
```

2.3.3　final 常量

关键字 final 的含义是最终的、不可更改的，用它修饰的变量就成为常量，声明一个变量

为常量的目的是避免不小心修改了变量的值。语法格式如下：

```
final 数据类型  常量名 = 常量值;
```

按照命名规范，常量名应该用大写字母，如果由多个单词组成，则用下划线分隔，如 MAX_NUMBER。下面是一个简单的例子。

```
public class Demo {
    public static void main(String[] args) {
        final double PI = 3.14159;     //关键字 final 修饰的变量成为常量

        PI = 3.14159;     //错误：不能再次赋值
        System.out.println("圆周率 PI = {" + PI + "}");
    }
}
```

2.3.4 中文字符

常用的中文字符（汉字）有 6 千多个，在计算机里，一般是用两个字节表示一个汉字，这样理论上最多可以表示 256×256=65536 个字符。Windows 采用的 GBK 编码方案共收录 21003 个汉字和 883 个符号。

Java 的字符是两个字节的，所以单个汉字也是字符。

【例 2-3】中文字符（参见实训平台【实训 2-3】）。

注意，下述代码含有错误，用于详细说明这些错误的原因。

```
1.    public class Demo {
2.        public static void main(String[] args) {
3.            char c = '字'；                //一个中文汉字也是字符
4.            int 成绩 = 86;                 //汉字也可以作为标识符（强烈反对这样做）
5.            String s =　"这是汉字。";   //这是字符串，由多个字符组成
6.
7.            System.out.println("字符 = {" + c + "}");
8.            System.out.println("成绩 = {" + 成绩 + "}");
9.            System.out.println("字符串 = {" + s + "}");
10.           System.out.println("这是一个汉字 = {" + "\u5b55" + "}");
11.       }
12.   }
```

这段代码有错误，如下：

第 3 行的错误是行末的全角分号。

第 5 行的错误是一个全角空格，它隐藏在语句行中。

GB2312 标准收录了 6763 个汉字和 682 个图形符号，这些图形符号就包括全角分号和全角空格。

2.3.5 程序调试：变量的查看

Eclipse 提供了程序调试的功能，通过调试可以进一步理解变量和数据类型。下面通过实例来学习调试的操作。

Eclipse 调试用的快捷键见表 2-6。

表 2-6 Eclipse 调试用的快捷键

功能	快捷键	说明
切换断点	Ctrl + Shift + B	断点是程序暂停的位置，这时可以观察变量的值
执行到下一个断点	F11	开始调试或继续执行到下一个断点
执行当前行，一次执行一行	F6	用于跟踪执行的过程

【例 2-4】程序调试：变量的查看（参见实训平台【实训 2-4】）。

在 Jitor 校验器中按照所提供的操作要求，参考图 2-4 进行实训。

```
public class Demo {
    public static void main(String[] args) {
        int a = 2;
        int b;
        b = 123;
        char c;
        c = 'a';
        double d;
        d = a + b / 2 + c;
        System.err.println(d);
    }
}
```

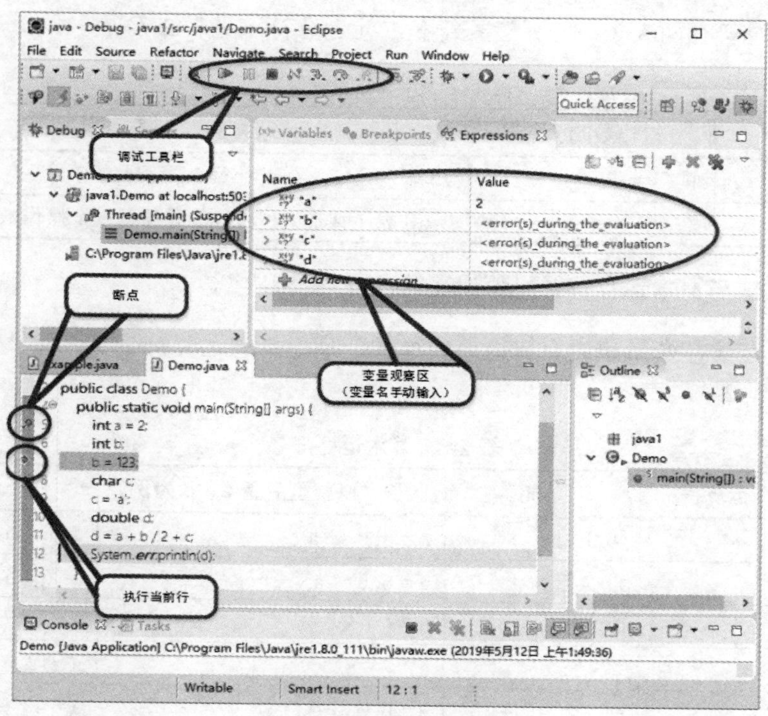

图 2-4 变量的声明和初始化

图 2-4 是调试过程中断点、当前行和变量之间的关系。按 Ctrl + Shift + B 快捷键设置断点

（光标所在的行，再按一次取消断点），按 F11 键开始调试，按 F6 键单步跟踪执行代码，在这个过程中，变量的值是动态显示的。变量观察区的 4 个变量 a、b、c 和 d 是手动输入的。只有执行完毕的代码行，对应的变量才有准确的值。图中 b、c 和 d 还未赋值，所以没有值。

变量观察区（Expressions）通常是关闭的，可以通过主菜单中的 Window→Show View→Expressions 来打开这个窗口，如图 2-5 所示。

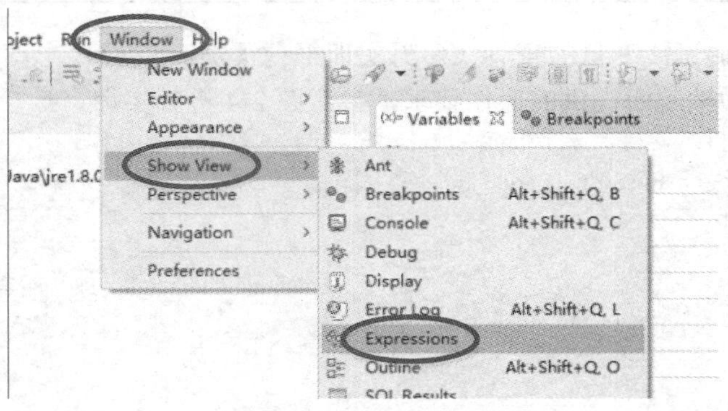

图 2-5　打开变量观察区

2.4　运算符和表达式

Java 中的运算符有两大类：一元运算符和二元运算符，见表 2-7。

表 2-7　运算符的分类

运算符分类	操作数的个数	例子
一元运算符	1	+3 表示正 3，-5 表示负 5，符号的前面没有操作数
二元运算符	2	2 + 3 表示 2 加 3，加号前后各有一个操作数

2.4.1　表达式与算术运算符、赋值运算符

表达式是由常量、变量和运算符组成的算式，最简单的运算符是算术运算符和赋值运算符，见表 2-8 和表 2-9。

表 2-8　算术运算符

操作数	运算符	功能	例子（以整型变量 a、b 为例）	例子的运算结果
一元运算符	+	取正值	a = 6; b = +a;	a= 6，b = 6
	-	取负值	a = 6; b = -a;	a= 6，b = -6
二元运算符	+	加	a = 6 + 8;	a = 14
	-	减	a = 6 – 8;	a = -2
	*	乘	a = 6 * 8;	a = 48
	/	除（求商）	a = 16 / 3;	a = 5
	%	模除（求余数）	a = 16 % 3;	a = 1

表 2-9　赋值运算符

分类	运算符	功能	例子（以整型变量 a 为例）	例子的运算结果
基本赋值	=	赋值	a = 12; a = 2;	a=2

Java 对加运算符进行了扩展，可以连接两个字符串或者连接字符串和其他类型的值，例如"Java"+ "Class"的结果是"JavaClass"。

2.4.2　自增、自减运算符

Java 提供了自增和自减运算符，它们是一元运算符，见表 2-10。

表 2-10　自增、自减运算符

操作数	运算符	功能	例子（以整型变量 a 为例）	例子的运算结果
一元运算符	++	自增	int a = 3; a++;	a=4
	--	自减	int a = 3; a--;	a=2

通常只对字符型和整型（char、byte、int）变量进行自增或自减操作，不能对常量进行自增或自减操作。

将自增和自减运算符作为表达式的一部分时还有前置和后置的区别，下面通过一个例子加以说明。

【例 2-5】前置自增和后置自增（参见实训平台【实训 2-5】）。

（1）后置自增。

```
public static void main(String[] args) {
    int a = 3, b;

    b = a++;     //后置自增，先赋值后自增，相当于 b = a; a++;

    System.out.println("a = {" + a + "}");
    System.out.println("b = {" + b + "}");
}
```

运行结果如下：

```
a = {4}
b = {3}
```

（2）前置自增。

```
public static void main(String[] args) {
    int a = 3, b;

    b = ++a;     //前置自增，先自增后赋值，相当于 a++; b =a;

    System.out.println("a = {" + a + "}");
    System.out.println("b = {" + b + "}");
}
```

运行结果如下：

```
a = {4}
b = {4}
```

2.4.3　关系运算符和关系表达式

Java 的关系运算符见表 2-11。

表 2-11　关系运算符

操作数	运算符	功能	例子	例子的运算结果[注 1]
二元运算符	==	等于运算	6 == 5	false（假）
	!=	不等于运算	6 != 5	true（真）
	>	大于运算	6 > 5	true（真）
	<	小于运算	6 < 5	false（假）
	>=	大于等于运算	6 >= 6	true（真）
	<=	小于等于运算	6 <= 6	true（真）

注 1：在“例子的运算结果”栏，结果只有两种值，要么是 false（假），要么是 true（真），不可能是其他值。

2.4.4　逻辑运算符和逻辑表达式

逻辑运算符包括逻辑取反、逻辑与、逻辑或等，是针对真和假的操作，见表 2-12。

表 2-12　逻辑运算符

操作数	运算符	功能	例子	例子的运算结果	说明
一元运算符	!	非	!true !false	false true	真假相反
二元运算符	&&	简洁与	false && false false && true true && false true && true	false false false true	都为真时才为真
	||	简洁或	false || false false || true true || false true || true	false true true true	只要有真时就是真

还有两个逻辑运算符：与“&”和或“|”，它们同简洁与“&&”和简洁或“||”有少许差别，虽然结果相同，但是副作用不同。

2.4.5　逻辑运算和关系运算的应用

在编程中，逻辑运算符和关系运算符有着非常广泛的应用，本小节通过实例加强在这方面的认识和理解。

【例 2-6】逻辑运算和关系运算的应用（参见实训平台【实训 2-6】）。

（1）判断一个整数是否在 5～100 的闭区间内。

```
public static void main(String[] args) {
    Scanner sc = new Scanner(System.in);
    int a;
    System.out.print("输入一个整数：");

    a = sc.nextInt();
    System.out.println("这个整数在 5～100 的闭区间内：{" + (a>=5 && a<=100) + "}");
}
```

（2）判断一个整数是否是 5～100 开区间内的奇数。

```
public static void main(String[] args) {
    Scanner sc = new Scanner(System.in);
    int a;
    System.out.print("输入一个整数：");

    a = sc.nextInt();
    System.out.println("这个整数是 5～100 开区间内的奇数：{"
            + ((a>5 && a<100) && a%2!=0) + "}");
}
```

（3）判断一个字符是否是小写字母。

```
public static void main(String[] args) {
    Scanner sc = new Scanner(System.in);
    char a;
    System.out.print("输入一个字符：");

    a = sc.next().charAt(0);
    System.out.println("这个字符是小写字母：{" + (a>='a' && a<='z') + "}");
}
```

（4）判断一个字符是否是标识符中可用的字符。

```
public static void main(String[] args) {
    Scanner sc = new Scanner(System.in);
    char a;
    System.out.print("输入一个字符：");

    a = sc.next().charAt(0);
    System.out.println("这个字符是标识符中可用的字符：{"
            + ((a>='a' && a<='z')        //小写字母
            || (a>='A' && a<='Z')        //大写字母
            || (a>='0' && a<='9')        //数字
            || (a=='_')) + "}");         //下划线
}
```

（5）判断输入的年份是否是闰年。

```
public static void main(String[] args) {
    Scanner sc = new Scanner(System.in);
```

```
        int y;
        System.out.print("输入年份：");

        y = sc.nextInt();
        System.out.println("这一年是闰年：{"
                + (y % 400==0                          //能被 400 整除是闰年
                || (y % 4==0 && y % 100!=0))           //或者能被 4 整除，但不是百年的是闰年
                + "}");
    }
```

2.4.6　位运算符和位运算表达式

常用的位运算符有 6 种，是针对二进制中的每一位进行操作，每一位的取值是 0 或者 1，其中按位取反是一元运算符，见表 2-13。

表 2-13　位运算符

操作数	运算符	功能	例子	例子的运算结果	说明
一元运算符	~	按位取反	~ 0 ~ 1	1 0	与原来的相反
二元运算符	&	按位与	0 & 0 0 & 1 1 & 0 1 & 1	0 0 0 1	都为 1 时才为 1
	|	按位或	0 | 0 0 | 1 1 | 0 1 | 1	0 1 1 1	只要有 1 时就是 1
	^	按位异或	0 ^ 0 0 ^ 1 1 ^ 0 1 ^ 1	0 1 1 0	只有不同时才为 1
	<<	按位左移	00001000 << 2	00100000	左移，末尾加 2 个 0，多余的丢弃
	>>	按位右移	00001000 >> 2	00000010	右移，前面加 2 个 0，多余的丢弃

【例 2-7】位运算符和位运算表达式（参见实训平台【实训 2-7】）。

```
public static void main(String[] args) {
    Scanner sc = new Scanner(System.in);
    int a, b;
    System.out.print("输入两个整数（小于 128）：");
    a = sc.nextInt();
    b = sc.nextInt();

    //下述二进制只显示有效位数，Integer.toBinaryString 用于转换为二进制数输出
    System.out.println("数 1 的二进制：{" + Integer.toBinaryString(a)+ "}");
    System.out.println("数 2 的二进制：{" + Integer.toBinaryString(b)+ "}");
```

```
        System.out.println("按位与（&）：{" + Integer.toBinaryString(a&b)+ "}");
        System.out.println("按位或（|）：{" + Integer.toBinaryString(a|b)+ "}");
        System.out.println("按位异或（^）：{" + Integer.toBinaryString(a^b)+ "}");
    }
```

位运算一般用于通信协议以及物联网设备的编程中。

2.4.7 复合赋值运算符

赋值运算符有两种：基本赋值运算符和复合赋值运算符，见表 2-14。

表 2-14　赋值运算符

分类	运算符	功能	例子（以整型变量 a 为例）	例子的运算结果
基本赋值	=	赋值	a = 12; a = 2;	a=2
复合赋值	+=	加等于	a = 12; a += 2;	a=14
	-=	减等于	a = 12; a -= 2;	a=10
	*=	乘等于	a = 12; a *= 2;	a=24
	/=	除等于	a = 12; a /= 2;	a=6
	%=	模除等于	a = 12; a %= 2;	a=0

复合赋值运算符是算术运算和赋值运算的复合，它不提供新的功能，但是有助于编写出简洁的代码、提高可读性，因此，只要可能，尽量使用复合赋值运算符。

复合赋值运算符的一些例子见表 2-15。

表 2-15　复合赋值运算符的一些例子

比较项	加等于	减等于	乘等于	除等于	模除等于
复合赋值	a += 3;	a -= 3;	a *= 3;	a /= 3;	a %= 3;
等价的代码	a = a + 3;	a = a - 3;	a = a * 3;	a = a / 3;	a = a % 3;

2.4.8 数据类型转换

数据类型的转换

在二元运算符的运算过程中，两个操作数必须是相同类型，否则就不能进行运算。

当两个操作数的类型不同时，需要将它们转换为相同的类型，转换的方法有自动类型转换和强制类型转换两种。

1. 自动类型转换

由编译器自动进行转换，转换的原则是：

（1）将占用空间小的转换为占用空间大的，避免数据溢出。

（2）将精度低的转换为精度高的，避免精度损失。

具体的规则如图 2-6 所示。

图中横向向右的箭头表示运算时必定的转换（例如 char 和 char 相加，这两个 char 会转换为 int，然后再相加）；纵向向上的箭头表示当运算对象为不同类型时转换的方向（例如 char 遇到 float 时转换为 float，char 遇到 double 时转换为 double）。

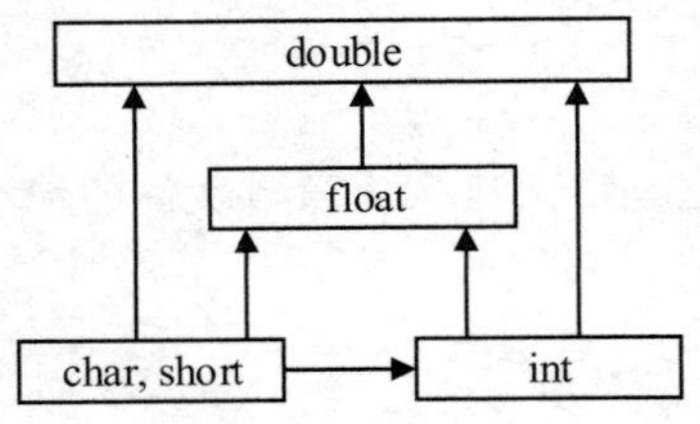

图 2-6　自动类型转换

2. 强制类型转换

如果要实现自动类型转换无法实现的转换时，可以使用强制类型转换。通常是在代码中指定向精度低或占用空间小的类型转换，因此程序员应该自行承担数据溢出和精度损失的风险。

强制类型转换的语法格式如下：

```
(数据类型)变量或常量
```

【例 2-8】 数据类型转换（参见实训平台【实训 2-8】）。

（1）自动类型转换。

```
public static void main(String[] args) {
    int a, a1 = 2, a2 = 3;
    short b, b1 = 20000, b2 = 30000;
    char c, c1 = '2', c2 = 'c';
    float f;
    float f1 = 2.1;      //这里有一个警告信息
    float f2 = 3.1f;     //没有警告，因为加了一个 f，表示是一个单精度浮点数
    double d, d1 = 2.12345678901234, d2 = 3.12345678901234;

    //short、char 自动转换为 int
    c = c1 + c2;         //错误：自动转换为 int 类型，但 c 不是整型变量
    b = b1 + b2;         //错误：自动转换为 int 类型，但 b 不是整型变量
    a = a1 + a2;

    //同类型相加
    f = f1 + f2;
    d = d1 + d2;

    //不同类型相加
    f = f1 + d2;         //错误：自动转换为 double 类型，因此应该改为赋值给变量 d
    a = a + f1;          //错误：自动转换为 float 类型，因此应该改为赋值给变量 f
}
```

代码中的注释解释了错误发生的原因以及按自动类型转换的要求来解决的方式。

（2）强制类型转换。

对上述错误，如果不按自动类型转换的要求来解决，而是通过强制类型转换的方法来解决则可能出现数据溢出或精度损失。

```
    public static void main(String[] args) {
        int a, a1 = 2, a2 = 3;
        short b, b1 = 20000, b2 = 30000;
        char c, c1 = '2', c2 = 'c';
        float f;
        float f1 = 2.1;      //这里有一个警告信息
        float f2 = 3.1f;     //没有警告，因为加了一个 f，表示是一个单精度浮点数
        double d, d1 = 2.12345678901234, d2 = 3.12345678901234;

        System.out.println("short、char 自动转换为 int：");
        c = (char) (c1 + c2);     //警告：有可能溢出，对这个例子的数据没有溢出（只是无法显示）
        b = (short) (b1 + b2);    //警告：有可能溢出，对这个例子的数据产生了溢出
        a = a1 + a2;
        System.out.println("c = {" + c + "}");
        System.out.println("b = {" + b + "}");
        System.out.println("a = {" + a + "}");

        System.out.println("\n 同类型相加：");
        f = f1 + f2;
        d = d1 + d2;
        System.out.println("f = {" + f + "}");
        System.out.println("d = {" + d + "}");

        System.out.println("\n 不同类型相加：");
        f = (float) (f1 + d2);    //警告：精度损失，只有单精度
        a = (int) (a + f1);       //警告：精度损失，丢失小数部分
        System.out.println("f = {" + f + "}");
        System.out.println("a = {" + a + "}");
    }
```

运行结果如下，对照代码中的注释可以看到数据溢出和精度损失的后果（数据溢出会造成数据完全失真，导致结果不正确）：

```
short、char 自动转换为 int：
c = {?}
b = {-15536}
a = {5}
同类型相加：
f = {5.2}
d = {5.24691357802468}
不同类型相加：
f = {5.223457}
a = {7}
```

2.4.9　运算符的优先级

运算符的优先级在表达式中起了非常重要的作用，一定要很好地了解。简单地说，就是先乘除后加减，一元运算符优先级最高，用括号可以调整优先级，见表 2-16。

表 2-16　运算符的优先级

运算符	说明	结合性
()	括号优先	
expr++、expr--、++expr、--expr、+expr、-expr	一元运算	左结合性
!	一元运算	右结合性
*、/、%	乘、除、模除	左结合性
+、-	加、减	左结合性
<<、>>	左移、右移	
<、>、<=、>=、==、!=	关系运算	左结合性
&&、||	逻辑与、逻辑或	左结合性
?:（在第 3 章讲解）	条件运算符	
=	赋值	右结合性
+=、-=、*=、/=、%=	复合赋值	左结合性

注：优先级的高低是上面的最高，向下依次降低，即括号优先级最高，复合赋值最低。

如果对优先级不太确定或者是表达式比较复杂，这时应该加上括号，便于编写正确的表达式，同时提高可读性。

2.5　简单的输入输出

2.5.1　数据输出

Java 有两种标准输出：System.out 和 System.err。本书已经多次使用 System.out 实现输出。两者的比较见表 2-17。

表 2-17　System.out 和 System.err 的比较

比较项	System.out	System.err
作用	正常输出数据	输出错误信息
效果	正常显示	以红色显示，表示错误

两者都支持以下两个方法：

- print()：向标准输出设备（控制台，即屏幕）输出一行文本。
- println()：向标准输出设备（控制台，即屏幕）输出一行文本并且换行。

【例 2-9】数据输出（参见实训平台【实训 2-9】）。

```
public static void main(String[] args){
    int a = 2, b = 3;

    //输出字符串：Hello, world!
```

```
        System.out.println("Hello, world!");

        //输出两个值时中间应该有分隔
        System.out.println("a、b 的值分别是：" + a + b);
        System.out.println("a、b 的值分别是：a=" + a + ", b=" + b);

        //关系运算符的优先级小于 + 运算符，所以要加上括号
        System.out.println("a 是否小于 b：" + (a < b));
        System.err.println("红色显示的错误信息。");
    }
```

本质上都是输出字符串，后面几行是将多个数据连接成一个字符串，然后再输出。运行结果如下（由于 System.err 输出的优先级高，因此可能会先于其他的输出）：

```
Hello, world!
红色显示的错误信息。
a、b 的值分别是：23
a、b 的值分别是：a=2, b=3
a 是否小于 b：true
```

2.5.2 数据输入

与 System.out 类似，Java 提供了用于输入的 System.in，直接使用它读取键盘的输入会比较复杂，通常是利用 java.util.Scanner 间接地从 System.in 读取键盘输入一行字符或一个基本数据类型的数据，本书也曾使用过。下面用例子加以说明。

【例 2-10】数据输入（参见实训平台【实训 2-10】）。

```
public static void main(String[] args){
    Scanner sc = new Scanner(System.in);
    System.out.print("输入一行字符然后按回车键：");
    String s = sc.nextLine();              //从键盘读取一行文本内容
    System.out.println("您输入的字符是：" + s);

    System.out.print("输入一个整数然后按回车键：");
    int i = sc.nextInt();                  //从键盘读取一个整数
    System.out.println("您输入的整数是：" + i);

    System.out.print("输入一个实数然后按回车键：");
    double d = sc.nextDouble();        //从键盘读取一个双精度浮点数
    System.out.println("您输入的实数是：" + d);

    System.out.print("输入一个整数和一个实数然后按回车键：");
    i = sc.nextInt();
    d = sc.nextDouble();
    System.out.println("您输入的两个数是：" + i + " 和 " + d);
}
```

当输入正确的数据时，运行结果如下：

```
输入一行字符然后按回车键：This is a line.
您输入的字符是：This is a line.
```

```
输入一个整数然后按回车键：123
您输入的整数是：123
输入一个实数然后按回车键：123.456
您输入的实数是：123.456
输入一个整数和一个实数然后按回车键：22 3.14
您输入的两个数是：22 和 3.14
```

连续输入多个整数或实数时，可以用空格分隔这些数值，也可以用多个空格、Tab 或回车键分隔。

如果输入了错误的数据，则会出现错误。例如将一个实数输入到一个整数变量中。

```
输入一行字符然后按回车键：This is a line.
您输入的字符是：This is a line.
输入一个整数然后按回车键：3.14
Exception in thread "main" java.util.InputMismatchException
    at java.util.Scanner.throwFor(Unknown Source)
    at java.util.Scanner.next(Unknown Source)
    at java.util.Scanner.nextInt(Unknown Source)
    at java.util.Scanner.nextInt(Unknown Source)
    at java1.Demo.main(Demo.java:16)
```

2.5.3 数据格式控制

1. 格式化输入

输入时主要考虑的是整数的数制（八进制和十六进制等）。例如下述代码分别读入八进制和十六进制的整数，然后以十进制整数输出。

```
public static void main(String[] args) {
    Scanner sc = new Scanner(System.in);
    System.out.print("输入一个八进制整数和一个十六进制整数：");
    int a = sc.nextInt(8);          //输入八进制整数
    int b = sc.nextInt(16);         //输入十六进制整数

    System.out.println("输入的两个整数的十进制表示是" + a + "和" + b);
}
```

运行结果如下：

```
输入一个八进制整数和一个十六进制整数：12 2a
输入的两个整数的十进制表示是 10 和 42
```

2. 格式化输出

格式化输出使用 printf 方法而不是前面使用的 println 和 print 方法。方法名 printf 中的字母 f 表示格式（format）。printf 方法的数据格式控制见表 2-18。

表 2-18　printf 方法的数据格式控制

数据格式	作用	适用的数据类型
%d	十进制整数输出	byte、short、int、long
%x	十六进制整数输出	byte、short、int、long
%o	八进制整数输出	byte、short、int、long

续表

数据格式	作用	适用的数据类型
%f	浮点数格式输出	float、double
%e	科学记数法的浮点数格式输出	float、double
%s	字符串格式输出	字符串
%c	字符输出	byte、short、char、int
%b	输出 boolean 值	boolean
%%	%符号本身	
%n	换行符	
%6d	十进制整数，右对齐，宽度为 6	byte、short、int、long
%-6d	十进制整数，左对齐，宽度为 6	byte、short、int、long
%10f	浮点数，右对齐，宽度为 10	float、double
%-10f	浮点数，左对齐，宽度为 10	float、double
%.4f	浮点数，右对齐，小数位数 4	float、double
%10.4f	浮点数，右对齐，宽度为 10，小数位数 4	float、double

下面用具体例子加以说明。

【例 2-11】 数据格式控制（参见实训平台【实训 2-11】）。

（1）数制。

```
public static void main(String[] args) {
    Scanner sc = new Scanner(System.in);
    System.out.print("输入一个八进制整数和一个十六进制整数：");
    int a = sc.nextInt(8);              //输入八进制整数
    int b = sc.nextInt(16);             //输入十六进制整数

    System.out.println("输入的两个整数的十进制表示是" + a + "和" + b);
    System.out.printf("输入的两个整数的八进制表示是 %o 和 %o %n", a, b);
    System.out.printf("输入的两个整数的十六进制表示是 %x 和 %x %n", a, b);
}
```

运行结果如下：

```
输入一个八进制整数和一个十六进制整数：35 27
输入的两个整数的十进制表示是 29 和 39
输入的两个整数的八进制表示是 35 和 47
输入的两个整数的十六进制表示是 1d 和 27
```

（2）域宽和小数位数。

```
public static void main(String[] args) {
    int a = 61;
    System.out.printf("十进制%d，八进制%o，十六进制%x，字符%c %n", a, a, a, a, a);
    double d = 123.456789;
    System.out.printf("小数%f，科学记数%e %n", d, d);

    System.out.printf("右对齐和左对齐 |%8d|%-8d|%n", a, a);
```

```
        System.out.printf("宽度和小数位数 |%16f|%.2f|%16.2f| %n", d, d, d);
}
```

运行结果如下，小数是四舍五入的：

```
十进制 61，八进制 75，十六进制 3d，字符=
小数 123.456789，科学记数 1.234568e+02
右对齐和左对齐 |          61|61          |
宽度和小数位数 |      123.456789|123.46|          123.46|
```

（3）格式化输出的例子。

```
public static void main(String[] args) {
    String name1 = "Laptop";
    String name2 = "Mouse";
    int quantity1 = 1;
    int quantity2 = 2;
    float price1 = 3890;
    float price2 = 98;

    System.out.printf("%20s%16s%16s%16s %n", "Name", "Quantity", "Price", "Ammount");
    System.out.printf("%20s%16d%16.2f%16.2f %n", name1, quantity1, price1, quantity1 * price1);
    System.out.printf("%20s%16d%16.2f%16.2f %n", name2, quantity2, price2, quantity2 * price2);
}
```

运行结果如下（要求严格对齐，但有些字体可能无法对齐）：

```
                Name        Quantity           Price         Ammount
              Laptop               1         3890.00         3890.00
               Mouse               2           98.00          196.00
```

2.6　综合实训

下述综合实训需要 Jitor 校验器实时批改。

1.【Jitor 平台实训 2-12】编写一个程序，从键盘输入圆环的外半径和内半径（整数），输出圆环的面积（10 位小数）。不考虑错误的数据（例如内半径大于外半径时）导致错误结果的情况。

2.【Jitor 平台实训 2-13】编写一个程序，从键盘输入华氏温度（单精度数），输出摄氏温度（单精度数）。

3.【Jitor 平台实训 2-14】编写一个程序，从键盘输入一个小写字母（字符），输出对应的大写字母。不考虑错误的数据（例如非字母字符）导致错误结果的情况。

4.【Jitor 平台实训 2-15】编写一个程序，从键盘输入一个三位的整数（如 369），反向输出这 3 个数字（如 963）。

第 3 章　流程控制和方法

本章所有实训可以在 Jitor 校验器的指导下完成。

3.1　基本结构和语句

3.1.1　程序的 3 种基本结构

程序的 3 种基本结构是顺序结构、分支结构和循环结构（如图 3-1 所示），这 3 种结构构成了 Java 语言的流程控制。

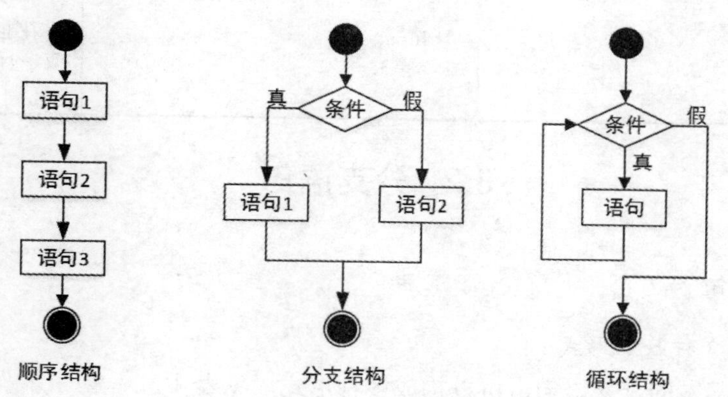

图 3-1　程序的 3 种基本结构

1. 顺序结构

严格按语句的先后次序，从上往下顺序执行每一条语句。

2. 分支结构

满足条件（为真，即 true）时执行一段语句，不满足条件（为假，即 false）时不执行任何语句或执行另一段语句。

3. 循环结构

满足条件（为真，即 true）时循环执行一段代码（称为循环体），不满足条件（为假，即 false）时结束循环。

3.1.2　Java 程序的语句

Java 程序的代码由语句组成，这些语句可以分为几类，见表 3-1。

表 3-1　Java 语句的分类和例子

代码分类	语句分类	例子	说明
包声明语句		package java1;	结尾加分号
导入语句		import java.util.Scanner;	结尾加分号

类声明语句		class 类名{
		　//类体
		}
			第 5 章讲解

方法声明语句		int add(int x, int y) {
		　//方法体
		}
			本章讲解

变量声明语句		int a=2, b, c;	第 2 章讲解
执行语句	赋值和表达式语句	b = a + 3;	第 2 章讲解
	方法调用语句	c = add(a, b);	本章讲解
	控制语句（分支、循环）	两种分支，三种循环	本章讲解
	空语句	;	只有一个分号

语句块		{
		　int a;
		　a = 3;
		}
			用花括号括起来的零行或多行语句

3.2　分支语句

3.2.1　if 语句

if 语句流程分析

1. if 语句的 3 种基本形式

if 语句是最基本的分支语句，可以构成多种形式，见表 3-2。

表 3-2　if 语句的 3 种基本形式

单选 if 语句	双选 if 语句	多选 if 语句

if(条件表达式){
　语句
}
	if(条件表达式){
	　语句 1
	}else{
	　语句 2
	}
		if(条件表达式 1){
		　语句 1
		}else if(条件表达式 2){
		　语句 2
		　⋮
		}else if(条件表达式 n){
		　语句 n
		}else{
		　语句 n+1
		}

其中的条件表达式是一个关系表达式或逻辑表达式，结果应该是 true 或 false。

【例 3-1】if 语句的 3 种基本形式（参见实训平台【实训 3-1】）。

（1）单选 if 语句。

```
public static void main(String[] args) {
    Scanner sc = new Scanner(System.in);
    float temperature;
    System.out.print("输入今天的气温：");
    temperature = sc.nextFloat();

    if (temperature > 30) {
        System.out.println("{打开空调}");
    }

    System.out.println("{程序结束}");
}
```

（2）双选 if 语句。

```
//将上述单选 if 语句部分改为双选 if 语句，增加一个 else 的选择
if (temperature > 30) {
    System.out.println("{打开空调}");
} else {
    System.out.println("{关闭空调}");
}
```

（3）多选 if 语句。

```
//将上述双选 if 语句部分改为多选 if 语句，再增加一个 else if 的选择
if (temperature > 30) {
    System.out.println("{打开空调（制冷）}");
} else if (temperature < 10) {
    System.out.println("{打开空调（制热）}");
} else {
    System.out.println("{关闭空调}");
}
```

2. 理解条件表达式

if 语句中的条件表达式通常是一个关系表达式或逻辑表达式，该表达式的结果必须是 true 或 false。

下面的例子将一个含有整数变量的关系表达式作为条件表达式，当表达式为真时输出“{条件表达式为真}”，否则输出“{条件表达式为假}”。

【例 3-2】理解条件表达式（参见实训平台【实训 3-2】）。

```
public static void main(String[] args) {
    Scanner sc = new Scanner(System.in);

    System.out.println("输入一个布尔表达式：");
    String str = sc.nextLine();

    try {
        //下一行需要 Jitor 校验器的补充代码才能运行
```

```
            System.out.println((Boolean) se.eval(str));
        } catch (ScriptException e) {
            e.printStackTrace();
        }
}
```

在 C 语言和 C++语言中，不论是整型、字符型还是其他类型，永远是“非 0 为真，0 为假”，但是在 Java 语言中则必须明确是 true 还是 false。

3. 巧用 if 语句

有时对同一个问题，可以用不同的 if 语句来实现。例如从两个数中求较大值，可以用双选 if 语句来实现，也可以用单选 if 语句来实现。

【例 3-3】 巧用 if 语句（参见实训平台【实训 3-3】）。

（1）从两个数中求较大值（双选 if 语句）。

```
public static void main(String[] args) {
    Scanner sc = new Scanner(System.in);
    int a, b, max;

    System.out.print("Input a,b: ");
    a = sc.nextInt();
    b = sc.nextInt();

    if (a > b) {
        max = a;
    } else {
        max = b;
    }

    System.out.println("max={" + max + "}");
}
```

（2）从两个数中求较大值（单选 if 语句）。

```
//修改上述代码中求较大值的部分，采用单选 if 语句实现
max = a;
if (b > max) {
    max = b;
}
```

4. if 语句的应用

使用 if 语句可以实现一些强大的功能。下面是几个例子。

【例 3-4】 if 语句的应用（参见实训平台【实训 3-4】）。

（1）求点(x, y) 的象限。

```
public static void main(String[] args) {
    Scanner sc = new Scanner(System.in);
    float x, y;
```

```
        System.out.print("Input x, y: ");
        x = sc.nextFloat();
        y = sc.nextFloat();

        if (x > 0 && y > 0) {
            System.out.println("{第 I 象限}");
        } else if (x < 0 && y > 0) {
            System.out.println("{第 II 象限}");
        } else if (x < 0 && y < 0) {
            System.out.println("{第III象限}");
        } else if (x > 0 && y < 0) {
            System.out.println("{第IV象限}");
        } else {
            System.out.println("{不属任何象限}");
        }
}
```

（2）百分制成绩转等级制成绩。

```
public static void main(String[] args) {
    Scanner sc = new Scanner(System.in);
    float score;
    System.out.print("输入百分制成绩：");
    score = sc.nextFloat();

    if (score > 100) {
        System.out.println("{百分制成绩不能大于 100}");
    } else if (score >= 90) {
        System.out.println("{优秀}");
    } else if (score >= 80) {
        System.out.println("{良好}");
    } else if (score >= 70) {
        System.out.println("{中等}");
    } else if (score >= 60) {
        System.out.println("{及格}");
    } else if (score >= 0) {
        System.out.println("{不及格}");
    } else {
        System.out.println("{成绩不能是负值}");
    }
}
```

（3）计算下述分段函数的值：

$$y=\begin{cases} x+1 & x<0 \\ x^2-5 & 0\leqslant x<10 \\ x^3 & x\geqslant 10 \end{cases}$$

```
public static void main(String[] args) {
    Scanner sc = new Scanner(System.in);
    float x, y;
```

```
        System.out.print("输入 x 的值：");
        x = sc.nextFloat();

        if (x < 0) {
            y = x + 1;
        } else if (x < 10) {
            y = x * x - 5;
        } else {
            y = x * x * x;
        }
        System.out.println("y = {" + y + "}");
    }
```

3.2.2 if 语句的嵌套

if 语句可以嵌套，也就是说，当条件为真或假时的语句块中还存在独立的条件语句。这时外层的 if 语句嵌套了内层 if 语句。

```
if(条件表达式 1){   //外层 if 语句
    if(条件表达式){   //内层 if 语句（单选、双选或多选）
        语句 1
    }else{
        语句 2
    }   //内层 if 语句结束
}else{   //外层 if 语句的 else
    if(条件表达式){   //内层 if 语句（单选、双选或多选）
        语句 1
    }else{
        语句 2
    }   //内层 if 语句结束
}   //外层 if 语句结束
```

使用嵌套 if 语句时要特别注意代码的缩进，使代码在任何时候都是清晰可读的。

有些问题可以采用多种方法来解决，例如下述单选 if 语句和嵌套 if 语句的运行结果是相同的。

单选 if 语句

```
public static void main(String[] args) {
    Scanner sc = new Scanner(System.in);
    int score1, score2;
    System.out.print("输入两门课的成绩：");
    score1 = sc.nextInt();
    score2 = sc.nextInt();
    if (score1 >= 60 && score2 >= 60) {
        System.out.println("{两门都及格}");
    }
}
```

嵌套 if 语句

```
public static void main(String[] args) {
    Scanner sc = new Scanner(System.in);
    int score1, score2;
    System.out.print("输入两门课的成绩：");
    score1 = sc.nextInt();
    score2 = sc.nextInt();
    if (score1 >= 60) {
        if (score2 >= 60) {
            System.out.println("{两门都及格}");
        }
    }
}
```

又如下述多选 if 语句和嵌套 if 语句的运行结果是相同的。

多选 if 语句

```
public static void main(String[] args) {
    Scanner sc = new Scanner(System.in);
    int score;
    System.out.print("输入一门课的成绩：");
    score = sc.nextInt();

    if (score >= 80) {
        System.out.println("{成绩很棒}");
    } else if (score >= 60) {
        System.out.println("{成绩及格}");
    } else {
        System.out.println("{不及格}");
    }
}
```

嵌套 if 语句

```
public static void main(String[] args) {
    Scanner sc = new Scanner(System.in);
    int score;
    System.out.print("输入一门课的成绩：");
    score = sc.nextInt();
    if (score >= 80) {
        System.out.println("{成绩很棒}");
    } else {
        if (score >= 60) {
            System.out.println("{成绩及格}");
        } else {
            System.out.println("{不及格}");
        }
    }
}
```

【例 3-5】 if 语句的嵌套（参见实训平台【实训 3-5】）。

一般来说在嵌套时，一个 if 语句是一个逻辑，另一个 if 语句是另一个逻辑。例如下面的例子中有两个逻辑：一个是天气的气温，另一个是房间里是否有空调，这就非常适合使用嵌套 if 语句。

```
public static void main(String[] args) {
    Scanner sc = new Scanner(System.in);
    float temperature;
    System.out.print("输入今天的气温：");
    temperature = sc.nextFloat();

    char hasAC;
    System.out.print("房间里有空调吗（y/n）");
    hasAC = sc.next().charAt(0);

    if (hasAC == 'y' || hasAC == 'Y') {
        System.out.println("{有空调}");
        if (temperature > 30) {
            System.out.println("{打开空调（制冷）}");
        } else if (temperature < 10) {
            System.out.println("{打开空调（制热）}");
        } else {
            System.out.println("{关闭空调}");
        }
    } else if (hasAC == 'n' || hasAC == 'N') {
        System.out.println("{没有空调}");
        if (temperature > 30) {
            System.out.println("{拿起扇子}");
        } else if (temperature < 10) {
            System.out.println("{多穿衣服}");
```

```
            } else {
                System.out.println("{什么也不要做}");
            }
        } else {
            System.out.println("{选择不正确，只能选择大写或小写的 y 或 n}");
        }
}
```

因此，我们要根据问题的复杂程度，在单选、双选、多选和嵌套 if 语句中选择最合适的一种来编写自己的代码。

3.2.3 条件运算符和条件表达式

经常遇到下述情况，一个变量根据条件表达式为真或为假取不同的值。

```
int a;
if(条件为真)
    a = 表达式 1;
else
    a = 表达式 2;
```

这时可以用一种特别的三元运算符?:来为这个变量赋值。

```
变量 = 条件为真 ? 表达式 1 : 表达式 2;
```

当条件或表达式比较长时写为以下格式，这样会更加清晰，可读性更好：

```
变量 = (条件为真)
    ? 表达式 1
    : 表达式 2;
```

【例 3-6】条件表达式（参见实训平台【实训 3-6】）。

（1）计算两个数中的较大者。

```
public static void main(String[] args) {
    Scanner sc = new Scanner(System.in);
    int a, b, max;

    System.out.print("Input a, b: ");
    a = sc.nextInt();
    b = sc.nextInt();

    max = a > b ? a : b;    //注意 ?: 的前后各空一个空格，可以提高可读性
    System.out.println("max={" + max + "}");
}
```

（2）计算两个数中的较小者。

```
min = a < b ? a : b;   //而不要用 min = a > b ? b : a;，那样虽然结果正确，但不容易理解
```

（3）计算 3 个数中的最大者。

```
    max = a > b ? a : b;            //先求两个数的较大者
    max = max > c ? max : c;        //再与第三个数比较
```

（4）将【例 3-1】中的双选 if 条件实现改为条件运算符实现。

```
public static void main(String[] args) {
    Scanner sc = new Scanner(System.in);
```

```
        float temperature;
        System.out.print("输入今天的气温：");
        temperature = sc.nextFloat();
        //【例 3-1】中的采用双选 if 条件实现改为条件运算符实现
        System.out.println(temperature > 30 ? "{打开空调}" : "{关闭空调}");
        System.out.println("{程序结束}");
    }
```

（5）将【例 3-1】中的单选 if 条件实现改为条件运算符实现。

```
//【例 3-1】中的采用单选 if 条件实现改为条件运算符实现
System.out.println(temperature > 30 ? "{打开空调}" : "");      //""是空字符串
```

条件运算符是唯一的一种三元运算符，是一种特别的双选 if 语句的简化表达方式，有助于编写清晰简洁的代码，提高可读性。

3.2.4　switch 语句

另一种分支语句是 switch 语句，它是一种多选的分支语句。语法格式如下：

```
switch (变量或表达式){
case 值 1:
    代码 1;
    break;
case 值 2:
    代码 2;
    break;
⋮
case 值 n:
    代码 n;
    break;
default:
    代码 n+1;
}
```

注意以下几点：

- switch 中的变量只能是字符、短整型和整型等类型的变量或表达式。从 Java 1.7（7.0）版本起，支持字符串作为 switch 的变量。
- 每个 case 中的代码可以由多行代码组成，而不需要加上花括号。
- 通常情况下，每个 case 都应该用 break 中断，以防止继续执行下一个 case，除非需要继续执行下一个 case。

1. switch 语句的基本形式

【例 3-7】 switch 语句的基本形式（参见实训平台【实训 3-7】）。

```
public static void main(String[] args) {
    Scanner sc = new Scanner(System.in);
    int a;
    System.out.print("Input an integer (0～6): ");
    a = sc.nextInt();

    switch (a) {
    case 0:
```

```
            System.out.println("Sunday");
            break;
        case 1:
            System.out.println("Monday");
            break;
        case 2:
            System.out.println("Tuesday");
            break;
        case 3:
            System.out.println("Wednesday");
            break;
        case 4:
            System.out.println("Thursday");
            break;
        case 5:
            System.out.println("Friday");
            break;
        case 6:
            System.out.println("Saturday");
            break;
        default:
            System.out.println("Input data error.");
        }
    }
```

2. switch 语句的应用

【例 3-8】switch 语句的应用（参见实训平台**【**实训 3-8**】**）。

（1）将百分制成绩转换为中文的等级制成绩（暂不考虑 100 分和负数）。

```
public static void main(String[] args) {
    Scanner sc = new Scanner(System.in);
    int score;
    System.out.print("输入百分制成绩（0～99）：");
    score = sc.nextInt();

    switch (score / 10) {
    case 9:
        System.out.println("{优秀}");
        break;
    case 8:
        System.out.println("{良好}");
        break;
    case 7:
        System.out.println("{中等}");
        break;
    case 6:
        System.out.println("{及格}");
        break;
```

```
        case 5:
        case 4:
        case 3:
        case 2:
        case 1:
        case 0:
            System.out.println("{不及格}");
            break;
        default:
            System.out.println("{输入错误}");
        }
    }
```

（2）将 ABCDF 表示的等级制成绩转换为中文表示的等级制成绩。

```
public static void main(String[] args) {
    Scanner sc = new Scanner(System.in);
    char grade;
    System.out.print("输入等级成绩（ABCDF）：");
    grade = sc.nextLine().charAt(0);

    switch (grade) {
    case 'A':
    case 'a':
        System.out.println("{优秀}");
        break;
    case 'B':
    case 'b':
        System.out.println("{良好}");
        break;
    case 'C':
    case 'c':
        System.out.println("{中等}");
        break;
    case 'D':
    case 'd':
        System.out.println("{及格}");
        break;
    case 'F':
    case 'f':
        System.out.println("{不及格}");
        break;
    default:
        System.out.println("{输入错误}");
    }
}
```

（3）用 switch 语句编写菜单。

```
public static void main(String[] args) {
```

```
        Scanner sc = new Scanner(System.in);
        System.out.println("{I. 输入数据}");
        System.out.println("{C. 进行计算}");
        System.out.println("{O. 输出数据}");

        char choice;
        System.out.print("选择菜单功能：");
        choice = sc.nextLine().charAt(0);

        switch (choice) {
        case 'I':
        case 'i':
            System.out.println("{你选择了 I. 输入数据}");
            break;
        case 'C':
        case 'c':
            System.out.println("{你选择了 C. 进行计算}");
            break;
        case 'O':
        case 'o':
            System.out.println("{你选择了 O. 输出数据}");
            break;
        default:
            System.out.println("{选择错误，只能选择字母 i、c、o}");
        }
        System.out.println("{程序结束}");
    }
```

3. switch 语句与 if 语句比较

switch 语句能完成的功能采用 if 语句也同样能够实现，但多数 if 语句能实现的功能 switch 语句却不一定能够实现，见表 3-3。

表 3-3　switch 语句与 if 语句比较

可以改写为 switch 语句	不可改写为 switch 语句	不可改写为 switch 语句

if(a==1){
　　//...
}else if(a==2){
　　//...
}else if(a==3){
　　//...
}else if(a==4){
　　//...
}else{
　　//...
}
	if(a<0){
	　　//...
	}else if(a<10){
	　　//...
	}else if(a<100){
	　　//...
	}else if(a<999){
	　　//...
	}else{
	　　//...
	}
		if(a>0 && b<0){
		　　//...
		}else if(a>20 && b<-100){
		　　//...
		}else{
		　　//...
		}

switch 语句的优势是使程序简洁清晰、可读性好，因此，只要能够用 switch 语句实现的就应该用 switch 语句来编写。

3.2.5 实例详解（一）：求给定年份和月份的天数

对同一个问题，可以用不同的思路、不同的代码来实现，代码的质量主要取决于运行效率和可读性。

例如下面是一个求给定年份和月份的天数的程序，可以采用以下 3 种方法来实现：

- 多条单选 if 语句。
- 多选 if 语句。
- switch 语句。

【例 3-9】实例详解（一）：求给定年份和月份的天数（参见实训平台【实训 3-9】）。

（1）多条 if 语句的实现。

```
public static void main(String[] args) {
    Scanner sc = new Scanner(System.in);
    int year, month, day = 0;
    System.out.print("输入年份和月份：");
    year = sc.nextInt();
    month = sc.nextInt();

    if (month == 1) {
        day = 31;
    }
    if (month == 2) {
        if (year % 400 == 0 || (year % 4 == 0 && year % 100 != 0)) {
            day = 29;     //闰年
        } else {
            day = 28;     //普通年份
        }
    }
    if (month == 3) {
        day = 31;
    }
    if (month == 4) {
        day = 30;
    }
    if (month == 5) {
        day = 31;
    }
    if (month == 6) {
        day = 30;
    }
    if (month == 7) {
        day = 31;
    }
    if (month == 8) {
        day = 31;
```

```
        }
        if (month == 9) {
            day = 30;
        }
        if (month == 10) {
            day = 31;
        }
        if (month == 11) {
            day = 30;
        }
        if (month == 12) {
            day = 31;
        }
        System.out.println("该年份的这个月的天数是 {" + day + "}");
    }
```

（2）多选 if 语句的实现（判断部分的代码）。

```
if (month==1 || month==3 || month==5 || month==7 || month==8 || month==10 || month==12) {
    day = 31;
} else if (month == 4 || month == 6 || month == 9 || month == 11) {
    day = 30;
} else if (month == 2) {
    if (year % 400 == 0 || (year % 4 == 0 && year % 100 != 0)) {
        day = 29;    //闰年
    } else {
        day = 28;    //普通年份
    }
} else {
    System.out.println("error");
    day = 0;
}
```

（3）switch 语句的实现（判断部分的代码）。

```
switch (month) {
case 1:
case 3:
case 5:
case 7:
case 8:
case 10:
case 12:
    day = 31;
    break;
case 4:
case 6:
case 9:
case 11:
    day = 30;
```

```
        break;
    case 2:
        if (year % 400 == 0 || (year % 4 == 0 && year % 100 != 0)) {
            day = 29;    //闰年
        } else {
            day = 28;    //普通年份
        }
        break;
    default:
        day = 0;
        System.out.println("error");
}
```

对同一个问题，可能会有多种解决方案，应该采用简洁和清晰的解决方案。

3.2.6 代码命名和排版规范

代码的编写除了必须实现功能外，还要求代码编写规范、逻辑清晰、可读性好，从而得到维护性好的程序。而不同的公司会有不同的编码规范。

本书附录 B 是一个常用的代码规范，其中主要的部分如下：

- 变量的命名应该用英文单词，Eclipse 中有一个强大的功能，可以修改变量的名称，方法是先将光标定位在变量名上，再从主菜单中选择 Refactor→Rename 或者按 Alt + Shift + R 快捷键，这时修改变量名可以将这个变量的多处出现同步修改。
- 代码要有正确的缩进，一个缩进是一个水平制表符（Tab）或 4 个空格。Eclipse 中可以用 Ctrl + Shift + F 快捷键实现自动代码缩进排版，可以针对整个文件或选中的部分进行代码缩进排版。
- 代码要有适当的注释，要让其他程序员或你自己以后看得懂。

下面是一个比较规范的代码，容易阅读和理解。

```
public static void main(String[] args) {
    Scanner sc = new Scanner(System.in);
    //菜单
    System.out.println("{1. 计算月份的天数}");
    System.out.println("{2. 判断空调的开和关}");

    char choice;
    System.out.print("选择菜单功能：");
    choice = sc.next().charAt(0);

    //实现用户选择的功能
    switch (choice) {
    case '1':
        //计算月份的天数
        int year, month, day;
        System.out.print("输入年份和月份：");
        year = sc.nextInt();
        month = sc.nextInt();
```

```
                switch (month) {
                case 1:
                case 3:
                case 5:
                case 7:
                case 8:
                case 10:
                case 12:
                    day = 31;
                    break;
                case 4:
                case 6:
                case 9:
                case 11:
                    day = 30;
                    break;
                case 2:
                    if (year % 400 == 0 || (year % 4 == 0 && year % 100 != 0)) {
                        day = 29;     //闰年
                    } else {
                        day = 28;     //普通年份
                    }
                    break;
                default:
                    day = 0;
                    System.out.println("月份错误");
                }
                System.out.println("该月天数是 {" + day + "}");
                break;
            case '2':
                //判断空调的开和关
                float temperature;
                System.out.print("输入温度：");
                temperature = sc.nextFloat();
                if (temperature > 30) {
                    System.out.println("{打开空调（制冷）}");
                } else if (temperature < 10) {
                    System.out.println("{打开空调（制热）}");
                } else {
                    System.out.println("{关闭空调}");
                }
                break;
            default:
                System.out.println("{选择错误}");
            }
            System.out.println("{程序结束}");
        }
```

从代码缩进中很容易理解代码之间的嵌套关系以及程序的逻辑，代码有较好的可读性。当学习到 3.5.3 节时对这段代码还可以有更好的优化办法。

3.3 循环语句

3.3.1 while 循环语句

while 循环语句的语法结构如下：

```
while(结束条件表达式){
    循环体;
}
```

它的执行流程是，计算结束条件表达式的值，若表达式的值：

- 为真（true），执行循环体语句。
- 为假（false），结束循环。

【例 3-10】while 循环——计算 1～n 的整数和（参见实训平台【实训 3-10】）。

```
public static void main(String[] args) {
    Scanner sc = new Scanner(System.in);
    int i, n, sum;
    System.out.print("Input the value of n: ");
    n = sc.nextInt();

    sum = 0;
    i = 1;
    while (i <= n) {
        sum += i;
        System.out.println("i=" + i + ", sum=" + sum);
        i++;
    }
    System.out.println("sum = {" + sum + "}");
}
```

while 循环是一种当型循环，当条件为真时执行循环体，直到条件为假，可能执行 0 到多次循环体。当型循环是先判断后执行，所以可能一次循环都不执行。

在循环语句中不能出现无限循环的状态（称为死循环），一定要在多次循环后达到某种条件使结束条件表达式的值为假，从而结束循环。

3.3.2 do…while 循环语句

while 和 do…while 循环的比较

do…while 循环语句的语法结构如下：

```
do{
    循环体;
} while(结束条件表达式);
```

它的执行流程是，首先执行一次循环体语句，然后再计算结束条件表达式的值，若表达式的值：

- 为真（true），再次执行循环体语句。
- 为假（false），结束循环。

【例 3-11】do…while 循环——计算 1～n 的整数和（参见实训平台【实训 3-11】）。

```
public static void main(String[] args) {
    Scanner sc = new Scanner(System.in);
    int i, n, sum;
    System.out.print("Input the value of n: ");
    n = sc.nextInt();

    sum = 0;
    i = 1;
    do {
        sum += i;
        System.out.println("i=" + i + ", sum=" + sum);
        i++;
    } while (i <= n);
    System.out.println("sum = {" + sum + "}");
}
```

do…while 循环是一种直到型循环，先执行一次循环体，直到不满足条件（为假）时结束循环，可能执行 1 到多次循环体。直到型循环是先执行后判断，所以至少执行一次循环体。

while 循环和 do…while 循环在语法上有少许的差别，同样在实现功能上也有少许的差别。分别运行上述两个程序，如果输入的 n 值是正数，这时输出的结果是相同的，而如果输入的 n 值是负数，结果就不同了，while 循环的结果是 0，而 do…while 循环的结果是 1，也就是说，do…while 循环的循环体至少会执行一次，见表 3-4。

表 3-4　while 循环和 do…while 循环的区别

while 循环	do…while 循环
循环体可能执行 0 到多次，可能一次都不执行	循环体可能执行 1 到多次，至少执行一次

3.3.3　程序调试：循环的跟踪调试

程序跟踪调试是一个非常有用的技术，能够很好地帮助我们理解程序执行的细节，有以下两种基本的跟踪调试办法：

- 单步跟踪：设置一个断点，按 F11 键进入调试模式后按 F6 键单步执行每一行语句。
- 断点跟踪：在需要的位置设置多个断点或在循环体内设置断点，按 F11 键进入调试模式后按 F8 键将执行到下一个断点处。

【例 3-12】程序调试：循环的跟踪调试（参见实训平台【实训 3-12】）。

在 Jitor 校验器中按照所提供的操作要求分别对前述的 while 循环和 do…while 循环进行调试，在调试中理解两种循环的区别。参考图 3-2 和图 3-3，两者的区别是图 3-2 的断点设置在循环外，图 3-3 的断点设置在循环内。

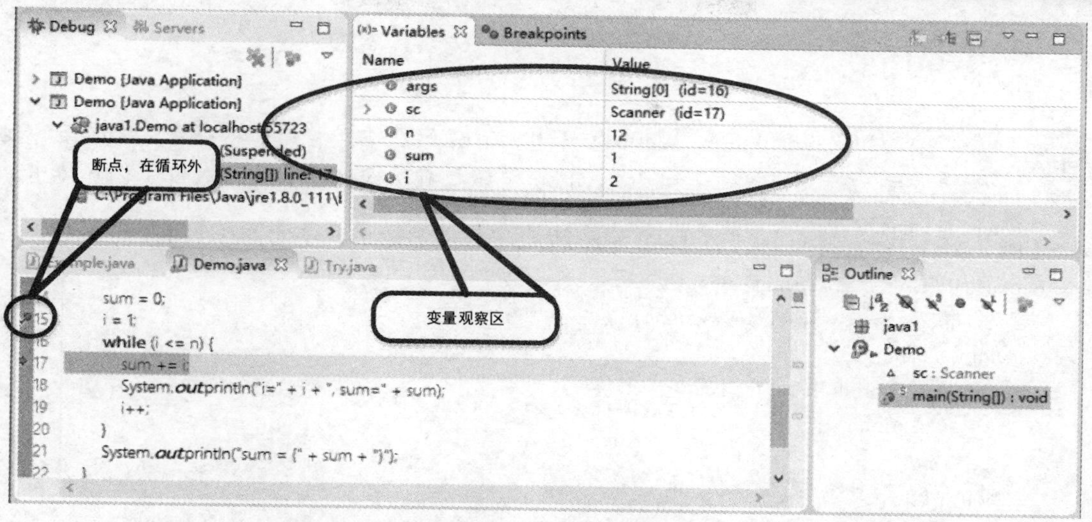

图 3-2　循环代码的调试（在循环体外设置断点）

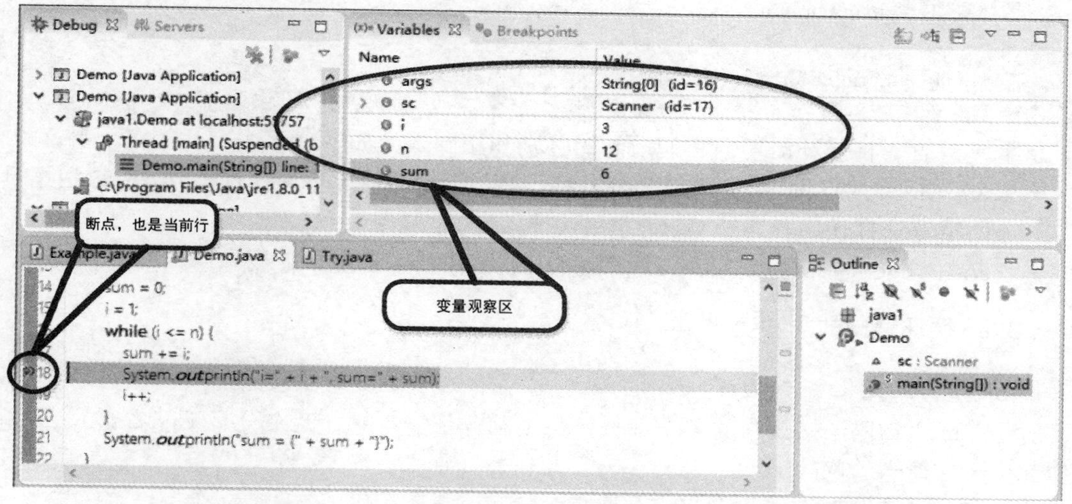

图 3-3　循环代码的调试（在循环体内设置断点）

3.3.4　for 循环语句

另一种常见的循环语句是 for 循环。语法格式如下：

```
for (起始表达式; 结束条件表达式; 循环增量表达式){
    循环体;
}
```

for 循环的执行流程如下：

（1）执行起始表达式。

（2）计算结束表达式的值，若表达式的值：

- 为真（true），执行循环体语句。
- 为假（false），结束循环。

（3）执行循环体。

（4）执行循环增量表达式。

在 while 循环和 do…while 循环中也有起始表达式和循环增量表达式部分，起始表达式位于 while 循环和 do…while 循环之前，循环增量表达式位于循环体中。

【例 3-13】for 循环——计算 1～n 的整数和（参见实训平台【实训 3-13】）。

```
public static void main(String[] args) {
    Scanner sc = new Scanner(System.in);
    int i, n, sum;
    System.out.print("Input the value of n: ");
    n = sc.nextInt();

    sum = 0;
    for (i = 1; i <= n; i++) {
        sum += i;
        System.out.println("i=" + i + ", sum=" + sum);
    }
    System.out.println("sum = {" + sum + "}");
}
```

Java 一共有 3 种循环语句，它们之间的区别和相同之处如下：

- for 循环与 while 循环可以相互替代，但在不同的情况下可读性不同，应该根据具体的情况选择使用。
- do…while 循环至少执行一次循环体，通常在特殊情况下使用。

3.3.5 循环语句的几种变化

1. for 语句的变化

对于 for 语句语法格式中的各个部分，每个部分都能省略（两个分号不能省略），但是在其他部分要作适当的修改。

```
for (起始表达式; 结束条件表达式; 循环增量表达式){
    循环体;
}
```

下面的例子分别演示了 for 语句常见的两种变化。

【例 3-14】for 语句常见的两种变化（参见实训平台【实训 3-14】）。

（1）省略起始表达式：将其写在 for 语句之前。

```
public static void main(String[] args) {
    Scanner sc = new Scanner(System.in);
    int i, n, sum;
    System.out.print("Input the value of n: ");
    n = sc.nextInt();

    sum = 0;
    i = 1;    //原来的起始表达式
```

```
        for (; i <= n; i++) {
            sum += i;
        }
        System.out.println("sum = {" + sum + "}");
    }
```

（2）省略 for 的 3 个部分：将这 3 个部分分别写在 for 语句之前或循环体中。

```
    sum = 0;
    i = 1;     //起始条件
    for (;;) { //for 语句的 3 个部分为空，相当于是死循环
        if (i > n) { //结束条件表达式
            break;       //break 语句将在 3.4 节讲解
        }
        sum += i;          //循环体
        i++;               //循环增量表达式
    }
```

for 循环语句可以有多种变化，对起始条件、结束条件、循环增量和循环体都可以有不同的处理，同时达到相同的效果。

2. while 语句的变化

与 for 循环类似，while 循环和 do…while 循环也可以用一个“真”值（true）作为结束条件表达式，成为一个死循环，而将真正的结束条件判断放在循环体中。

【例 3-15】while 语句的变化（参见实训平台【实训 3-15】）。

```
public static void main(String[] args) {
    Scanner sc = new Scanner(System.in);
    int i, n, sum;
    System.out.print("Input the value of n: ");
    n = sc.nextInt();

    sum = 0;
    i = 1;     //起始条件
    while (true) { //条件永远为真，相当于是死循环
        if (i > n) { //结束条件表达式
            break;
        }
        sum += i;  //循环体
        i++;        //循环增量表达式
    }
    System.out.println("sum = {" + sum + "}");
}
```

3.3.6 循环语句的嵌套

在循环的循环体内存在另一个独立的循环，称为循环的嵌套。下面用一个例子来说明嵌套循环的使用。

【例 3-16】循环语句的嵌套——输出乘法表（参见实训平台【实训 3-16】）。

在这个例子中，我们采用分阶段实施的办法编写一个程序，最终输出一个完整的乘法表。

（1）循环输出数字 1～9，以 Tab 分隔。

```
public static void main(String[] args) {
    for (int i = 1; i < 10; i++) {
        System.out.print(i + "\t");     //输出 1～9
    }
    System.out.println();
}
```

（2）循环输出 9 行数字 1～9。

```
//在前一步的基础上增加一层循环
for (int i = 1; i < 10; i++) { //外层循环使用循环变量 i
    for (int j = 1; j < 10; j++) { //内层循环使用循环变量 j
        System.out.print(j + "\t");     //改为输出内层循环变量
    }
    System.out.println();     //每一行要换行
}
```

（3）显示乘法的积。

```
//在前一步的基础上作个小修改，就是简单的乘法表
for (int i = 1; i < 10; i++) { //外层循环使用循环变量 i
    for (int j = 1; j < 10; j++) { //内层循环使用循环变量 j
        System.out.print(i * j + "\t");     //改为输出 i*j（乘法的积）
    }
    System.out.println();
}
```

（4）加上乘数和被乘数。

```
//完善乘法表
for (int i = 1; i < 10; i++) { //外层循环使用循环变量 i
    for (int j = 1; j < 10; j++) { //内层循环使用循环变量 j
        System.out.print(i + "×" + j + "=" + i * j + "\t");
        //加上 2×2= 这样的符号
    }
    System.out.println();
}
```

使用嵌套循环时需要注意以下几点：

- 不同层的循环要用不同的循环变量，通常顺序使用 i、j、k。
- 不同层的循环变量要保持独立，例如不能在内层循环修改外层循环变量的值。
- 可以有多层嵌套循环：3 层或更多层，但不宜超过 4 层。
- 每增加一层循环，要增加一层代码缩进。

3.3.7 实例详解（二）：求圆周率 π 的近似值

采用级数法求圆周率 π 的近似值，公式如下：

$$\pi = 4\times\left(1-\frac{1}{3}+\frac{1}{5}-\frac{1}{7}+\frac{1}{9}-\frac{1}{11}+\frac{1}{13}-\frac{1}{15}+\cdots\right)$$

【例 3-17】实例详解（二）：求圆周率 π 的近似值（参见实训平台【实训 3-17】）。

这个例子采用级数法求前 n 项的 π 的近似值。对这个问题可以采用 while 循环、do...while 循环或 for 循环来写。

while 循环

```
public static void main(String[] args) {
    Scanner sc =
        new Scanner(System.in);
    int count;
    System.out.print("输入项数：");
    count = sc.nextInt();
    double pi = 0;
    double item;
    int flag = 1;
    int i = 1;
    while (i < count) {
        item = flag * 4.0 / i;
        pi += item;
        i += 2;
        flag *= -1;     //负负得正
    }
    System.out.println("pi = {" + pi
        + "}");
}
```

do...while 循环

```
public static void main(String[] args) {
    Scanner sc =
        new Scanner(System.in);
    int count;
    System.out.print("输入项数：");
    count = sc.nextInt();
    double pi = 0;
    double item;
    int flag = 1;
    int i = 1;
    do {
        item = flag * 4.0 / i;
        pi += item;
        i += 2;
        flag *= -1;     //负负得正
    } while (i < count);
    System.out.println("pi = {"
        + pi + "}");
}
```

for 循环

```
public static void main(String[] args) {
    Scanner sc =
        new Scanner(System.in);
    int count;
    System.out.print("输入项数：");
    count = sc.nextInt();
    double pi = 0;
    double item;
    int flag = 1;

    for (int i = 1; i < count; i += 2) {
        item = flag * 4.0 / i;
        pi += item;
        flag *= -1;     //负负得正
    }

    System.out.println("pi = {"
        + pi + "}");
}
```

3.3.8 实例详解（三）：斐波那契数列

斐波那契数列是这样的一个数列，它的第 1、2 项是 1，从第 3 项开始都是前两项的和，例如：1, 1, 2, 3, 5, 8, 13, 21, 34, 55, ...

【例 3-18】实例详解（三）：斐波那契数列（参见实训平台【实训 3-18】）。

对于这个例子，同样可以采用 while 循环、do...while 循环或 for 循环来写。

while 循环

```
public static void main(String[] args) {
    Scanner sc =
        new Scanner(System.in);
    int line = 5;
    System.out.print("输入行数：");
    line = sc.nextInt();

    int f1 = 1;
    int f2 = 1;
    int i = 0;
    while (i < line * 2) {
        System.out.print("\t{"
            + f1 + "}");
        System.out.print("\t{"
```

do...while 循环

```
public static void main(String[] args) {
    Scanner sc =
        new Scanner(System.in);
    int line = 5;
    System.out.print("输入行数：");
    line = sc.nextInt();

    int f1 = 1;
    int f2 = 1;
    int i = 0;
    do {
        System.out.print("\t{"
            + f1 + "}");
        System.out.print("\t{"
```

for 循环

```
public static void main(String[] args) {
    Scanner sc =
        new Scanner(System.in);
    int line = 5;
    System.out.print("输入行数：");
    line = sc.nextInt();

    int f1 = 1;
    int f2 = 1;

    for (int i=0; i<line * 2; i+=2) {
        System.out.print("\t{"
            + f1 + "}");
        System.out.print("\t{"
```

```
        + f2 + "}");
    f1 = f1 + f2;    //前两数和
    f2 = f2 + f1;    //前两数和
    if (i % 2 == 1) {
        System.out.println();
    }
    i++;
  }
}
```

```
        + f2 + "}");
    f1 = f1 + f2;    //前两数和
    f2 = f2 + f1;    //前两数和
    if (i % 2 == 1) {
        System.out.println();
    }
    i++;
  } while (i < line * 2);
}
```

```
        + f2 + "}");
    f1 = f1 + f2;    //前两数和
    f2 = f2 + f1;    //前两数和
    if ((i + 2) % 4 == 0) {
        System.out.println();
    }
  }
}
```

3.4 控制语句

3.4.1 break 语句

break 语句是一种流程控制语句，用于中断流程的继续进行。

- 在 switch 语句中，中断（跳出）条件判断。
- 在循环语句（for、while、do…while）中，中断（跳出）循环。

例如下述代码计算从 1 加到 10 万，但是当累加和大等于 1 万时中断循环，从而得到要求的结果：从 1 加到多少个连续整数时累加和刚好超过 1 万。

```
public static void main(String[] args) {
    int sum = 0;
    int i;
    for (i = 1; i < 100000; i++) {
        sum += i;
        if (sum > 10000) {
            break;
        }
    }
    System.out.println("从 1 加到 {" + i + "} 时累加和超过 1 万");
}
```

【例 3-19】 break 语句——输出三角形的乘法表（参见实训平台【实训 3-19】）。

（1）输出一个完整的乘法表（后面的代码在这个基础上改为三角形乘法表）。

```
public static void main(String[] args) {
    for (int i = 1; i < 10; i++) {
        for (int j = 1; j < 10; j++) {
            System.out.print(i + "×" + j + "=" + i * j + "\t");
        }
        System.out.println();
    }
}
```

（2）输出三角形的乘法表（方法一）。

```
for (int i = 1; i < 10; i++) {
    for (int j = 1; j <= i; j++) { //内层循环的结束条件依赖于外层循环的循环变量
        System.out.print(i + "×" + j + "=" + i * j + "\t");
```

```
        }
        System.out.println();
    }
```

运行结果如下：

```
1×1=1
2×1=2	2×2=4
3×1=3	3×2=6	3×3=9
4×1=4	4×2=8	4×3=12	4×4=16
5×1=5	5×2=10	5×3=15	5×4=20	5×5=25
6×1=6	6×2=12	6×3=18	6×4=24	6×5=30	6×6=36
7×1=7	7×2=14	7×3=21	7×4=28	7×5=35	7×6=42	7×7=49
8×1=8	8×2=16	8×3=24	8×4=32	8×5=40	8×6=48	8×7=56	8×8=64
9×1=9	9×2=18	9×3=27	9×4=36	9×5=45	9×6=54	9×7=63	9×8=72	9×9=81
```

（3）输出三角形的乘法表（方法二，结果相同）。

```
for (int i = 1; i < 10; i++) {
    for (int j = 1; j < 10; j++) {
        System.out.print(i + "×" + j + "=" + i * j + "\t");
        if (j >= i) { //如果内层循环超出了 i 的值，中断循环
            break;
        }
    }
    System.out.println();
}
```

（4）输出三角形的乘法表（方法三，结果相同）。

```
for (int i = 1; i < 10; i++) {
    for (int j = 1; j < 10; j++) {
        if (j > i) { //把条件判断放在输出语句之前，条件从大等于（>=）改为大于（>）
            break;
        }
        System.out.print(i + "×" + j + "=" + i * j + "\t");
    }
    System.out.println();
}
```

3.4.2 continue 语句

continue 语句也是一种流程控制语句。它的作用与 break 语句正好相反，强制流程再次进行（不中断循环）。

continue 语句只用于循环语句（for、while、do…while）中。

例如下述代码是输出三角形乘法表的第四种办法，结果与使用 break 语句的效果相同。

```
public static void main(String[] args) {
    for (int i = 1; i < 10; i++) {
        for (int j = 1; j < 10; j++) {
            if (j > i) {
                continue;    //与前述的第三种方法相似，但效率低一些，因为不中断循环
            }
```

```
                System.out.print(i + "×" + j + "=" + i * j + "\t");
            }
            System.out.println();
        }
}
```

【例 3-20】continue 语句（参见实训平台【实训 3-20】）。

（1）计算不能被 3 整除的整数的累加和。

```
public static void main(String[] args) {
    Scanner sc = new Scanner(System.in);
    int n;
    System.out.print("Input value of n: ");
    n = sc.nextInt();

    int sum = 0;
    for (int i = 1; i <= n; i++) {
        if (i % 3 != 0) {
            sum += i;
        }
    }
    System.out.println("sum = {" + sum + "}");
}
```

（2）改用 continue 语句实现。

```
int sum = 0;
for (int i = 1; i <= n; i++) {
    if (i % 3 == 0) {
        continue;
    }
    sum += i;
}
```

3.4.3 实例详解（四）：求自然常数 e 的近似值

用级数法可以计算自然常数 e 的值（自然对数的底），公式如下：

$$e = 1 + 1 + \frac{1}{2!} + \frac{1}{3!} + \frac{1}{4!} + \frac{1}{5!} + \cdots + \frac{1}{n!} + \cdots$$

【例 3-21】实例详解（四）：求自然常数 e 的近似值（参见实训平台【实训 3-21】）。

这个例子可以采用 while 循环、do...while 循环或 for 循环来写。要求达到指定的精度（如 0.0001）时循环结束。

while 循环	do...while 循环	for 循环

public static void main(String[] args) {
  Scanner sc =
    new Scanner(System.in);
  double delta;
  System.out.print("精度值：");
  delta = sc.nextDouble();
  double e = 1;
	public static void main(String[] args) {
	  Scanner sc =
	    new Scanner(System.in);
	  double delta;
	  System.out.print("精度值：");
	  delta = sc.nextDouble();
	  double e = 1;
		public static void main(String[] args) {
		  Scanner sc =
		    new Scanner(System.in);
		  double delta;
		  System.out.print("精度值：");
		  delta = sc.nextDouble();
		  double e = 1;

```
double item = 1;
int i = 1;
while (true) {
    item = item / i;
    e += item;
    if (item < delta) {
        break;    //循环结束
    }
    i++;
}
System.out.println("e = {"
    + e + "}");
}
```

```
double item = 1;
int i = 1;
do {
    item = item / i;
    e += item;
    if (item < delta) {
        break;    //循环结束
    }
    i++;
} while (true);
System.out.println("e = {"
    + e + "}");
}
```

```
double item = 1;

for (int i = 1;; i++) {
    item = item / i;
    e += item;
    if (item < delta) {
        break;    //循环结束
    }

}
System.out.println("e = {"
    + e + "}");
}
```

运行结果如下：

```
精度值：0.0001
e = {2.71828}
```

3.4.4 实例详解（五）：输出素数表

素数是一个自然数，它只能被 1 和自身整除，而不能被其他数整除。编写一个程序，输出素数表。

【例 3-22】 实例详解（五）：输出素数表（参见实训平台【实训 3-22】）。

本例分为以下 3 步进行：

（1）判断一个数是否是素数。

```
public static void main(String[] args) {
    Scanner sc = new Scanner(System.in);
    int number;
    System.out.print("输入一个整数，判断其是否是素数：");
    number = sc.nextInt();

    boolean isPrime = true;
    for (int i = 2; i <= Math.sqrt(number); i++) {
        if (number % i == 0) {
            isPrime = false;
            break;
        }
    }
    System.out.println("这个数{" + (isPrime ? "是" : "不是") + "素数}");
}
```

（2）列出 n 以内的素数。

```
public static void main(String[] args) {
    Scanner sc = new Scanner(System.in);
    int n;
    System.out.print("输入一个整数：");
    n = sc.nextInt();

    for (int number = 2; number < n; number++) {
```

```
            boolean isPrime = true;
            for (int i = 2; i <= Math.sqrt(number); i++) {
                if (number % i == 0) {
                    isPrime = false;
                    break;
                }
            }
            if (isPrime) {
                System.out.print(number + "\t");
            }
        }
        System.out.println();
    }
```

（3）修改输出格式，每行输出 8 个素数。

```
    public static void main(String[] args) {
        Scanner sc = new Scanner(System.in);
        int n;
        System.out.print("输入一个整数：");
        n = sc.nextInt();

        int count = 1;    //用于计数素数的个数
        for (int number = 2; number < n; number++) {
            boolean isPrime = true;
            for (int i = 2; i <= Math.sqrt(number); i++) {
                if (number % i == 0) {
                    isPrime = false;
                    break;
                }
            }
            if (isPrime) {
                System.out.print("{" + number + "}\t");
                if (count % 8 == 0) {
                    System.out.println();    //每 8 个素数添加一个换行
                }
                count++;
            }
        }
        System.out.println();
    }
```

3.4.5 实例详解（六）：百钱买百鸡问题

百钱买百鸡问题：公鸡一只五块钱，母鸡一只三块钱，小鸡三只一块钱，现在要用一百块钱买一百只鸡，问公鸡、母鸡、小鸡各多少只？

解法：设公鸡 x 只、母鸡 y 只、小鸡 z 只，得到以下方程式组：

$$\begin{cases}5x+3y+z/3=100\\x+y+z=100\end{cases}$$

约束条件如下：

$$\begin{cases}0\leqslant x\leqslant 100\\0\leqslant y\leqslant 100\\0\leqslant z\leqslant 100\end{cases}$$

因此，这个问题采用多重循环来解决是非常方便的。

【例 3-23】实例详解（六）：百钱买百鸡问题（参见实训平台**【**实训 3-23**】**）。

本例分为以下 4 步进行，逐步优化，提高性能：

（1）用循环语句列出所有可能的组合，输出符合要求的组合。

```
public static void main(String[] args) {
    int count = 0;
    int i, j, k;
    for (i = 0; i <= 100; i++) {
        for (j = 0; j <= 100; j++) {
            for (k = 0; k <= 100; k++) {
                count++;
                if (5 * i + 3 * j + k / 3 == 100 && k % 3 == 0 && i + j + k == 100) {
                    System.out.println("公鸡={" + i + "}，母鸡={" + j + "}，小鸡={" + k + "}");
                }
            }
        }
    }
    System.out.println("一共循环了 {" + count + "} 次");
}
```

运行结果如下：

```
公鸡={0}，母鸡={25}，小鸡={75}
公鸡={4}，母鸡={18}，小鸡={78}
公鸡={8}，母鸡={11}，小鸡={81}
公鸡={12}，母鸡={4}，小鸡={84}
一共循环了 {1030301} 次
```

从结果中看到，一共循环了 103 万次。

（2）优化，提高效率。

```
for (i = 0; i <= 100; i++) {
    for (j = 0; j <= 100 - i; j++) { //在这里优化
        for (k = 0; k <= 100 - i - j; k++) { //在这里优化
            count++;
            if (5 * i + 3 * j + k / 3 == 100 && k % 3 == 0 && i + j + k == 100) {
                System.out.println("公鸡={" + i + "}，母鸡={" + j + "}，小鸡={" + k + "}");
            }
        }
    }
}
```

这次的结果是循环次数降到 17 万次。

（3）再优化，提高效率。

```
for (i = 0; i <= 100; i++) {
    for (j = 0; j <= 100 - i; j++) {
        k = 100 - i - j;    //在这里优化，可以不采用循环
        count++;
        if (5 * i + 3 * j + k / 3 == 100 && k % 3 == 0 && i + j + k == 100) {
            System.out.println("公鸡={" + i + "}，母鸡={" + j + "}，小鸡={" + k + "}");
        }
    }
}
```

这次的结果是循环次数降到 5 千多次。

（4）再次优化，提高效率。

```
for (i = 0; i <= 100 / 5; i++) { //在这里优化
    for (j = 0; j <= 100 - i; j++) {
        k = 100 - i - j;
        count++;
        if (5 * i + 3 * j + k / 3 == 100 && k % 3 == 0 && i + j + k == 100) {
            System.out.println("公鸡={" + i + "}，母鸡={" + j + "}，小鸡={" + k + "}");
        }
    }
}
```

这次的结果是循环次数降到少于 2 千次。

这个例子的循环次数从 103 万次降到 17 万次，再降到 5 千次，最后降到少于 2 千次。针对这个问题，循环次数还可以下降到 644 次，请尝试一下。

对同一个问题可能有多种解决方法，不同的方法在可读性和效率上不尽相同。作为程序员，要尽可能优化代码，做到效率高、可读性好。

3.5 方法

可以将方法看作是包装一段代码的盒子。在 Java 中，所有可执行语句都应该放在方法中，运行一个方法就是运行方法中的代码。

方法在 C、C++ 以及许多语言中被称为函数。从程序员的角度来说，方法和函数是完全相同的概念。

3.5.1 使用 Java 库方法

Java 提供了大量的函数库（方法库），包括输入/输出、字符和字符串、数学、时间和日期等的处理。例如下述输入和输出的处理。

```
public static void main(String[] args) {
    Scanner sc = new Scanner(System.in);
    System.out.print("输入一个字符串：");              //print 是一个输出方法
    String str = sc.nextLine();                        //nextLine 是一个输入方法
```

```
        System.out.println("输入的字符串是 " + str);        //println 是另一个输出方法
}
```

【例 3-24】使用 Java 库方法（参见实训平台【实训 3-24】）。

```
public static void main(String[] args) {
        Scanner sc = new Scanner(System.in);
        System.out.print("输入一个实数：");                    //输出方法
        double a = sc.nextDouble();                           //输入方法
        System.out.println("这个数的平方根是 {" + Math.sqrt(a) + "}");     //sqrt 是求平方根的方法
        System.out.println("这个数的正弦值是 {" + Math.sin(a) + "}");      //sin 是求正弦值的方法
}
```

3.5.2　使用自定义方法

1. *方法声明*

声明方法的格式如下：

```
修饰符 返回类型 方法名(形参表) {
     方法体;
     return 返回值;
}
```

上述方法的声明由两部分组成：方法签名和方法体。

（1）方法签名。方法签名包括修饰符、返回类型、方法名和形参表。

- 修饰符：常见的修饰符有 static、public 等，第 5 章讲解。
- 返回类型：方法的返回值的类型，没有返回值时用 void 表示。
- 方法名：一种标识符，服从标识符的命名规则。
- 形参表：一组形式参数（变量，简称形参）的列表，没有形参时用 void 表示。其格式如下：

```
形参 1 类型 形参 1 名称, 形参 2 类型 形参 2 名称, ...
```

（2）方法体。方法体可能包含 return 语句。

- 方法体：一段代码，执行时从上向下进行，其中可以包括分支语句和循环语句。
- 返回值：方法执行结束时返回给调用方的值，用关键字 return <返回值>表示，是方法体执行的最后一条语句，返回值的类型必须与方法的返回类型相同。如果是没有返回值的方法，则没有返回值。

方法应该写在类的内部，其他方法的外部。

2. *方法调用*

调用方法的格式如下：

```
方法名(实参表)
```

方法名是将要被调用的方法的名称，实参表是一组实际参数（变量值，简称实参）的列表。

形参和实参的关系：

- 个数相同：实参个数与形参个数完全相同。
- 含义一致：每一个实参的实际含义与对应的形参的含义一致。

- 类型兼容：每一个实参的类型与对应的形参的类型是兼容的。
- 实参提供实际值：实际值可以是常量、变量、表达式（这时传入的是表达式的值）。
- 为空时不能省略括号：如果没有声明形参（即 void），调用时不要提供任何参数，保留一对空括号（不能省略）。

3. *方法调用方式*

调用的方式可以有以下几种：

- 将方法调用语句作为独立语句。
- 将方法调用的返回值赋给变量。
- 将方法调用作为表达式的一部分。
- 将方法调用的返回值作为另一个方法的参数。

【例 3-25】使用自定义方法（参见实训平台【实训 3-25】）。

（1）声明一个加法方法。

```
static int add(int x, int y) {
    System.out.println("{加法方法}");
    return x + y;
}
```

（2）将方法调用语句作为独立语句。

```
public static void main(String[] args) {
    Scanner sc = new Scanner(System.in);
    int a, b;
    System.out.print("输入两个整数：");
    a = sc.nextInt();
    b = sc.nextInt();

    add(a, b);          //相加的结果（返回值）没有保存下来，丢弃了
}
```

（3）将方法调用的返回值赋给变量。

```
int c;
c = add(a, b);    //相加的结果（返回值）赋给变量 c
System.out.print("两数的和是 {" + c + "}");
```

（4）将方法调用作为表达式的一部分。

```
int c;
c = 3 * add(a, b);    //相加的结果（返回值）直接参与表达式的计算
System.out.println("两数的和再乘以 3 是 {" + c + "}");
System.out.print("两数的和再乘以 3 是（直接输出） {" + 3 * add(a, b) + "}");
```

（5）将方法调用的返回值作为另一个方法的参数。

```
double c;
c = Math.sqrt(add(a, b));    //计算相加的结果（返回值）的平方根
System.out.println("两数的和的平方根是 {" + c + "}");
```

3.5.3　方法返回值

方法返回值

方法返回值有两种情况：一是有返回值，二是无返回值。

1. 有返回值的方法

设计和编写一个方法的目的常常是需要这个方法的返回值。在方法中，可以有多个 return 语句，分别返回不同的值，返回的值必须与方法的返回类型相同或兼容。

下面通过百分制转为等级制的方法的例子来学习方法返回值。

【例 3-26】方法返回值（参见实训平台【实训 3-26】）。

```
static char score2grade(int score) {
    if (score > 100) {
        return 'N';
    } else if (score >= 90) {
        return 'A';
    } else if (score >= 80) {
        return 'B';
    } else if (score >= 70) {
        return 'C';
    } else if (score >= 60) {
        return 'D';
    } else if (score >= 0) {
        return 'F';
    } else {
        return 'N';     //N 表示非法的值
    }
}

public static void main(String[] args) {
    Scanner sc = new Scanner(System.in);

    int score;
    System.out.println("输入百分制成绩：");
    score = sc.nextInt();

    char grade = score2grade(score);
    System.out.println("等级是 {" + grade + "}");
}
```

2. 无返回值的方法

设计和编写一个方法的目的，有时并不需要这个方法的返回值，只是需要方法运行时所产生的效果。

有返回值的方法和无返回值的方法的比较见表 3-5。

表 3-5 有返回值的方法和无返回值的方法的比较

比较项	有返回值的方法	无返回值的方法
声明时	必须指明返回值的类型	指明返回值类型为 void
return 语句的个数	一个或多个 return <返回值>语句	0 个、一个或多个 return 语句
return 的返回值	return <返回值>必须返回一个值（或表达式）	return 语句不能带有返回值
调用时	可以接收返回值（表达式或方法参数），有时也可以丢弃返回值（独立语句）	只能采用独立语句调用

方法的主要用途有以下两种（有返回值的方法同样有这些用途）：

- 代码复用：把重复使用的代码保存到方法内，供多次调用。
- 合理组织代码：根据代码的功能和逻辑结构合理组织代码，提高可读性。

下面以无返回值的方法为例来说明这两种用途。

【例 3-27】无返回值的方法（参见实训平台【实训 3-27】）。

（1）代码复用（以无返回值的方法为例）。

下述代码中的 print 可被多次调用，实现了代码的复用。

```
static void print(int score) {
    if (score < 0) {
        System.out.println("{成绩不能是负数}");
        return;
    }
    if (score > 100) {
        System.out.println("{成绩不能大于 100 分}");
        return;
    }
    System.out.println("成绩是：{" + score + "}");
}

public static void main(String[] args) {
    Scanner sc = new Scanner(System.in);

    int score;
    System.out.print("输入百分制成绩：");
    score = sc.nextInt();
    print(score);

    System.out.print("再次输入百分制成绩：");
    score = sc.nextInt();
    print(score);
}
```

（2）代码重组（以无返回值的方法为例）。

将“3.2.6　代码命名和排版规范”中的代码进行重新组织，将“计算月份的天数”和“判断空调的开和关”的代码分别改写为方法 getDays()和 setAC()，使主方法非常简洁，整个程序逻辑清晰，大大提高了可读性。

```
static void getDays() {
    //省略具体代码（见 3.2.6 节）
}

static void setAC() {
    //省略具体代码（见 3.2.6 节）
}

public static void main(String[] args) {
```

```
        Scanner sc = new Scanner(System.in);
        //菜单
        System.out.println("{1. 计算月份的天数}");
        System.out.println("{2. 判断空调的开和关}");

        char choice;
        System.out.print("选择菜单功能：");
        choice = sc.next().charAt(0);

        //实现用户选择的功能
        switch (choice) {
        case '1':
            //计算月份的天数
            getDays();
            break;
        case '2':
            //判断空调的开和关
            setAC();
            break;
        default:
            System.out.println("{选择错误}");
        }
        System.out.println("{程序结束}");
    }
```

3.5.4 方法调用

1. 传值调用——实参与形参的关系

形参和实参是两个不同的变量，在调用方法时，实参的值被复制到形参中，因此方法内对形参值的改变不影响方法外实参的值。下面用一个例子加以说明。

【例 3-28】传值调用——实参与形参（参见实训平台【实训 3-28】）。

```
    static void swapByVal(int a, int b) {
        System.out.println("in swapByVal(1) {a=" + a + ", b=" + b + "}");
        int t = a;
        a = b;
        b = t;
        System.out.println("in swapByVal(2) {a=" + a + ", b=" + b + "}");
    }

    public static void main(String[] args) {
        Scanner sc = new Scanner(System.in);
        int a, b;
        System.out.print("输入两个整数：");
        a = sc.nextInt();
        b = sc.nextInt();
```

```
        System.out.println("in main(1) {a=" + a + ", b=" + b + "}");
        swapByVal(a, b);
        System.out.println("in main(2) {a=" + a + ", b=" + b + "}");
}
```

运行结果如下：

```
输入两个整数：2 3
in main(1) {a=2, b=3}
in swapByVal(1) {a=2, b=3}
in swapByVal(2) {a=3, b=2}
in main(2) {a=2, b=3}
```

2. 嵌套调用——杨辉三角

一个方法调用另一个方法，这叫作方法的嵌套调用。

- 一个方法可以调用另一个方法。
- 主方法是程序的起点，所有的方法调用都是由主方法直接或间接发起的。

方法不允许嵌套声明，即不能在方法内部声明另一个方法。方法可以嵌套调用，是指在一个方法内调用另一个方法。

下面采用方法的嵌套来编写一个程序，输出杨辉三角形。从数学上推导，可以得到杨辉三角第 i 行第 j 列的元素是：

$$Cij = \frac{i!}{j!*(i-j)!}$$

因此，可以先编写一个求阶乘的方法，然后编写调用阶乘方法根据上式求每一项元素的方法。另外再编写一个输出指定数量空格的方法，使输出的内容居中。

【例 3-29】嵌套调用——杨辉三角（参见实训平台**【**实训 3-29**】**）。

（1）第一步：编写求阶乘方法。

```
static int factorial(int n) { //计算阶乘值
    int f = 1;
    for (int i = 1; i <= n; i++){
        f *= i;
    }
    return f;
}

public static void main(String[] args) {
    Scanner sc = new Scanner(System.in);
    int n;
    System.out.print("输入一个整数 n：");
    n = sc.nextInt();

    System.out.print("n 的阶乘是 {" + factorial(n) + "}");
}
```

（2）编写求杨辉三角每一项的方法，其中调用求阶乘方法。

```
static int factorial(int n) { //计算阶乘值
```

```
        int f = 1;
        for (int i = 1; i <= n; i++){
            f *= i;
        }
        return f;
    }

    static int cij(int i, int j) {//计算杨辉三角项
        return factorial(i) / (factorial(j) * factorial(i - j));    //它调用 factorial 方法
    }

    public static void main(String[] args) {
        Scanner sc = new Scanner(System.in);
        int n;
        System.out.print("输入一个整数（小于 13）：");
        n = sc.nextInt();

        for (int i = 0; i <= n; i++) { //主方法中输出杨辉三角的每一项
            for (int j = 0; j <= i; j++) {
                System.out.print("        " + cij(i, j));
            }
            System.out.println();
        }
    }
```

（3）编写输出指定数量空格的方法，完成杨辉三角的输出。

```
    static int factorial(int n) { //计算阶乘值
        int f = 1;
        for (int i = 1; i <= n; i++){
            f *= i;
        }
        return f;
    }

    static int cij(int i, int j) {//计算杨辉三角项
        return factorial(i) / (factorial(j) * factorial(i - j));    //它调用 factorial 方法
    }

    static void space(int n) {//打印（输出）指定数量的空格
        for (int i = 0; i < n; i++) {
            System.out.print("   ");    //3 个空格
        }
    }

    public static void main(String[] args) {
        Scanner sc = new Scanner(System.in);
        int n;
```

```
        System.out.print("输入一个整数（小于 13）：");
        n = sc.nextInt();

        for (int i = 0; i <= n; i++) { //主方法中输出杨辉三角的每一项
            space(n-i);
            for (int j = 0; j <= i; j++) {
                System.out.print("        " + cij(i, j));
            }
            System.out.println();
        }
    }
```

3. 递归调用——阶乘

理解递归调用

一般情况下，在方法内部不会调用方法自身。如果在方法内部直接或间接地调用了方法自身，则称这种调用为递归调用，同时这种方法就称为递归方法。递归调用有以下两种表现形式：

- 直接递归调用：一个方法直接调用自身，例如在方法 a 的内部调用 a。
- 间接递归调用：一个方法间接调用自身，例如方法 a 调用方法 b，方法 b 再调用方法 a。

递归调用的注意事项如下：

- 在每一次调用自身时必须（在某种意义上）更接近于解。
- 必须有一个终止处理或计算的准则。

无意中形成的间接递归调用，由于不存在终止处理的准则，通常会导致无限的递归调用，造成程序进入死循环的状态。

例如，n 的阶乘可以有两个定义：

- 0 的阶乘是 1，正整数 n 的阶乘是 1～n 之间的自然数的乘积，即：

$$0! = 1$$

$$n! = 1 \times 2 \times 3 \times ... \times n$$

- 0 的阶乘是 1，正整数 n 的阶乘是该数乘以 n-1 的阶乘，即：

$$0! = 1$$

$$n! = n \times (n-1)!$$

第二种定义正好与递归方法的概念是完全一样的，因此可以用递归方法来求阶乘。

【例 3-30】递归调用——阶乘（参见实训平台【实训 3-30】）。

（1）求阶乘的方法（循环法）。

作为比较，下述代码是采用循环法计算阶乘。

```
static int factorial(int n) { //计算阶乘值
    int f = 1;
    for (int i = 1; i <= n; i++){
        f *= i;
    }
    return f;
}
```

（2）求阶乘的方法（递归法）。

这是采用递归法计算阶乘。

```
static int factorial(int n) { //计算阶乘值
    if (n == 0) {
        return 1;
    } else {
        return n * factorial(n - 1);    //调用自身
    }
}
```

3.5.5 作用域

作用域是指变量起作用的有效范围，需要注意以下几点：

- 变量在作用域范围内有效，可以被访问。
- 变量在作用域范围外无效，不能被访问。
- 变量在作用域范围内不能存在同名的变量。

例如 3.5.4 节求阶乘的代码。

```
1.     static int factorial(int n) {//n 是方法参数，在整个方法内有效
2.         int f = 1;                      //f 从声明开始，直到当前块结束的范围内有效
3.         for (int i = 1; i <= n; i++){   //i 只在循环体内有效
4.             f *= i;
5.         }
6.         return f;
7.     }
8.
9.     public static void main(String[] args) {   //args 主方法的参数
10.        Scanner sc = new Scanner(System.in);   //sc 是块作用域
11.        int n;                                 //n 也是块作用域
12.        System.out.print("输入一个整数：");
13.        n = sc.nextInt();
14.
15.        System.out.print("n 的阶乘是 {" + factorial(n) + "}");
16.    }
```

这些变量的作用域在代码的注释中已有说明，详细说明见表 3-6。

表 3-6　作用域例子的说明

方法	变量名	作用域范围（开始行～结束行）	说明
factorial	n	方法作用域（第 1～7 行）	在整个方法内有效
	f	块作用域（第 2～7 行）	从声明开始，到当前块结束
	i	块作用域（第 3～5 行）	从声明开始，到当前块结束，即循环体内
main	args	方法作用域（第 9～16 行）	主方法的参数，是一个数组
	sc	块作用域（第 10～16 行）	sc 是一个 Scanner 类型的变量
	n	块作用域（第 11～16 行）	主方法的变量 n 与 factorial 方法的 n 完全独立

因此，作用域有方法作用域和块作用域两种，今后还会学习更多的作用域类型。

3.5.6 方法重载

方法重载是两个或多个同名的方法满足以下两个条件之一：

- 不同的参数个数。
- 不同的参数类型。

Java 编译器在编译过程中依靠这种区别自动地调用正确的方法。但是编译器无法通过方法的返回值类型来区别两个同名方法，因此返回值的不同不能构成方法的重载。

方法重载是为了解决方法的同名问题，方便程序员编写程序，提高可读性。

【例 3-31】方法重载（参见实训平台【实训 3-31】）。

```
static int add(int x, int y) {
    System.out.println("{求两数和的方法}");
    return x + y;
}

static int add(int x, int y, int z) {
    System.out.println("{求三数和的方法}");
    return x + y + z;
}

static double add(double x, double y) {
    System.out.println("{求两实数和的方法}");
    return x + y;
}

public static void main(String[] args) {
    int a = 3, b = 5, c = 7;
    int x, y;
    double z;

    //编译器会根据参数的个数和类型自动识别并调用正确的方法
    x = add(a, b);            //2 个整数参数
    y = add(a, b, c);         //3 个整数参数
    z = add(1.23, 3.56);      //2 个实数参数

    System.out.println("两个整数的和是 {" + x + "}");
    System.out.println("三个整数的和是 {" + y + "}");
    System.out.println("两个实数的和是 {" + z + "}");
}
```

3.6 综合实训

1.【Jitor 平台实训 3-32】编写一个程序，判断一个从键盘输入的数的正负和奇偶。

2.【Jitor 平台实训 3-33】编写一个程序，实现一个简单的计算器。

3.【Jitor 平台实训 3-34】编写一个程序，根据以下公式求解一元二次方程：

$$ax^2 + bx + c = 0$$

$$x = \frac{-b \pm \sqrt{b^2 - 4ac}}{2a}$$

4.【Jitor 平台实训 3-35】编写一个程序，求 $\sum_{n=1}^{100} \frac{1}{n}$ 的值，即求 $1+\frac{1}{2}+\frac{1}{3}+\frac{1}{4}+\cdots+\frac{1}{100}$ 的值。

5.【Jitor 平台实训 3-36】编写一个程序，计算 $y = 1+\frac{1}{x}+\frac{1}{x^2}+\frac{1}{x^3}+\cdots$ 的值（x>1），直到最后一项小于 10^{-4} 为止。

6.【Jitor 平台实训 3-37】编写一个程序，找出所有“水仙花数”。水仙花数是一个 3 位数，其各位数字立方的和等于该数本身，例如 $153 = 1^3 + 5^3 + 3^3$。

7.【Jitor 平台实训 3-38】编写一个程序，找出 1～n 之间的所有“完数”，n 的值从键盘输入。完数是一个整数，它的因子之和等于该数本身，例如 6= 1+2+3。

8.【Jitor 平台实训 3-39】编写两个方法，分别实现华氏温度与摄氏温度的转换，并从主方法调用。

9.【Jitor 平台实训 3-40】编写一个程序，用普通方法、递归方法、库方法 3 种办法中的一种来实现计算 x 的 n 次幂（n 为整数）。

第 4 章　数组

本章所有实训可以在 Jitor 校验器的指导下完成。

4.1　一维数组

考虑表 4-1 中的成绩数据，这时可以用一个数组来存储相同类型的多个数据。

表 4-1　数组数据

课程 1	课程 2	课程 3	课程 4
85	78	99	96

4.1.1　一维数组的声明和使用

1. 一维数组的声明

声明一维数组的方法有以下两种：

```
数据类型 数组名[];
数据类型[] 数组名;
```

这两种方法是等价的，但一般使用第二种方法。下面是一些数组声明的例子。

```
float[] score;
int[] array;
```

声明数组时需要注意以下几点：

- 数组的所有元素具有相同的数据类型，可以是基本数据类型或引用数据类型。
- 声明数组时，不能在方括号中指定数组的元素个数，如 int[10] array。
- 声明数组而没有对其初始化就直接使用将会出现编译错误。

2. 一维数组的初始化

在使用数组之前，需要初始化数组，为数组分配内存空间，并将每个元素初始化为默认值。使用 new 关键字分配空间并赋给数组。

```
数组名 = new 数据类型[数组长度];
```

下面是一些数组初始化的例子。

```
score = new float[8];
array = new int[12];
```

可以将数组的声明和初始化写在同一条语句中，例如以下代码：

```
float[] score = new float[8];
int[] array = new int[12];
```

使用时需要注意以下几点：

- 等号前后的类型必须保持一致。
- 数组的长度一旦设置，即分配了内存空间，其长度就再也不能改变了。

- 数组的长度确定以后，其长度值被保存在数组的 length 属性中，该属性是 final 的（不可修改的）。
- 分配空间的同时，将为每个元素设置初始值，数值类型的默认值为 0，布尔型的为 false，字符型的为'\u0000'，引用类型的为 null。

3. 一维数组的静态初始化

还有一种对数组进行初始化的方法，在初始化的同时为数组元素赋初值，例如以下代码：

```
int[] score;
score = new int[] {80, 85, 87, 98, 67, 92}
```

或

```
int[] score = {80, 85, 87, 98, 67, 92}
```

这个例子初始化了一个有 6 个元素的数组 score。在这种方法中，数组的长度是通过花括号中的元素个数决定的。

4. 访问一维数组

为数组分配了空间以后，就可以访问数组中的每一个元素了，数组引用的格式为：

```
数组名[数组索引值]
```

数组索引值必须是在 0 和 length-1 之间。例如下述代码获取数组元素的值并输出到屏幕上。

```
int[] score = {80, 85, 87, 98, 67, 92}
System.out.println("第 3 位学生的成绩是："" + socre[2]);
```

下面的代码为数组元素赋值。

```
score[2] = 78;            //将 78 赋给第 3 个元素（索引值为 2）
```

访问数组时需要注意以下几点：

- 数组的索引值是从 0 开始的。
- 引用数组元素时，如果索引值越界，将出现错误（称为运行时异常）。

在上述代码中，方括号（[ ]）起了不同的作用。在声明时，方括号表示变量是一个数组；在使用时（访问元素），方括号表示的是数组元素，其中的数字是索引值，索引值不能省略，并且不能越界（不能超过声明时指定的范围）。

5. 一维数组的遍历

遍历的意思是依次访问数组的每一个元素。通常采用 for 循环，例子如下：

```
int[] score = { 80, 85, 87, 98, 67, 92 }
for (int i = 0; i < score.length; i++) {            //循环变量 i 的值从 0 到长度减 1
    System.out.print(score[i] + "\t");
}
```

循环的结束条件要用数组的长度属性 length，即 i < score.length，千万不要用固定的一个值，如 i < 6。

还有一种常用的方法是增强型 for 循环，例子如下：

```
int[] score = { 80, 85, 87, 98, 67, 92 }
for (int e : score) {                              //无需循环变量
    System.out.print(e + "\t");
}
```

增强型 for 循环不需要循环变量，避免了索引越界的问题，这是它的优点，缺点是无法向数组元素赋值。

【例 4-1】一维数组的输出和输入（参见实训平台【实训 4-1】）。

（1）一维数组的输出。

```
public static void main(String[] args) {
    int[] score = { 85, 78, 99, 96 };

    System.out.println("4 门课的成绩是");
    for (int i = 0; i < score.length; i++) { //结束条件永远是 i< 长度，而不要写为 i<= 长度-1
        System.out.println("第 {" + (i + 1) + "} 门课程的成绩是 {" + score[i] + "}");
    }
}
```

（2）一维数组的输入和输出。

```
public static void main(String[] args) {
    Scanner sc = new Scanner(System.in);
    int[] score = new int[4];

    System.out.print("输入 4 门课的成绩：");
    for (int i = 0; i < score.length; i++) {
        score[i] = sc.nextInt();     //从键盘读入每一个元素
    }

    System.out.println("4 门课的成绩是");
    for (int i = 0; i < score.length; i++) {
        System.out.println("第 {" + (i + 1) + "} 门课程的成绩是 {" + score[i] + "}");
    }
}
```

4.1.2　一维数组的最大值、最小值和平均值

一维数组的处理

下面通过一个例子来巩固对一维数组的认识。先从键盘读入数组的值，然后计算数组的最大值、最小值和平均值，再将结果输出到屏幕上。

【例 4-2】一维数组的最大值、最小值和平均值（参见实训平台【实训 4-2】）。

```
public static void main(String[] args) {
    Scanner sc = new Scanner(System.in);
    int score[] = new int[5];
    System.out.print("输入 5 门课的成绩：");
    for (int i = 0; i < score.length; i++) {
        score[i] = sc.nextInt();
    }

    System.out.println("成绩数据如下：");
    for (int i = 0; i < score.length; i++) {
        System.out.print("{" + score[i] + "}\t");
    }
    System.out.println();
```

```
    int max = score[0], min = score[0], sum = 0;   //声明并初始化最大值、最小值、累加和变量
    for (int i = 0; i < score.length; i++) {
        max = max > score[i] ? max : score[i];   //最大值
        min = min < score[i] ? min : score[i];    //最小值
        sum += score[i];   //累加和
    }

    System.out.println("最大值是 {" + max + "}");
    System.out.println("最小值是 {" + min + "}");
    System.out.println("平均值是 {" + ((float) sum) / score.length + "}");    //以实数输出平均值
}
```

4.1.3 实例详解（一）：一维数组逆序交换

先从键盘读入数组的值并输出到屏幕上，然后对数组进行逆序交换，再把交换后数组的数据输出到屏幕上。

先看一下交换两个数的代码。

```
int a=2, b=3, tmp;      //a 和 b 是两个要交换的变量，tmp 是一个临时变量

tmp = a;          //交换第一步：将 a 保存到临时变量中
a = b;            //交换第二步：交换
b = tmp;          //交换第三步：把临时变量赋给 b
```

一维数组的逆序交换是将第一个元素与最后一个元素交换，然后第二个元素与倒数第二个元素交换，依此类推。

【例 4-3】实例详解（一）：一维数组逆序交换（参见实训平台【实训 4-3】）。

```
public static void main(String[] args) {
    Scanner sc = new Scanner(System.in);
    System.out.print("输入数组长度：");
    int n;
    n = sc.nextInt();
    int a[] = new int[n];
    System.out.print("输入 " + n + " 个整数：");
    for (int i = 0; i < a.length; i++) {
        a[i] = sc.nextInt();
    }

    System.out.println("输入的数据如下：");
    for (int i = 0; i < a.length; i++) {
        System.out.print("{" + a[i] + "}\t");
    }
    System.out.println();

    for (int i = 0; i <= a.length / 2 - 1; i++) { //数组的前面一半
        int temp = a[i];    //保存一个元素到临时变量中
        a[i] = a[a.length - i - 1];       //交换
        a[a.length - i - 1] = temp;     //临时变量的值赋给另一个元素
```

```
        }

        System.out.println("逆序交换后的数据如下：");
        for (int i = 0; i < a.length; i++) {
            System.out.print("{" + a[i] + "}\t");
        }
        System.out.println();
    }
```

4.1.4 程序调试：一维数组的跟踪调试

【例 4-4】程序调试：一维数组的跟踪调试（参见实训平台【实训 4-4】）。

在 Jitor 校验器中按照所提供的操作要求，参考图 4-1，对前述的一维数组逆序交换程序进行调试，在调试中理解逆序交换的细节。

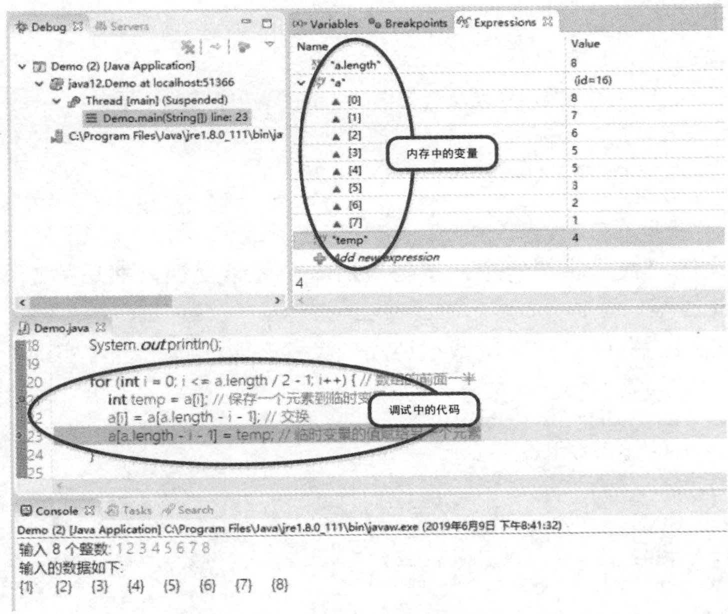

图 4-1　调试跟踪数组元素的变化

4.2 二维数组

考虑表 4-2 中的多名学生成绩数据，这时需要使用二维数组。

表 4-2　多名学生成绩数据

学生	课程 1	课程 2	课程 3	课程 4
学生 1	85	78	99	96
学生 2	76	89	75	97
学生 3	64	92	90	73

4.2.1 二维数组的声明和使用

1. 二维数组的声明

声明二维数组的方法有以下 3 种：

```
数据类型 数组名[][];
数据类型[] 数组名[];
数据类型[][] 数组名;
```

这 3 种方法是等价的，但一般使用第三种方法。下面是二维数组声明的例子。

```
int[][] score;
```

在二维数组中，第一维（高维）表示行，第二维（低维）表示列。声明二维数组时需要注意以下几点：

- 二维数组的每一行是一维数组。
- 二维数组的每一列是元素，具有相同的数据类型。
- 声明二维数组时，同样不能在方括号中指定数组的长度，如 int[3][40] socre。
- 声明数组而没有对其初始化就直接使用将会出现编译错误。

2. 二维数组的初始化

在使用数组之前，需要初始化数组，为数组分配内存空间，并将每个元素初始化为默认值。对于二维数组，有两种初始化方法。

（1）同时为行和列指定长度。

在分配内存空间时，同时设置行和列的长度。格式如下：

```
数组名 = new 数据类型[行数] [列数];
```

下面是二维数组初始化的例子。

```
score = new int[3][2];
```

这是一个三行二列的数组。可以将数组的声明和初始化写在一起，例如以下代码：

```
int[] score = new int[3][2];
```

使用时需要注意以下几点：

- 数组的行数和列数一旦设置，即分配了内存空间，其长度值就再也不能改变了。
- 数组的行数和列数确定以后，其长度值被保存在各自的 length 属性中，该属性是 final 的（不可改变的）。
- 分配空间的同时将为每一个元素设置初始值。

（2）先指定行长度，后指定列长度。

使用上述方法初始化的二维数组是一个规则的数组，即每一行的列数相同。还可以先指定行数，然后为每一行指定列数。

```
数组名 = new 数据类型[行数][];
数组名[0] = new 数据类型[第 1 行的列数];
数组名[1] = new 数据类型[第 2 行的列数];
…
```

这种方法是先为行分配空间，然后再对列分配空间，从而实现了空间的灵活分配。使用时需要注意以下几点：

- 只能从行开始，而不能从列开始，例如不能写成如下的代码：

```
数组名 = new 数据类型[][列数];    //错误的
```

- 必须为每一行的数组分配空间，否则是不可访问的。

下面是从行开始进行数组初始化的例子，声明一个三角形数组。

```
int a[][] = new int[3][];        //先为行分配空间，注意这时没有为列分配空间
a[0] = new int[1];               //然后为每一行的列分配空间
a[1] = new int[2];
a[2] = new int[3];
```

这个数组的第 1 行有 1 列、第 2 行有 2 列、第 3 行有 3 列。

3. 二维数组的静态初始化

二维数组可以采用静态初始化，在初始化的同时为数组元素赋初值，例如以下代码：

```
int[][] a = new int[][] {{1, 2}, {3, 4}, {5, 6}}
```

这是一个三行二列的数组。

或者以下代码：

```
int[][] a = new int[][] {{1}, {2, 3}, {4, 5, 6}}
```

这是一个三角形数组。

4. 访问二维数组

为数组分配了空间以后，就可以访问数组中的每个元素了，数组引用的格式为：

```
数组名[索引 1][索引 2]
```

索引 1、索引 2 分别是行和列的索引值。例如下述代码获取数组元素的值并输出到屏幕上。

```
int[][] a = new int[][] {{1, 2}, {3, 4}, {5, 6}}
System.out.println("第 2 行第 1 列的值是：" + a[1][0]);
```

下面的代码为数组元素赋值。

```
a[1][0] = 7;              //将 7 赋给第 2 行第 1 列的元素（索引值为 1 和 0）
```

5. 二维数组的遍历

二维数组的遍历同样有 for 循环和增强型 for 循环两种。

（1）for 循环。下面是采用 for 循环的例子。

```
int[][] a = new int[][] { { 1 }, { 2, 3 }, { 4, 5, 6 } }
for (int i = 0; i < a.length; i++) {            //i 小于行数
    for (int j = 0; j < a[i].length; j++) { //j 小于当前行的列数（每行的列数可能不同）
        System.out.print(a[i][j] + "\t");
    }
    System.out.println();     //输出一行后换行
}
```

运行结果如下：

```
1
2	3
4	5	6
```

结束条件一定要用 i < a.length，千万不要用固定的一个值，如 i < 3；内层循环的结束条件是 j < a[i].length，即小于当前行的列数。

（2）增强型 for 循环。下面是采用增强型 for 循环的例子。

```
int[][] a = new int[][] { { 1 }, { 2, 3 }, { 4, 5, 6 } };
for (int row[] : a) {                      //row 是行，是一维数组
```

```
        for (int col : row) {            //col 是列，是数组的元素
            System.out.print(col + "\t");
        }
        System.out.println();
    }
```

运行结果与普通 for 循环的结果相同。

外层循环的每一行是一维数组，所以是 int row[] : a；内层循环的每一列是数据元素，所以是 int col: row。

【例 4-5】二维数组的输出和输入（参见实训平台【实训 4-5】）。

（1）二维数组的输出。

```
public static void main(String[] args) {
    //数组的声明和初始化
    int score[][] = new int[][] { { 85, 78, 99, 96 }, { 76, 89, 75, 97 }, { 64, 92, 90, 73 } };

    for (int i = 0; i < score.length; i++) { //外层循环是 score 的长度（行）
        for (int j = 0; j < score[i].length; j++) { //内层循环是 score[i]的长度（每一列）
            System.out.print("{" + score[i][j] + "}\t");     //输出每一个元素
        }
        System.out.println();
    }
}
```

（2）二维数组的输入。

```
public static void main(String[] args) {
    Scanner sc = new Scanner(System.in);
    int score[][] = new int[3][4];
    int i, j;
    //普通 for 循环
    System.out.print("输入 3 行 4 列成绩：");
    for (i = 0; i < score.length; i++) { //外层循环是行
        for (j = 0; j < score[i].length; j++) { //内层循环是列
            score[i][j] = sc.nextInt();     //输入每一个元素
        }
    }
    //增强型 for 循环
    for (int[] row : score) { //外层循环是行，每行是一个一维数组
        for (int col : row) { //内层循环是列，每列是元素
            System.out.print("{" + col + "}\t");     //输出每一个元素
        }
        System.out.println();
    }
}
```

4.2.2　二维数组的平均值

二维数组的处理

下面用一个计算 5 位学生平均成绩的例子来进一步巩固对二维数组的

认识。声明数组时预留一列用于保存平均值，然后从键盘输入成绩数据，计算每位学生的平均成绩并保存到预留的列中，最后输出成绩。

【例 4-6】计算学生平均成绩（参见实训平台【实训 4-6】）。

```
public static void main(String[] args) {
    Scanner sc = new Scanner(System.in);
    int n = 5, m = 4;     //5 位学生、3 门课程，最后一列保存平均成绩
    float score[][] = new float[n][m];

    System.out.print("输入 5 位学生的成绩（共 15 个整数）：");
    int i, j;
    for (i = 0; i < score.length; i++) {
        for (j = 0; j < score[i].length - 1; j++) { //3 门课程，最后一列不输入（平均成绩）
            score[i][j] = sc.nextFloat();     //输入成绩
        }
    }

    System.out.println("输入的 5 位学生的成绩如下：");
    for (i = 0; i < score.length; i++) {
        for (j = 0; j < score[i].length - 1; j++) { //最后一列不输出
            System.out.print("{" + score[i][j] + "}, ");
        }
        System.out.println();
    }

    float sum;
    for (i = 0; i < score.length; i++) {
        sum = 0;     //初始化每位学生的总分
        for (j = 0; j < score[i].length - 1; j++) { //3 门课程
            sum += score[i][j];     //累加成绩
        }
        score[i][score[i].length - 1] = sum / 3;     //赋给最后一列
    }

    System.out.println("5 位学生的成绩和平均成绩如下：");
    for (i = 0; i < score.length; i++) {
        for (j = 0; j < score[i].length; j++) { //输出全部（包括平均成绩）
            System.out.print("{" + score[i][j] + "}, ");
        }
        System.out.println();
    }
} //91 87 52 78 69 82 32 92 76 85 87 74 65 91 83
```

4.2.3 实例详解（二）：二维数组（矩阵）的转置

下面再用一个例子进一步巩固对二维数组的认识。矩阵可以用二维数组来表示，因此二维数组的转置就是矩阵的转置。

【例 4-7】实例详解（二）：矩阵的转置（参见实训平台【实训 4-7】）。

```
public static void main(String[] args) {
    Scanner sc = new Scanner(System.in);
    System.out.print("输入行数和列数：");
    int rows, cols;
    rows = sc.nextInt();
    cols = sc.nextInt();
    int a[][] = new int[rows][cols];     //转置前的矩阵（保存原数据）
    int b[][] = new int[cols][rows];     //转置后的矩阵（保存结果）

    System.out.print("输入 " + rows + " × " + cols + " 个整数：");
    int i, j;
    for (i = 0; i < a.length; i++) {
        for (j = 0; j < a[i].length; j++) {
            a[i][j] = sc.nextInt();
        }
    }

    System.out.println("输出原始数据：");
    for (i = 0; i < a.length; i++) {
        for (j = 0; j < a[i].length; j++) {
            System.out.print("{" + a[i][j] + "}\t");
        }
        System.out.println();
    }

    //转置
    for (i = 0; i < a.length; i++) {
        for (j = 0; j < a[i].length; j++) {
            b[j][i] = a[i][j];     //a 的行成为 b 的列，a 的列成为 b 的行
        }
    }

    System.out.println("输出结果数据：");
    for (i = 0; i < b.length; i++) {
        for (j = 0; j < b[i].length; j++) {
            System.out.print("{" + b[i][j] + "}\t");
        }
        System.out.println();
    }
}
```

4.3 数组与方法

“3.5.4 方法调用”讲述了方法的传值调用。在调用方法时，实参的值被复制到形参中，

因此方法内对形参值的改变不影响方法外实参的值。

但是对于参数是数组的情况，结果则不一样，方法内对形参值的改变将会同时改变方法外实参的值。传值调用与传数组调用的比较见表 4-3。

表 4-3　传值调用与传数组调用的比较

比较项	传值调用	传数组调用
方法签名	void input(int x)	void input(int[] x)
运行结果	不改变外部实参变量的值	改变外部实参变量的值

下面用例子加以说明。

【例 4-8】传值调用与传数组调用（参见实训平台【实训 4-8】）。

（1）传值调用。

```
public static void main(String[] args) {
    int a = 0;
    input(a);
    System.out.println("实参的值是 " + a);
}

static void input(int x) {
    Scanner sc = new Scanner(System.in);
    System.out.print("输入一个整数：");
    x = sc.nextInt();
    System.out.println("形参的值是 " + x);
}
```

运行结果如下（实参的值不被改变）：

```
输入一个整数：12
形参的值是 12
实参的值是 0
```

（2）传数组调用。

```
public static void main(String[] args) {
    int[] a = new int[5];
    input(a);
    System.out.println("\n 实参的值是");
    for (int e : a) {
        System.out.print(e + "\t");
    }
}

static void input(int[] x) {
    Scanner sc = new Scanner(System.in);
    System.out.print("输入 " + x.length + " 个整数：");
    for (int i = 0; i < x.length; i++) {
        x[i] = sc.nextInt();
    }
```

```
        System.out.println("形参的值是");
        for (int e : x) {
            System.out.print(e + "\t");
        }
    }
```

运行结果如下（实参的值同时改变）：

```
输入 5 个整数：1 2 3 4 5
形参的值是
1	2	3	4	5
实参的值是
1	2	3	4	5
```

4.4 综合实训

1.【Jitor 平台实训 4-9】一维整数数组按序插入元素：编写一个程序，先输入一个已排序的数组数据（比数组长度少一个数据），然后再输入一个整数。根据排序规则将这个整数插入到数组中，保持整个数组从小到大的排序不变。

2.【Jitor 平台实训 4-10】二维数组的行/列平均、总平均：编写一个程序，计算从键盘读入的二维数组的行/列平均、总平均，其中最后一行和最后一列的数据不是从键盘读入，而是保存计算得到的平均值。

3.【Jitor 平台实训 4-11】杨辉三角（数组法）：编写一个程序，输出 n 行的杨辉三角，每个值保存在数组中，然后再输出这个数组。

4.【Jitor 平台实训 4-12】矩阵加法：编写一个程序，实现两个矩阵的加法，矩阵的行数、列数和所有数据从键盘读入，最后输出结果。

5.【Jitor 平台实训 4-13】矩阵乘法：编写一个程序，实现两个矩阵的乘法，矩阵的行数、列数和所有数据从键盘读入，最后输出结果。

第 5 章　类与对象——封装性

本章所有实训可以在 Jitor 校验器的指导下完成。

本书第 1 章到第 4 章讨论的是“面向过程的程序设计”技术，从本章开始讨论“面向对象的程序设计”技术，这是 Java 语言的核心。

5.1　类与对象

5.1.1　类的声明

1. 类声明

类（class）是一种数据类型，是一种自定义的数据类型。声明类的语法格式如下：

```
public class 类名 {
    访问权限 数据类型 变量名 1;                //变量也称为成员变量或成员属性
    访问权限 数据类型 变量名 2;
    ...

    访问权限 数据类型 方法名 1(形参表);        //方法也称为成员方法
    访问权限 数据类型 方法名 2(形参表);
    ...
}
```

在类中，变量称为成员变量或成员属性，方法（函数）称为成员方法，意思是这些变量和方法都是类的成员，是隶属于类的。

类成员的访问权限控制有以下 4 种：

- public：公有的，被修饰的成员不论从类的内部还是外部都可以访问。
- protected：保护的，在第 6 章详细讲解。
- 默认：未指定访问控制权限的称为默认权限，在“5.5　访问权限”中讲解。
- private：私有的，被修饰的成员只能从类的内部访问，从类的外部无法访问，在“5.5　访问权限”中讲解。

一个源代码文件一般只有一个类，文件名与类名完全相同。

例如下述代码声明了一个学生类 Student，保存在文件 Student.java 中。学生类拥有学号、姓名、三门课程的成绩，以及计算平均成绩的方法。

```
public class Student {
    public int no;                  //学号
    public String name;             //姓名
    public float math, phy, eng;    //三门课程成绩

    public float getAvg() {
```

```
        return (math + phy + eng) / 3;     //计算平均成绩
    }
}
```

这个类可以用类图来表示。类图的画法是用一个矩形表示类，类分为 3 个部分：类名、属性和方法，如图 5-1 所示。

Student
no: int name: String math: float phy: float eng: float
getAvg(): float

图 5-1　Student 类的类图

因此，在一个类中可以保存不同数据类型的数据，还可以有方法，上述学生类的方法是求平均成绩，因此学生类就有了求平均成绩的行为。

2. 对象（类的变量）的声明和初始化

（1）对象（类的变量）的声明。

类是一种自定义的数据类型，因此可以用这种数据类型来声明变量。语法格式如下：

```
类名 对象名;
```

例如在声明了学生类 Student 以后，就可以声明学生类的变量 student。

```
public static void main(String[] args) {
    Student student;
}
```

类的变量也称为对象，这是“面向对象的程序设计”这个名称的由来。为了在名称上区别类和对象，类名的首字母大写，对象的首字母小写。

基本数据类型（例如 int、double）是 Java 内部预先声明的，在程序中直接使用。而类是一种自定义数据类型，则必须先声明类，然后才能使用这个类。

（2）对象的初始化。

声明过的对象还不能被引用，因为它的默认值是 null（空），必须使用 new 关键字初始化这个对象。初始化是为对象分配内存空间，初始化后的对象才能保存数据。初始化对象有时也称为创建对象。

```
对象名 =new 类名([参数列表]);
```

例如下述代码初始化学生对象并赋值给 student。

```
student = new Student();
```

可以将声明和初始化对象写成一条语句，例如以下代码：

```
Student student= new Student();
```

3. 对象的引用

使用小数点“.”运算符来引用对象的成员变量或成员方法。语法格式如下：

```
对象.成员变量名
```

```
对象.成员方法名
```

小数点“.”可以读做“的”，即读为“对象的成员变量或方法”。

例如以下代码：

```
student.no = 1001;                    //学生的学号赋值为 1001
```

或者

```
System.out.println(student.no);       //输出学生的学号
```

4. 对象数组

下面通过代码说明对象数组的声明、对象数组的初始化和对象数组元素的初始化。

（1）对象数组的声明。下述代码声明一个学生类的数组 sw193（软件 193 班）。

```
Student sw193[];
```

（2）对象数组的初始化。下述代码初始化学生数组 sw193，为数组分配内存空间，该班有 32 位学生。

```
sw193 = new Student[32];
```

或将声明和初始化写在同一行，如下：

```
Student sw193 = new Student[32];
```

（3）对象数组元素的初始化。使用数组元素之前还要初始化每一个数组元素，创建学生对象，为数组元素分配内存空间。

```
sw193[0] = new Student();
sw193[1] = new Student();
//...
```

或者通过循环来创建学生对象。

```
for (i = 0; i < sw193.length; i++) {
    sw193[i] = new Student();     //创建对象赋给每个数组元素
}
```

【例 5-1】对象的使用（参见实训平台【实训 5-1】）。

创建一个名为 Rectangle 的类，这个类没有主方法 main。代码如下：

```
public class Rectangle {
    float length;     //长
    float width;      //宽

    float getArea() { //计算面积
        return length * width;
    }
}
```

再创建一个名为 RectangleDemo 的类，这个类的主方法用于演示 Rectangle 类的使用。

```
public class RectangleDemo {
    public static void main(String[] args) {
        Rectangle r1 = new Rectangle();   //声明和创建对象
        Rectangle r2 = new Rectangle();
        r1.length = 20;                   //为属性赋值
        r1.width = 30;
        r2.length = 15;
        r2.width = 20;
```

```
        System.out.println("r1 的面积是 {" + r1.getArea() + "}");        //调用对象的方法
        System.out.println("r2 的面积是 {" + r2.getArea() + "}");
    }
}
```

运行结果如下：

```
r1 的面积是 {600.0}
r2 的面积是 {300.0}
```

这个例子在文件Rectangle.java中声明了一个矩形类Rectangle，矩形类有长和宽两个属性，还有一个求面积的方法。

在文件RectangleDemo.java中RectangleDemo类的主方法中，声明并创建了矩形类的两个实例r1和r2，并分别赋予长和宽的值，然后输出这两个对象的面积。

5.1.2 程序调试：内存中的对象

【例5-2】程序调试：内存中的对象（参见实训平台【实训5-2】）。

在Jitor校验器中按照所提供的操作要求，参考图5-2进行实训。

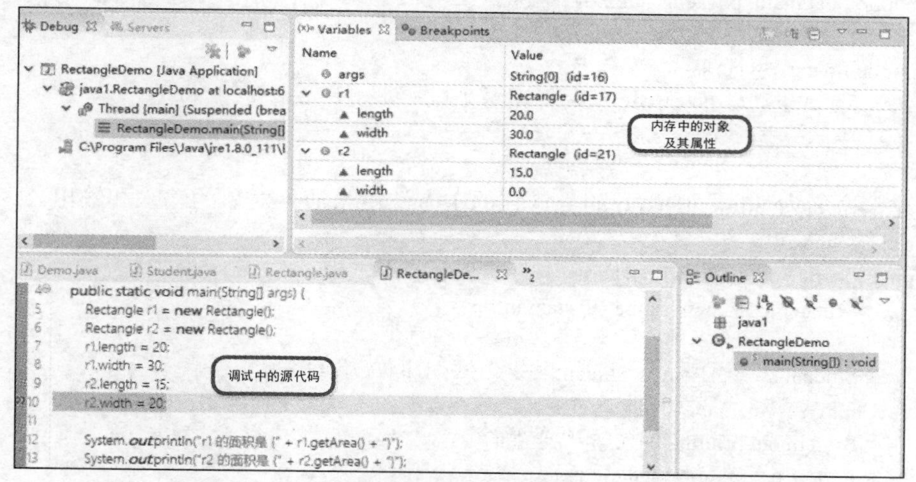

图5-2 调试过程中看到的类及其属性

从图5-2中可以看到对象r1和r2的每一个属性，在图中r2的width属性还没有被赋值。

5.1.3 对象的输入和输出

对象的输入和输出

对象的输入和输出实际上是对象成员变量的输入和输出。理解了这一点，就可以很容易地处理对象的输入和输出。

【例5-3】对象的输入和输出（参见实训平台【实训5-3】）。

（1）对象的输入和输出。修改【例5-1】中RectangleDemo类的代码，改为如下代码，从键盘输入矩形的长和宽：

```
public class RectangleDemo {
    public static void main(String[] args) {
        Scanner sc = new Scanner(System.in);
```

```
            Rectangle r1 = new Rectangle();
            System.out.print("输入矩形的长和宽：");
            r1.length = sc.nextFloat();
            r1.width = sc.nextFloat();

            System.out.println("r1.length = {" + r1.length + "}");
            System.out.println("r1.width = {" + r1.width + "}");
            System.out.println("r1 的面积是 {" + r1.getArea() + "}");
        }
}
```

在这个例子中，输入和输出是针对每一个对象属性进行的，如同整数数组，输入和输出是针对每一个元素进行的。

（2）一个实例：学生成绩管理。创建一个名为 Student 的类，代码如下：

```
public class Student {
        public int no;                  //学号
        public String name;             //姓名
        public float math, phy, eng;    //三门课程成绩

        public float getAvg() {
                return (math + phy + eng) / 3;      //计算平均成绩
        }
}
```

再创建一个名为 StudentDemo 的类，它的主方法用来演示对象的输入和输出。

```
public class StudentDemo {
        public static void main(String[] args) {
                Scanner sc = new Scanner(System.in);

                Student sw193[] = new Student[5];      //声明和初始化数组
                int i;
                System.out.println("输入 5 位学生的数据（学号、姓名、数学、物理、英语）：");
                for (i = 0; i < sw193.length; i++) {
                        sw193[i] = new Student();     //初始化数组元素
                        sw193[i].no = sc.nextInt();
                        sw193[i].name = sc.next();
                        sw193[i].math = sc.nextFloat();
                        sw193[i].phy = sc.nextFloat();
                        sw193[i].eng = sc.nextFloat();
                }

                //输出全班的全部数据（表格形式）
                System.out.println("\n 学号\t 姓名\t 数学\t 物理\t 英语\t 平均");
                for (i = 0; i < sw193.length; i++) {
                        System.out.print("{" + sw193[i].no + "}\t");
                        System.out.print("{" + sw193[i].name + "}\t");
                        System.out.print("{" + sw193[i].math + "}\t");
```

```
                System.out.print("{" + sw193[i].phy + "}\t");
                System.out.print("{" + sw193[i].eng + "}\t");
                System.out.println("{" + sw193[i].getAvg() + "}\t");
            }
        }
}
```

运行结果如下：

```
输入 5 位学生的数据（学号、姓名、数学、物理、英语）:
19301 张三 70 81 86
19302 李四 81 77 89
19303 王五 73 87 86
19304 赵六 77 76 70
19305 钱七 88 79 79

学号      姓名      数学      物理      英语      平均
{19301}   {张三}    {70.0}    {81.0}    {86.0}    {79.0}
{19302}   {李四}    {81.0}    {77.0}    {89.0}    {82.333336}
{19303}   {王五}    {73.0}    {87.0}    {86.0}    {82.0}
{19304}   {赵六}    {77.0}    {76.0}    {70.0}    {74.333336}
{19305}   {钱七}    {88.0}    {79.0}    {79.0}    {82.0}
```

这是一个完整的输入输出的例子。注意在输入时要严格按顺序输入数据，平均成绩不需要输入，它是通过计算得到的。

5.1.4 对象的使用

1. 对象作为类的成员变量

类的成员变量可以是整型变量、字符数组等，也可以是对象。

例如要在屏幕上画矩形和圆，需要声明矩形类和圆类，各自包含了画到屏幕上所需要的所有信息：大小、位置（x、y 坐标）。

位置（x、y 坐标）信息是所有图形都有的，因此可以将变量 x 和 y 提取出来，构成一个新的类，命名为点（Point）。点、矩形和圆的类图如图 5-3 所示。

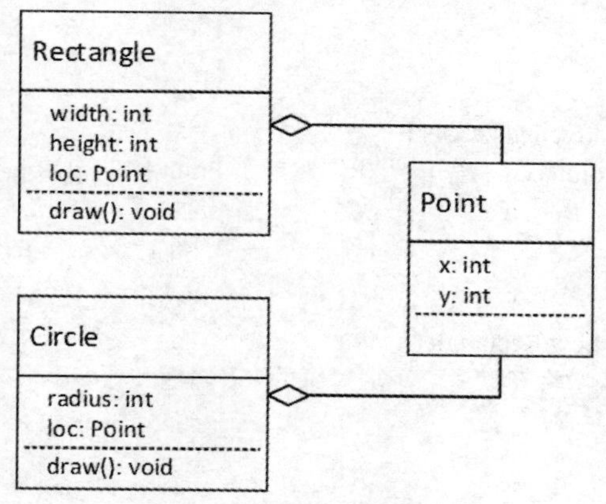

图 5-3　点、矩形和圆的类图

在图 5-3 中，有 3 个类：点类（Point）、矩形类（Rectangle）和圆类（Circle），它们各自拥有一些属性（成员变量）和成员方法。其中矩形类和圆类都拥 loc 属性，loc 的数据类型是 Point，也就是对象，这就是对象作为类的成员变量的一个例子。

在图 5-3 中，类之间由菱形箭头的线连接，不同箭头的线表示了类之间不同的关系。空心的菱形箭头表示的是聚合关系，图中的意思是矩形类（Rectangle）和圆类（Circle）都是由点类（Point）的对象和其他部分聚合而成。

【例 5-4】对象作为类的成员变量（参见实训平台【实训 5-4】）。

```
class Point { //点类
    int x;       //横坐标位置
    int y;       //纵坐标位置
}

class Rectangle { //矩形类
    int width;      //宽
    int height;     //高
    Point loc;      //位置

    void draw() {
        System.out.print("在 x={" + loc.x + "}, y={" + loc.y + "} 处画一个宽{");
        System.out.println(width + "}高{" + height + "}的矩形");
    }
}

class Circle { //圆类
    int radius;   //半径
    Point loc;    //位置

    void draw() {
        System.out.print("在 x={" + loc.x + "}, y={" + loc.y + "} 处画一个半径{");
        System.out.println(radius + "}的圆");
    }
}

public class Demo {
    public static void main(String[] args) {
        Point p = new Point();     //先声明和创建一个 Point 类的对象 p
        p.x = 5;
        p.y = 5;

        Rectangle rec = new Rectangle();
        rec.loc = p;         //将 p 赋值给矩形对象的 loc 属性
        rec.width = 10;
        rec.height = 20;
        rec.draw();
```

```
            Circle c = new Circle();
            c.loc = p;          //圆和矩形在同一个位置
            c.radius = 15;
            c.draw();
        }
    }
```

在这个例子中，矩形类（Rectangle）和圆类（Circle）都包含有点类（Point）的对象 loc。注意在主方法中是如何为成员对象 loc 赋值的。

2. 对象作为方法参数

方法的参数可以是基本数据类型的变量，也可以是引用数据类型的变量（如对象），但是在参数传递方面有一些区别。

在“3.5.4　方法调用”一节中讨论了传值调用，结论是“方法内对形参值的改变不影响方法外实参的值”，这个结论对于基本数据类型是正确的，但是对于引用数据类型则正好相反，结论应该是“方法内对形参值的改变会影响方法外实参的值”。

因此，方法参数的传递方式有两种，见表 5-1，其判断依据是参数的类型。

表 5-1　方法参数的两种传递方式

比较项	基本数据类型作为参数	引用数据类型作为参数
是否传值	是，实参的值复制给形参	否，整个实参传给形参（传引用）
是否影响方法外的实参	否，形参与实参是独立的	是，形参和实参是同一个变量

传递方式有一个唯一的例外，字符串（String）是引用数据类型，但它是传值的，它的行为与基本数据类型相同。

【例 5-5】对象作为方法参数（参见实训平台【实训 5-5】）。

将上述代码中的 Demo 类改为如下代码：

```
public class Demo {
    static void setPoint(Point p) { //对象作为参数，其中的 static 关键字将在 5.6 节讲解
        p.x = 5;
        p.y = 5;
    }

    static void setRectangle(Rectangle r, Point p) { //两个对象作为参数
        r.loc = p;
        r.width = 10;
        r.height = 20;
    }

    static void setCircle(Circle c, Point p) {
        c.loc = p;
        c.radius = 15;
    }

    public static void main(String[] args) {
```

```
        Point p = new Point();
        setPoint(p);    //方法内对形参的修改可以影响到方法外实参的值

        Rectangle rec = new Rectangle();
        setRectangle(rec, p);
        rec.draw();

        Circle c = new Circle();
        setCircle(c, p);
        c.draw();
    }
}
```

3. 对象作为方法的返回值

对象还可以作为方法的返回值。下面通过实例加以说明。

【例 5-6】对象作为方法的返回值（参见实训平台【实训 5-6】）。

将上述代码中的 Demo 类改为如下代码：

```
public class Demo {
    static Point createPoint(int x, int y) { //返回 Point 对象，其中的 static 关键字将在 5.6 节讲解
        Point p = new Point();
        p.x = x;
        p.y = y;
        return p;
    }

    static Rectangle createRectangle(int w, int h, Point p) { //返回 Rectangle 对象
        Rectangle r = new Rectangle();
        r.loc = p;
        r.width = w;
        r.height = h;
        return r;
    }

    static Circle createCircle(int r, Point p) { //返回 Circle 对象
        Circle c = new Circle();
        c.loc = p;
        c.radius = r;
        return c;
    }

    public static void main(String[] args) {
        Point p = createPoint(5, 5);    //将返回的对象赋给 p

        Rectangle rec = createRectangle(10, 20, p);
        rec.draw();

        Circle c = createCircle(15, p);
```

```
        c.draw();
    }
}
```

5.2 构造方法

5.2.1 构造方法的声明

构造方法的主要作用是对对象进行初始化。声明构造方法的语法格式如下：

```
类名(形参列表){
    构造方法体;
}
```

构造方法的声明与普通方法的声明有以下不同：

- 构造方法名必须与类名完全一致。
- 构造方法没有返回类型，也不能指定 void 为返回类型。

Java 有构造方法而没有析构方法，C++既有构造函数又有析构函数，这是因为 C++需要程序员归还申请的内存，而 Java 的内存是自动回收的。

例如以下点类拥有构造方法：

```
class Point { //点类
    int x;    //横坐标位置
    int y;    //纵坐标位置

    public Point(int x, int y) { //构造方法
        this.x = x;         //this 关键字的意思是“我”，在 5.2.5 节讲解
        this.y = y;         //这一行可以读成“我的 y = y”
    }
}
```

使用这个点类的代码如下：

```
public class Demo {
    public static void main(String[] args) {
        Point p = new Point(5, 5);    //用构造方法初始化
        System.out.println("x={" + p.x + "}, y={" + p.y + "}");
    }
}
```

运行结果如下：

```
x={5}, y={5}
```

5.2.2 重载的构造方法

与普通方法一样（见 3.5.6 节），构造方法也可以有重载的构造方法，形成重载的条件也是一样的，满足以下两个条件之一即可构成重载：

- 参数的个数不同。

- 参数的类型不同。

例如下述矩形类有两个重载的构造方法。

```
class Point { //点类
    //属性和构造方法与前面相同
}

class Rectangle { //矩形类
    int width;          //宽
    int height;         //高
    Point loc;          //位置

    public Rectangle(int height, int width) { //重载的双参数构造方法
        this.height = height;
        this.width = width;
        loc = new Point(0, 0);
    }

    public Rectangle(int height, int width, Point p) { //重载的三参数构造方法
        this.height = height;
        this.width = width;
        loc = p;
    }

    void draw() {
        System.out.print("在 x={" + loc.x + "}, y={" + loc.y + "} 处画一个宽{");
        System.out.println(width + "}高{" + height + "}的矩形");
    }
}
```

使用这个矩形类的两个重载构造方法的代码如下：

```
public class Demo {
    public static void main(String[] args) {
        Point p = new Point(5, 5);
        Rectangle r1 = new Rectangle(10, 20, p);
        Rectangle r2 = new Rectangle(15, 25);
        r1.draw();
        r2.draw();
    }
}
```

运行结果如下：

```
在 x={5}, y={5} 处画一个宽{20}高{10}的矩形
在 x={0}, y={0} 处画一个宽{25}高{15}的矩形
```

5.2.3 构造方法调用另一个构造方法

在构造方法中还可以调用另一个构造方法，语法格式如下：

```
类名(形参列表) {
```

```
    this([实参列表]);  //调用另一个构造方法，必须在第一行
    //更多的构造方法代码必须在调用另一个构造方法之后
}
```

例如以下代码：

```
public Rectangle(int height, int width) { //重载的双参数构造方法
    this.height = height;
    this.width = width;
    loc = new Point(0, 0);
}

public Rectangle(int height, int width, Point p) { //重载的三参数构造方法
    this.height = height;
    this.width = width;
    loc = p;
}
```

可以改为如下代码：

```
public Rectangle(int height, int width) { //重载的双参数构造方法
    this(height, width, new Point(0, 0));    //调用另一个构造方法
}

public Rectangle(int height, int width, Point p) { //重载的三参数构造方法
    this.height = height;
    this.width = width;
    loc = p;
}
```

但是调用另一个构造方法的语句必须是第一行语句，因此以下代码是错的：

```
public Rectangle(int height, int width) { //重载的双参数构造方法
    Point p = new Point(0, 0);
    this(height, width, p);    //错误：调用另一个构造方法不能是第二行，只能在第一行
}
```

5.2.4 默认构造方法

如果一个类没有声明构造方法，则编译器会自动生成一个默认构造方法，默认构造方法是一个无参构造方法。自动生成的默认构造方法的方法体为空，其方法声明如下：

```
类名(){
}
```

下述点类有一个自动生成的默认构造方法。

```
class Point { //点类
    int x;    //横坐标位置
    int y;    //纵坐标位置
}

public class Demo {
    public static void main(String[] args) {
        Point p = new Point();    //用默认构造方法初始化
```

```
            System.out.println("x={" + p.x + "}, y={" + p.y + "}");
        }
}
```

运行结果如下：

```
x={0}, y={0}
```

但是如果编写了构造方法，则编译器不再生成默认构造方法。如下代码不能通过编译：

```
class Point { //点类
        int x;      //横坐标位置
        int y;      //纵坐标位置

        public Point(int x, int y) {
                this.x = x;
                this.y = y;
        }
}

public class Demo {
        public static void main(String[] args) {
                Point p = new Point();    //错误：这时不再自动生成默认构造方法
                System.out.println("x={" + p.x + "}, y={" + p.y + "}");
        }
}
```

上述代码无法通过编译。如果还要使用无参的默认构造方法，则需要手动补写一个，如以下代码所示：

```
class Point { //点类
        int x;      //横坐标位置
        int y;      //纵坐标位置

        public Point(int x, int y) {
                this.x = x;
                this.y = y;
                System.out.println("调用有参构造方法");
        }

        public Point() { //补写的默认构造方法（无参）
                System.out.println("调用补写的默认构造方法（无参）");
        }
}

public class Demo {
        public static void main(String[] args) {
                Point p = new Point();          //调用补写的默认构造方法
                System.out.println("x={" + p.x + "}, y={" + p.y + "}");
                p = new Point(8, 8);            //调用双参数构造方法
                System.out.println("x={" + p.x + "}, y={" + p.y + "}");
        }
}
```

运行结果如下：

```
调用补写的默认构造方法（无参）
x={0}, y={0}
调用有参构造方法
x={8}, y={8}
```

补写的默认构造方法的方法体可以为空，也可以不为空，但编译器自动生成的默认构造方法的方法体是空的。

【例 5-7】构造方法（参见实训平台【实训 5-7】）。

```
class Student { //学生类
    int no;
    String name;
    float math, phy, eng;

    Student(int no, String name, float math, float phy, float eng) { //构造方法（5 个参数）
        this.no = no;
        this.name = name;
        this.math = math;
        this.phy = phy;
        this.eng = eng;
        System.out.println("{有参构造方法}：{" + name + "}");
    }

    Student(int no, String name) { //构造方法（2 个参数）
        this.no = no;
        this.name = name;
        System.out.println("{有参构造方法（双参数）}：{" + name + "}");
    }

    Student() { //构造方法（无参数）
        System.out.println("{补写的默认构造方法（无参）}");
    }

    float getAvg() {
        return (math + phy + eng) / 3;
    }
}

public class Demo {
    public static void main(String[] args) {
        Student zsan = new Student(10001, "张三", 85, 78, 92);    //通过构造方法初始化

        System.out.println("学号：{" + zsan.no + "}");
        System.out.println("姓名：{" + zsan.name + "}");

        Student lisi = new Student(10002, "李四");    //通过双参数构造方法初始化
        System.out.println("学号：{" + lisi.no + "}");
```

```
            System.out.println("姓名：{" + lisi.name + "}");

            Student wwu = new Student();      //通过默认构造方法初始化
            wwu.no = 10003;
            wwu.name = "王五";

            System.out.println("学号：{" + wwu.no + "}");
            System.out.println("姓名：{" + wwu.name + "}");
        }
    }
```

运行结果如下：

```
{有参构造方法}：{张三}
学号：{10001}
姓名：{张三}
{有参构造方法（双参数）}：{李四}
学号：{10002}
姓名：{李四}
{补写的默认构造方法（无参）}
学号：{10003}
姓名：{王五}
```

这个例子演示了学生类的 3 个重载构造方法，通过构造方法的参数对实例的属性进行初始化。而采用默认构造方法初始化时，由于无法提供参数，因此还需要直接赋值。

构造方法在类中起了很重要的作用，下面是一些总结。

- 构造方法名必须与类名完全相同。
- 构造方法一般是 public 的，在特殊需要时也可以是 private 的。
- 构造方法没有返回值和返回类型，并且也不能声明为 void。
- 构造方法可以有多个（重载），只要它们的参数个数或参数类型不同。
- 如果没有声明构造方法，则编译器自动生成一个默认构造方法。
- 如果声明了构造方法，则编译器不再生成默认构造方法。
- 默认构造方法是无参的构造方法，自动生成的默认构造方法的方法体是空的。
- 需要时可以补写默认构造方法，这时方法体可以为空，也可以不为空。

5.2.5 this 关键字

this 的意思是“我”，表示当前对象。使用它可以访问以下成员：

- 当前对象的成员变量。可以明确地与其他同名的变量（如父类的成员变量、同一个类的局部变量、方法参数变量、异常处理参数变量）区分开，格式如下：

```
this.成员变量
```

- 当前对象的构造方法。当有重载的构造方法时，可以在构造方法中引用同一个类的其他构造方法，格式如下（注意格式中没有点分隔符）：

```
this([参数列表])
```

- 返回当前对象。当一个方法需要返回当前对象时，可以使用 this：

```
return this;
```

1. 当前对象的成员变量

例如在讲解构造方法时，下述代码就使用了 this 关键字。

```
Rectangle(double length, double width){        //矩形类的构造方法
    this.length = length;   //this 的意思是自己的，用来区别两个同名的变量 length
    this.width = width;
}
```

在上述赋值语句中，等号左边和等号右边的变量名相同，左边的变量前加上 this 后，表明左边这个变量是自身的成员变量，右边的则是参数变量。

2. 当前对象的构造方法

例如下述代码，从一个构造方法调用当前对象的另一个构造方法。

```
public Rectangle(int height, int width) { //重载的双参数构造方法
    this(height, width, new Point(0, 0));     //调用另一个构造方法
}

public Rectangle(int height, int width, Point p) { //重载的三参数构造方法
    this.height = height;
    this.width = width;
    loc = p;
}
```

3. 返回当前对象

例如在成员方法中，可以直接返回 this 指针。例如以下代码：

```
Rectangle setLength(double length){
    this.length = length;
    return this;    //返回自己（指针）
}

Rectangle setWidth(double width){
    this.width = width;
    return this;    //返回自己（指针）
}
```

有了上述两个 set 方法，在使用这个类的对象时可以这样写：

```
Rectangle rec;
rec.setLength(12);  //分别设置长和宽
rec.setWidth(18);
```

也可以这样写：

```
Rectangle rec;
rec.setLength(12).setWidth(18);  //设置长度后立即设置宽度
```

还可以这样写：

```
Rectangle rec;
rec.setWidth(18).setLength(12);  //设置宽度后立即设置长度
```

上述 3 种写法的效果是相同的。

5.3 类和封装性

5.3.1 面向对象的程序设计

面向对象的程序设计的核心思想是，世间万物是由对象（Object，也可翻译为物件）组成的，具有相同属性和行为的对象抽象为类（class）。

面向对象的程序设计的特点有封装性、继承性和多态性，本章讨论封装性。

1. 类和对象

类（class）是一个专有名词，是一种自定义的数据类型。

对象（Object）也是一个专有名词，特指类这个数据类型的变量。

2. 封装性

在类的内部包含了成员变量和成员方法，意思是封装了属性（成员变量）和行为（成员方法），这就是类的封装性。

3. 对象和实例化

对象是一种类的变量，有时会把声明类的变量（对象）的过程称为实例化，而对象也可以被称为实例。

注意理解以下几个术语的含义和使用方法。

- 方法：泛指各种方法。
- 成员方法：特指在类中声明的方法。
- 变量：泛指各种变量，如整数变量、数组变量和对象（类的变量）。
- 对象：特指类的变量，它的数据类型是类，有时也称为实例。
- 成员变量：特指在类中声明的变量，可以是整数变量和对象等。
- 成员属性：成员变量的另一个名称，有时简称为属性。

5.3.2 命名规范

通常类名的首字母大写，对象名、变量名、方法的首字母小写。

类名和对象名通常采用名词命名，例如 Student、lisi（学生、李四）。

成员变量表示的是对象的属性，通常用名词来命名，例如 name。

成员方法表示的是对象的行为，通常用动词来命名，例如 getAvg（名词 average 的缩写 avg 前加上动词 get）。

有关命名规范的详细信息见“附录 A　Java 代码规范”。

5.4 包和封装性

包体现了一个更高层次的封装性，它把一组相关的类封装在一个包内。

在 Java 中，包名与源文件所在的目录是严格一一对应的，也就是说，将相关类的源代码文件保存在同一个目录中。包名就是目录名，例如包名 org.ngweb.java5 对应的目录名是 org\ngweb\java5。

在 Java 中，类名（public 的类）与源文件名也是严格一一对应的，每创建一个类，实际上就是创建一个与类名完全相同的源代码文件。非 public 的类则不受此限制。

5.4.1 包的声明

包的声明是在类的源代码文件的第一行加入包声明语句。

```
package 包名;
```

例如以下代码：

```
package org.ngweb.java5;
```

引入包的最主要的目的是解决命名冲突，因此包的命名应该是全球唯一的，这样可以避免与其他公司开发的包中出现完全重名的类。为了保证包名的唯一性，通常借用域名作为包名（层次结构与域名的排列相反），原因仅仅是域名的全球唯一性。上例中 org.ngweb 就借用了本书作者的域名：ngweb.org。

在 Eclipse 中创建一个包，Eclipse 在内部做了以下两件事：

- 创建与包名对应的文件目录，如果包名是 org.ngweb.java5，则在项目源代码的根目录下创建目录 org/ngweb/java5。
- 在包中创建类时，新建的源代码文件将被保存在对应的目录下，源代码的第一行自动加入声明包的语句，例如 package org.ngweb.java5;。

如果没有创建包，则 Java 使用默认包（default package），它对应项目源代码的根目录，没有包名。较新版本的 Eclipse 会在创建类时默认将项目名作为包名使用。

5.4.2 包的导入

在类中可以直接引用同一个包的所有类，也可以引用其他包的 public 类，但在引用其他包中的类时必须指定包的名称。指定的方式有两种：类长名、导入包或类。

1. 类长名（全限定名）

在类的名称前加上包名。例如在其他包中要引用 org.ngweb.java5.model 包中的 Student 类，则在每一处引用都要采用如下的格式：

```
org.ngweb.java5.model.Student
```

2. 导入包或类

为了编程方便，可以在源代码的开始部分事先导入其他包中的所有类或包中的一个类，这样在引用类时就不再需要在类名前加上包名。

导入一个包中所有类的语法格式如下（不建议这样做）：

```
import 包名.*;
```

导入包中一个类的语法格式如下（建议用这种方式，尽量导入每一个具体的类）：

```
import 包名.类;
```

Eclipse 提供了一个自动导入类的快捷键：Ctrl + Shift + O，这时如果有不同的包中存在同名的类，则弹出一个窗口用于选择正确的包。

一个典型的源代码文件由以下三大部分组成：

- 声明包：声明包的语句必须是源文件的第一行，只有一行。如果没有声明包，则使用默认包。
- 导入包：导入包的语句在声明包的语句之后，可以有多行，导入多个包或类。当不需要导入包时，可以省略这部分。
- 声明类：在导入包之后才是类声明。

源代码文件的结构如下：

```
package org.ngweb.java5.test;                //声明包

import org.ngweb.java5.model.Student;        //导入 org.ngweb.java5.model 包中的 Student 类
import org.ngweb.java5.abc.*;                //导入 org.ngweb.java5.abc 包中的所有类

public class StudentTest {                   //声明类
    int count;                               //所有成员变量在类的内部、方法的外部
    public static void main(String[] args) { //所有方法在类的内部，体现了封装性
        Student student = new Student();     //所有局部变量在方法的内部
        ...
    }
}
```

如果没有导入包或类，对 Student 的引用需要写成：

```
org.ngweb.java5.model.Student student = new org.ngweb.java5.model.Student();
```

System、String、Integer 和 Math 等类是在 java.lang 包中的，而这个包是被自动导入的，所以这些类不需要导入就可以直接使用。

5.5 访问权限

5.5.1 访问权限修饰符

访问权限修饰符有 4 种，见表 5-2。

表 5-2 访问权限修饰符

访问权限修饰符	说明	公开程度
public	公有的，被修饰的成员不论从类的内部、外部还是从其他包中都可以访问	完全公开
protected	保护的，在第 6 章详细讲解	较公开
默认（无修饰符）	在同一个包中可以访问	较私密
private	私有的，被修饰的成员只能从类的内部访问，不能从类的外部访问	完全私密

在类的外部不允许访问私有属性，可以编写 get 方法和 set 方法来访问，下面通过例子加以说明。

【例 5-8】访问控制修饰符（参见实训平台【实训 5-8】）。

（1）公有属性。

```
class Rectangle { //矩形类
```

```
        public double length;    //公有的，是完全开放的
        public double width;

        public double getArea() {
                return length * width;
        }
}

public class Demo {
        public static void main(String[] args) {
                Rectangle rec = new Rectangle();
                rec.length = 30;
                rec.width = 20;
                System.out.println("面积是 {" + rec.getArea() + "}");
        }
}
```

这个例子是可以运行的，没有错误。

（2）私有属性。

```
class Rectangle { //矩形类
        private double length;    //私有的，只能在类的内部访问
        private double width;

        public double getArea() {
                return length * width;
        }
}

public class Demo {
        public static void main(String[] args) {
                Rectangle rec = new Rectangle();
                rec.length = 30;    //错误：不能访问私有属性
                rec.width = 20;    //错误：不能访问私有属性
                System.out.println("面积是 {" + rec.getArea() + "}");
        }
}
```

将前一步骤例子的属性改为私有的以后，出现错误。原因是无法从外部访问私有的成员变量，无法为矩形的长和宽进行赋值。

（3）私有属性——解决方案一（构造方法）。

```
class Rectangle { //矩形类
        private double length;    //私有的，只能在类的内部访问
        private double width;

        public Rectangle(double length, double width) {
                super();
                this.length = length;
```

```
		this.width = width;
	}

	public double getArea() {
		return length * width;
	}
}

public class Demo {
	public static void main(String[] args) {
		Rectangle rec = new Rectangle(30, 20);	//用构造方法进行初始化
		System.out.println("面积是 {" + rec.getArea() + "}");
	}
}
```

（4）私有属性——解决方案二（get 方法和 set 方法）。

解决方案二是 get 方法和 set 方法，由于它的重要性，所以下面单独用一个小节来讲解。

5.5.2　getters 方法和 setters 方法

采用构造方法虽然解决了初始化的问题，但还是不够灵活。例如无法读取或修改矩形的属性。

一种方便灵活的方法是通过 getters 方法和 setters 方法来实现。

- getters 方法用于获得成员变量的值，它的命名是 get 加上变量名（首字母大写），它是无参的，直接返回这个成员变量的值。
- setters 方法用于设置成员变量的值，它的命名是 set 加上变量名（首字母大写），它有一个参数，这个参数的值将被赋给这个成员变量，set 方法通常没有返回值。

这种方法非常简单，在 Java 中却十分重要，特别是应该严格按照 get 方法和 set 方法的命名方式来实现。同时 Eclipse 还提供了一个自动生成 get 方法和 set 方法的工具，方法是从主菜单中选择 Source→Generate Getters and Setters（如图 5-4 所示），Source 菜单还提供了其他一些工具，例如生成构造方法 Generate Constructor using Fields。

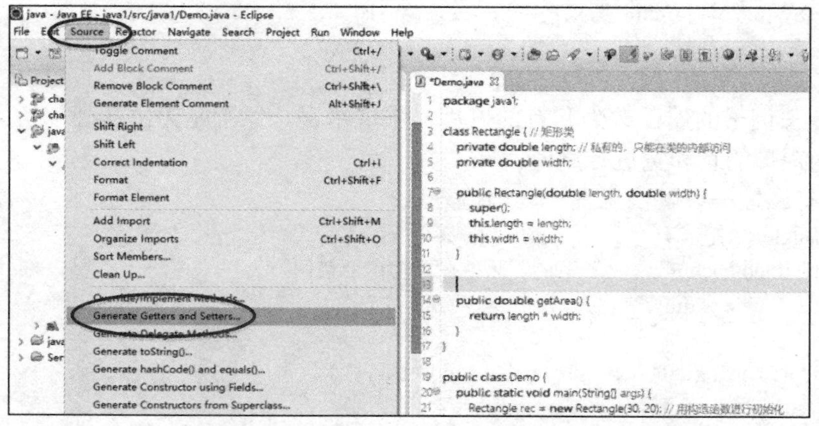

图 5-4　自动生成 getters 方法和 setters 方法

下面用一个例子来说明。

【例 5-9】getters 方法和 setters 方法（参见实训平台【实训 5-9】）。

```
class Rectangle { //矩形类
    private double length;    //私有的，只能在类的内部访问
    private double width;

    public Rectangle(double length, double width) {
        super();
        this.length = length;
        this.width = width;
    }

    //以下 get 方法和 set 方法由 Eclipse 自动生成，保证命名不会出错
    public double getLength() {
        return length;
    }

    public void setLength(double length) {
        this.length = length;
    }

    public double getWidth() {
        return width;
    }

    public void setWidth(double width) {
        this.width = width;
    }

    //这个方法也是按照 get 方法的规则命名的，模拟一个只读的属性 area
    public double getArea() {
        return length * width;
    }
}

public class Demo {
    public static void main(String[] args) {
        Rectangle rec = new Rectangle(30, 20);    //用构造方法进行初始化
        rec.setWidth(25);

        System.out.println("长是 {" + rec.getLength() + "}");
        System.out.println("宽是 {" + rec.getWidth() + "}");
        System.out.println("面积是 {" + rec.getArea() + "}");
    }
}
```

5.5.3 包与访问权限

前面两个小节讲解了 public 和 private 两个访问权限修饰符，本节讲解默认访问权限（没有任何访问权限修饰符），具有默认权限的属性和方法可以被同一个包的类访问，不能被包以外的类访问。

下面用一个例子加以说明。

【例 5-10】默认访问权限——包与访问权限（参见实训平台【实训 5-10】）。

（1）创建包和类。创建两个包，分别命名为 org.ngweb.java5a 和 org.ngweb.java5b，并创建 3 个类：ClassA、ClassB 和 ClassC，最后的结果如图 5-5 所示。

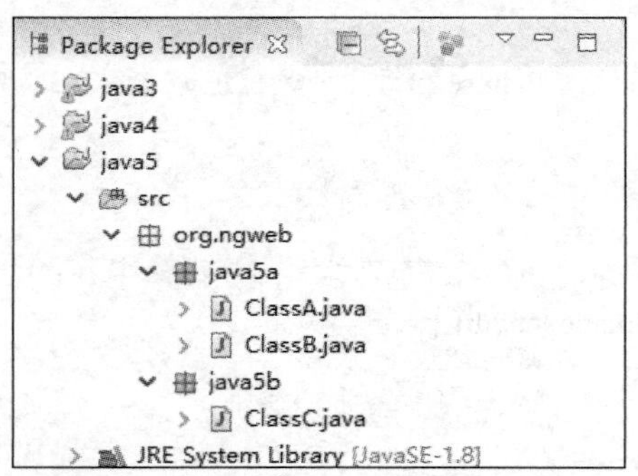

图 5-5　两个包和 3 个类之间的关系

（2）创建被测试的类。在包 org.ngweb.java5a 中的 ClassA 类中，添加 3 个属性和 3 个方法，各自有不同的访问权限，用于演示其他类能否访问这些属性和方法。

```
package org.ngweb.java5a;

public class ClassA {
    public String a1 = "A1";        //公有权限的属性
    private String a2 = "A2";       //私有权限的属性
    String a3 = "A3";               //默认权限的属性

    public String getPublic() {//公有权限的方法
        return "public";
    }
    private String getPrivate() {//私有权限的方法
        return "private";
    }
    String getDefault() {//默认权限的方法
        return "default";
    }
}
```

（3）从同一个包访问。在 ClassA 所在的包 org.ngweb.java5a 中的 ClassB 类中，编写从这个类访问 ClassA 实例的每个属性和方法的代码，观察哪些能访问，哪些不能访问。

```
package org.ngweb.java5a;
```

```
public class ClassB {
    public static void main(String[] args) {
        ClassA classA = new ClassA();

        System.out.println(classA.a1);      //可以访问公有的
        System.out.println(classA.a2);      //错误：不能访问私有的
        System.out.println(classA.a3);      //同一个包中可以访问默认的

        System.out.println(classA.getPublic());     //可以访问公有的
        System.out.println(classA.getPrivate());    //错误：不能访问私有的
        System.out.println(classA.getDefault());    //同一个包中可以访问默认的
    }
}
```

（4）从不同包访问。在另一个包 org.ngweb.java5b 中的 ClassC 类中，编写从这个类访问 ClassA 实例的每个属性和方法的代码，观察哪些能访问，哪些不能访问。

```
package org.ngweb.java5b;

import org.ngweb.java5a.ClassA;    //不同包，需要导入这个类

public class ClassC {
    public static void main(String[] args) {
        ClassA classA = new ClassA();

        System.out.println(classA.a1);      //可以访问公有的
        System.out.println(classA.a2);      //错误：不能访问私有的
        System.out.println(classA.a3);      //错误：不同包中，不可以访问默认的

        System.out.println(classA.getPublic());     //可以访问公有的
        System.out.println(classA.getPrivate());    //错误：不能访问私有的
        System.out.println(classA.getDefault());    //错误：不同包中，不可以访问默认的
    }
}
```

从代码的结果中，对照表 5-2，深入理解 public、private 和默认访问权限。

5.6 static 关键字——静态成员

静态成员变量

类的静态成员有静态成员变量和静态成员方法两种。

5.6.1 静态成员变量

静态成员变量（也称为类变量）是用 static 关键字修饰的成员变量。语法格式如下：

```
class 类名 {
    static 访问权限 数据类型 变量名;          //静态成员变量
    ...
}
```

静态成员变量是一个类的所有对象共用的变量，使用同一个内存空间，因此所有对象的静态成员变量的值都是相同的，而非静态成员变量则是每一个对象都有自己的值。

下面用一个例子加以说明。图 5-6 显示了一些圆形，左侧的 3 个圆有各自的圆心位置和半径，而右侧的 3 个圆则有完全相同的圆心位置和不同的半径。只要将圆心位置(x,y)声明为静态成员变量，就能实现右侧 3 个同心圆，因为圆心位置是静态的，所以 3 个圆共用同一个圆心位置。

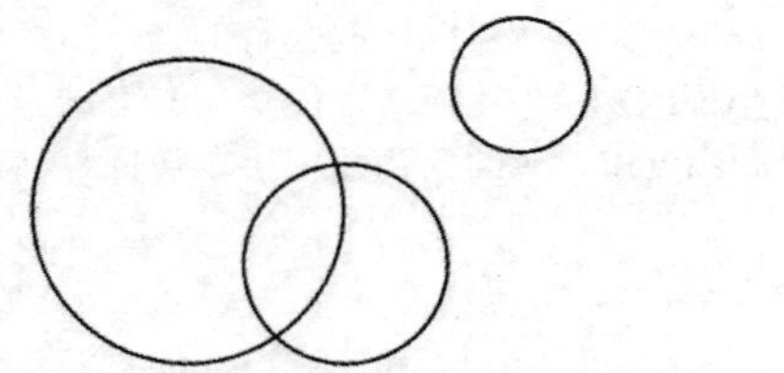
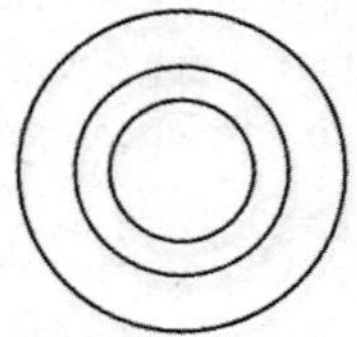

图 5-6　圆心位置是非静态变量（左）与圆心位置是静态变量（右）

非静态成员变量是属于对象的，而静态成员变量则不仅属于对象，也是属于类的，因此可以通过类名访问静态成员变量。语法格式如下：

```
类名.静态成员变量名;
```

虽然可以通过对象名访问静态成员变量，但是鼓励采用类名访问静态成员变量，明确静态成员变量是属于类的这个概念。

非静态成员变量与静态成员变量的比较见表 5-3。

表 5-3　非静态成员变量与静态成员变量的比较

比较项	非静态成员变量	静态成员变量
隶属于	对象	类
内存空间	每个对象有各自的空间	所有对象共享同一空间
正确的访问方式	对象名.变量名	类名.变量名（建议的方式） 对象名.变量名
错误的访问方式	类名.变量名	

下面用一个例子加以说明。

【例 5-11】静态成员变量（参见实训平台【实训 5-11】）。

```
class Circle { //圆类
    static public int x;       //静态成员变量
    static public int y;       //静态成员变量
    public int radius;         //非静态成员变量，每个对象都有自己的值

    public Circle(int radius) {
        super();
        this.radius = radius;
    }

    public void draw() {
```

```
            System.out.print("在  x={" + x + "}, y={" + y + "}  处画一个半径{");
            System.out.println(radius + "}的圆");
        }
    }

    public class Demo {
        public static void main(String[] args) {
            Circle c1 = new Circle(10);
            Circle c2 = new Circle(15);
            Circle c3 = new Circle(20);
            c1.draw();
            c2.draw();
            c3.draw();

            System.out.println("移动之后");
            Circle.x = 12;      //通过类名访问静态成员变量
            Circle.y = 18;
            c1.draw();          //静态成员变量的值改变后所有圆的圆心都改变了
            c2.draw();
            c3.draw();
        }
    }
```

运行结果如下：

```
在  x={0}, y={0}  处画一个半径{10}的圆
在  x={0}, y={0}  处画一个半径{15}的圆
在  x={0}, y={0}  处画一个半径{20}的圆
移动之后
在  x={12}, y={18}  处画一个半径{10}的圆
在  x={12}, y={18}  处画一个半径{15}的圆
在  x={12}, y={18}  处画一个半径{20}的圆
```

5.6.2 静态成员方法

静态成员方法（也称为类方法）是用 static 关键字修饰的成员方法。静态成员方法是属于类的，所以可以通过类名访问。而非静态成员方法则只能通过对象名访问。

静态成员方法可以访问静态成员变量，而不能访问非静态成员变量。

非静态成员方法与静态成员方法的比较见表 5-4。

表 5-4 非静态成员方法与静态成员方法的比较

比较项	非静态成员方法	静态成员方法
隶属于	对象	类
正确的访问方式	对象名.方法名	类名.方法名（建议的方式） 对象名.方法名
错误的访问方式	类名.方法名	

续表

比较项	非静态成员方法	静态成员方法
可以访问的成员	静态和非静态的成员（变量或方法）	静态的成员（变量或方法）
不可访问的成员		非静态的成员（变量或方法）

在静态方法中无法直接调用非静态方法，但是可以先创建一个对象，然后通过这个对象来调用非静态方法。例如以下代码：

```
public class Demo {
    public void print() { //非静态方法
        System.out.println("非静态方法");
    }

    public static void main(String[] args) { //主方法是静态的
        Demo demo = new Demo();     //创建一个自身的实例
        demo.print();    //通过这个实例调用非静态方法
    }
}
```

下面用一个例子加以说明。

【例 5-12】静态成员方法（参见实训平台【实训 5-12】）。

```
class ClassA {
    public int var = 1;
    static public int staticVar = 2;

    public void print() {
        System.out.println("非静态方法访问非静态成员变量 {" + var + "}");
        System.out.println("非静态方法访问静态成员变量 {" + staticVar + "}");
    }

    static public void staticPrint() {
        //下一行错误：静态方法不能访问非静态成员变量
        System.out.println("静态方法访问非静态成员变量 {" + var + "}");
        System.out.println("静态方法访问静态成员变量 {" + staticVar + "}");
    }
}

public class Demo {
    public static void main(String[] args) {
        System.out.println("==通过对象名访问==");        //通过对象名访问
        ClassA classA = new ClassA();
        System.out.println("通过对象名访问非静态成员变量 {" + classA.var + "}");
        //下一行警告：不建议通过对象名访问静态成员
        System.out.println("通过对象名访问静态成员变量 {" + classA.staticVar + "}");
        classA.print();
        classA.staticPrint();    //警告：不建议通过对象名访问静态成员
```

```
        System.out.println("==通过类名访问==");          //通过类名访问
        //下一行错误：通过类名不能访问非静态成员变量
        System.out.println("通过类名访问非静态成员变量 {" + ClassA.var + "}");
        System.out.println("通过类名访问静态成员变量 {" + ClassA.staticVar + "}");
        ClassA.print();    //错误：通过类名不能访问非静态方法
        ClassA.staticPrint();
    }
}
```

注释错误的行后，运行结果如下：

```
==通过对象名访问==
通过对象名访问非静态成员变量 {1}
通过对象名访问静态成员变量 {2}
非静态方法访问非静态成员变量 {1}
非静态方法访问静态成员变量 {2}
静态方法访问静态成员变量 {2}
==通过类名访问==
通过类名访问静态成员变量 {2}
静态方法访问静态成员变量 {2}
```

5.6.3 main 方法

现在可以认真地讨论一下第一章的 Hello 程序，代码如下：

```
1.    package java1;
1.
2.    public class Hello {
3.        public static void main(String[] args) {
4.            System.out.println("Hello, world!");
5.        }
6.    }
```

第 1 行声明了一个名为 java1 的包，源代码文件保存在以这个包命名的目录中。

第 3 行声明了一个名为 Hello 的类，它是 public 的，对应的文件名是 Hello.java。

第 4 行是主方法，它是 public 和 static 的，所以能够从操作系统中访问这个方法。这个方法没有返回值，但可以从操作系统接收参数，这个参数是一个字符串数组，数组名是 args（这个名称可以随意修改）。

第 5 行是主方法的方法体。这个例子是输出一个字符串。

5.7 外部类与内部类

5.7.1 外部类

大多数的类都是外部类，相互之间没有包含关系。

通常一个文件中只有一个类。但有时也可以有多个类，这时只能有一个类是 public 的，并且文件名应该以 public 类的类名命名。

例如下述文件中只有一个类，文件名应该与类名相同，即 Demo.java。

```
public class Demo {
    //类体
}
```

例如下述文件中有多个类，文件名应该与 public 类的类名相同，即 Demo1.java，因此一个文件中最多只能有一个 public 类。有多个类时，类的前后次序无关。

```
public class Demo1 { //文件名必须以 public 类的类名来命名
    //类体
}

class Demo2 {
    //类体
}

class Demo3 {
    //类体
}
```

5.7.2 内部类

有时一个类的内部包含了另外一个类的声明，这个声明在类中的类就称为内部类。

在类或方法中可以声明另外的类（内部类），但是在方法中不能声明另外的方法。

1. 成员类

在类中声明的类，其地位与成员变量或方法相似，可以访问所在类的成员变量和成员方法。

成员类可以根据需要用 protected 或 private 修饰，而这两个修饰符是不可以修饰外部类的。

2. 静态成员类

类似于成员类，但加上 static 修饰，因此它只能访问所在类的静态变量（类变量）和静态方法（类方法）。

静态成员类可以根据需要用 protected 或 private 修饰，而这两个修饰符是不可以修饰外部类的。

3. 局部类

在方法内声明的类，其地位与局部变量相似，因此不能用 public 等修饰。

4. 匿名类

匿名类是没有名字的类，所以不能直接引用它们。

匿名类有特殊的作用，将在第 6 章详细讲解。

下面的例子说明了 3 种内部类的用法。

【例 5-13】3 种内部类（参见实训平台【实训 5-13】）。

```
public class OutClass { //外部类
    public class InnerClass { //成员类（声明在类中）
        public void print() {
            System.out.println("{成员类}");
        }
```

```
    }

    static public class StaticInnerClass { //静态成员类（加上 static 修饰）
        public void print() {
            System.out.println("{静态成员类}");
        }
    }

    public void method() {
        class LocalClass { //局部类（声明在方法之中），局部类不能加 public 修饰
            public void print() {
                System.out.println("{局部类}");
            }
        }
        LocalClass localClass = new LocalClass();     //局部类只能在方法之内使用
        localClass.print();

        InnerClass innerClass = new InnerClass();     //可以在非静态方法中创建内部类的实例
        innerClass.print();
    }

    public static void main(String[] args) {
        //下一行是为了调用非静态方法先创建自己的实例
        OutClass outClass = new OutClass();
        outClass.method();     //通过自己的实例访问非静态方法

        //下一行是在静态方法中创建静态内部类的实例
        StaticInnerClass staticInnerClass = new StaticInnerClass();
        staticInnerClass.print();

        //下一行是在静态方法中创建非静态的内部类的实例，要用对象的 new 运算符
        InnerClass innerClass = outClass.new InnerClass();     //在 new 前加上对象名
        innerClass.print();
    }
}
```

5.8 综合实训

1.【Jitor 平台实训 5-14】复数类：在 Jitor 校验器中按照图 5-7 所示类图的要求编写复数类，并编写一个主方法加以演示。

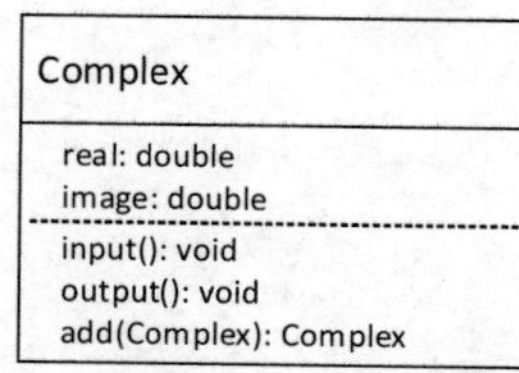

图 5-7　复数类的类图

2.【Jitor 平台实训 5-15】居民类和宠物类：在 Jitor 校验器中按照图 5-8 所示的要求编写居民类和宠物类，并编写一个主方法加以演示，其中虚线箭头表示拥有关系。

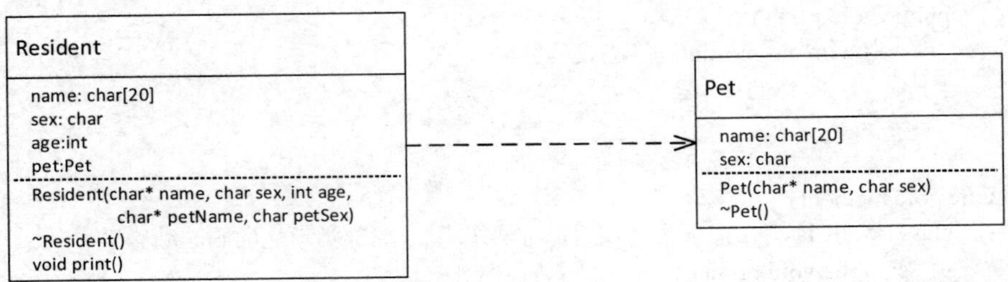

图 5-8　居民类拥有宠物

第 6 章　父类与子类——继承性

本章所有实训可以在 Jitor 校验器的指导下完成。

父与子之间有继承关系，儿子继承父亲。一方面儿子可以继承父亲的财产，另一方面儿子还能够拥有自己的财产。在类与类之间，也可以建立这样的继承关系。

6.1　类的继承

6.1.1　父类与子类

1. 子类继承父类

继承是两个类之间的关系，子类继承父类。语法格式如下：

```
class 子类名 extends 父类名{
    //子类体代码
}
```

从逻辑上看，儿子继承了父亲的财产（成员变量）和行为（成员方法），并且儿子还有自己的财产（成员变量）和行为（成员方法），所以继承使用的关键字是 extends，含义是扩展，就是将家产发扬光大。

- 父类：也称为基类或超类，是被继承的类。
- 子类：也称为派生类或继承类，它继承父类的属性和方法。

下面用一个例子来说明，这是圆类的代码。

```
class Circle { //圆类
    public double radius;     //半径

    public Circle(double radius) {
        this.radius = radius;
    }

    public Circle() {
    }

    public double getArea() { //求圆的面积
        return 3.14159 * radius * radius;
    }
}
```

下面是圆柱体类的代码。

```
class Cylinder { //圆柱体类
    public double radius;     //半径
```

```
    public double height;     //高

    public Cylinder(double radius, double height) {
        this.radius = radius;
        this.height = height;
    }

    public double getArea() { //求圆柱体的底面积
        return 3.14159 * radius * radius;
    }

    public double getVolume() { //求圆柱体的体积
        return 3.14159 * radius * radius*height;
    }
}
```

主方法如下：

```
public static void main(String[] args) { //主方法
    Circle c = new Circle(20);
    Cylinder cy = new Cylinder(10, 20);

    System.out.println("圆的面积是 {" + c.getArea() + "}");
    System.out.println("圆柱体的底面积是 {" + cy.getArea() + "}");
    System.out.println("圆柱体的体积是 {" + cy.getVolume() + "}");
}
```

上述圆类和圆柱体类之间没有任何关系，是相互独立的，如图 6-1（a）所示。从代码中看到，圆柱体类的半径属性和求面积方法在圆类中也有一份相同的代码。

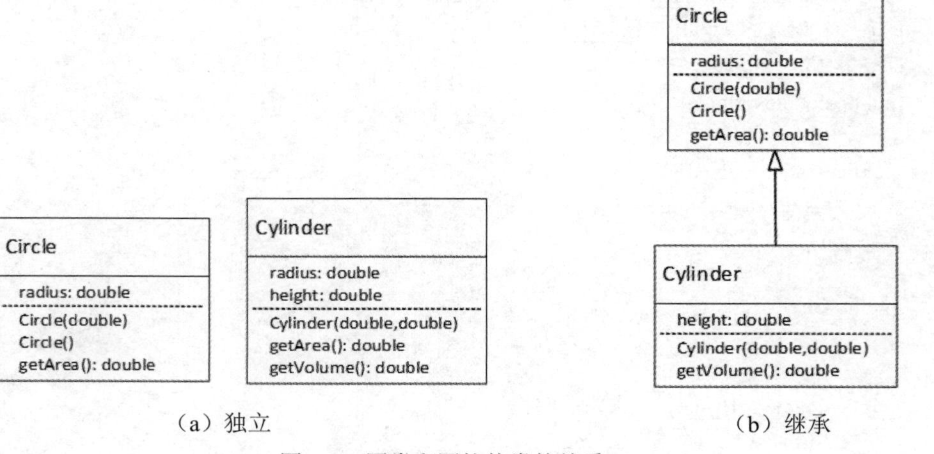

图 6-1　圆类和圆柱体类的关系

我们可以认为圆柱体类是由圆类扩展而来的。因此，可以声明圆柱体类继承圆类，圆类是父类，圆柱体类是子类，如图 6-1（b）所示，继承关系用一个空心的三角箭头表示，方向是从子类指向父类。

将圆柱体类的代码改写为继承圆类，代码如下：

```
class Cylinder extends Circle { //圆柱体类
    //继承父类的半径
    public double height;     //高

    public Cylinder(double radius, double height) {
        this.radius = radius;     //半径属性是继承而来的
        this.height = height;     //高属性是圆柱体自己的
    }

    //继承父类的求（圆柱体的）底面积
    public double getVolume() { //求圆柱体的体积
        return 3.14159 * radius * radius*height;
    }
}
```

这时圆柱体类继承了圆类的半径和求面积方法，只需要加上自己的成员变量（圆柱体的高）和成员方法（求体积方法）。

其他部分的代码保持不变（圆类和主方法不变），运行结果相同。

继承的优点之一是可以减少代码量，提高代码的复用。

2. 子类调用父类的构造方法

在子类的构造方法中可以调用父类的构造方法，语法格式如下：

```
子类名(形参列表) {
    super([实参列表]);  //调用父类的构造方法，必须在第一行
    //子类构造方法代码，必须在调用父类构造方法之后
}
```

圆柱体类的构造方法修改为调用圆类的构造方法，代码如下：

```
class Cylinder extends Circle { //圆柱体类
    public double height;

    public Cylinder(double radius, double height) {
        super(radius);              //调用父类的构造方法
        this.height = height;     //高属性是圆柱体自己的
    }

    public double getVolume() {
        return 3.14159 * radius * radius;
    }
}
```

【例 6-1】父类与子类（参见实训平台【实训 6-1】）。

```
class Staff { //文员
    String name;       //姓名
    int age;              //年龄
```

```
        Staff(String name, int age) {
                this.name = name;
                this.age = age;
        }

        void working() { //所有文员都要工作
                System.out.println(name + "{工作中...}");
        }
}

class Manager extends Staff { //经理，继承文员，也就是说经理也是一种文员
        String position;

        Manager(String name, int age, String position) { //在构造方法中调用父类的构造方法
                super(name, age);
                this.position = position;
        }

        void businessTaveling() { //经理还需要出差
                System.out.println(name + "{出差中...}");
        }
}

public class Demo {
        public static void main(String[] args) { //主方法
                Staff zsan = new Staff("张三", 25);     //张三是文员
                zsan.working();

                Manager lisi = new Manager("李四", 36, "生产部经理");     //李四还是经理，还要出差
                lisi.working();
                lisi.businessTaveling();
        }
}
```

在这个例子中，经理只是多了一项出差的职能，其余部分与文员是相同的，所以只要继承文员类即可。

6.1.2　程序调试：内存中的父类对象和子类对象

【例 6-2】程序调试：内存中的父类对象和子类对象（参见实训平台【实训 6-2】）。

在 Jitor 校验器中按照所提供的操作要求，参考图 6-2 进行实训。

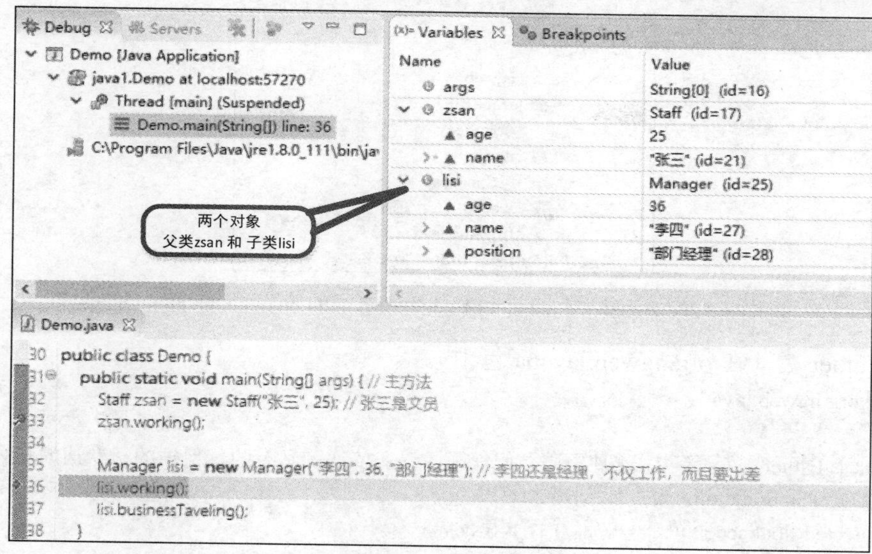

图 6-2　内存中的父类对象和子类对象

6.1.3　继承与访问控制

在第 5 章中讲过类的访问控制修饰符，其中 protected 是与继承有关的，用 protected 修饰的成员可以被子类继承，见表 6-1。

表 6-1　继承与访问权限修饰符

访问权限修饰符	公开性	继承性
public	公有的，可从外部（包括其他包）访问	可以被子类继承，继承后是公开的
protected	在同一个包及子类中可以访问	可以被子类继承，继承后是默认的
默认（无修饰符）	在同一个包中可以访问	不可被继承
private	私有的，不可从外部访问	不可被继承

访问权限修饰符与可访问性见表 6-2。

表 6-2　访问权限修饰符与可访问性

访问权限修饰符	同一个类	同一个包	子类	其他类
public	√	√	√	√
protected	√	√	√	不可访问
默认（无修饰符）	√	√	不可访问	不可访问
private	√	不可访问	不可访问	不可访问

下面通过例子来说明。

【例 6-3】继承和访问控制（参见实训平台【实训 6-3】）。

（1）创建包和类。创建 3 个包，分别命名为 org.ngweb.java6a、org.ngweb.java6b 和 org.ngweb.java6c，并创建 3 个类：Father、Son 和 Demo，最后的结果如图 6-3 所示。

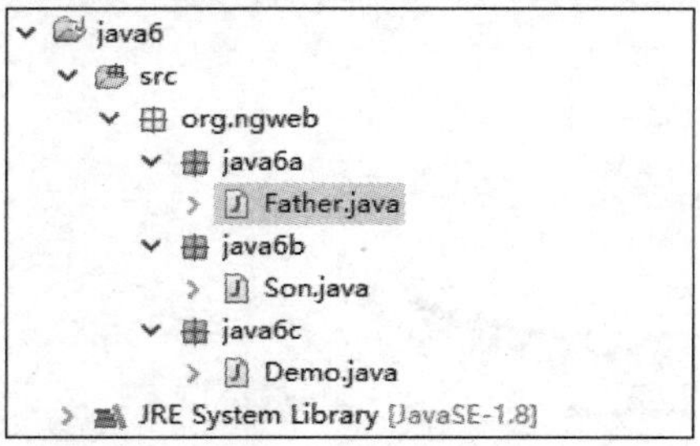

```
java6
  src
    org.ngweb
      java6a
        Father.java
      java6b
        Son.java
      java6c
        Demo.java
  JRE System Library [JavaSE-1.8]
```

图 6-3　3 个包和 3 个类之间的关系

（2）Father 类（在 org.ngweb.java6a 包中）。

```
package org.ngweb.java6a;

public class Father { //父亲类：4 种不同访问权限的钱，依次是私有的、保护的、默认的和公有的
    public float donation;          //捐出去的钱
    protected float account;        //银行存款里的钱
    float money;                    //放在家里的钱
    private float wallet;           //皮夹子里的钱

    public Father(float donation, float account, float money, float wallet) { //把钱分别存入 4 个位置
        this.donation = donation;
        this.account = account;
        this.money = money;
        this.wallet = wallet;
    }

    public void print() { //输出父亲能访问的变量
        System.out.println("父亲的钱是：");
        System.out.println("父亲的捐出去的钱  {" + donation + "}");
        System.out.println("父亲的银行里的钱  {" + account + "}");
        System.out.println("父亲的放在家里的钱  {" + money + "}");
        System.out.println("父亲的皮夹子里的钱  {" + wallet + "}");
    }
}
```

（3）Son 类（在 org.ngweb.java6b 包中）。

```
package org.ngweb.java6b;

import org.ngweb.java6a.Father;

public class Son extends Father { //儿子类（公有继承）
    public Son(float donation, float account, float money, float wallet) {
        super(donation, account, money, wallet);      //把钱转交给父亲了
    }

    public void printSon() { //输出儿子能访问的变量
        print();
```

```
            System.out.println("\n 儿子能用的钱是：");
            System.out.println("儿子能用父亲捐出去的钱 {" + donation + "}");
            System.out.println("儿子能用父亲银行里的钱 {" + account + "}");
//          System.out.println("儿子能用父亲放在家里的钱 {" + money + "}");        //错误：无权访问
//          System.out.println("儿子能用父亲皮夹子里的钱 {" + wallet + "}");       //错误：无权访问
      }
}
```

（4）Demo 类（在 org.ngweb.java6c 包中）。

```
package org.ngweb.java6c;

import org.ngweb.java6b.Son;

public class Demo {

      public static void main(String[] args) {
            Son son = new Son(1000, 2000, 3000, 4000);     //孙子把钱给了父亲（分为 4 种钱）

            son.printSon();

            System.out.println("\n 公开能用的钱是：");
            System.out.println("捐出去的钱 {" + son.donation + "}");
//          System.out.println("银行里的钱 {" + son.account + "}");        //错误：无权访问
//          System.out.println("放在家里的钱 {" + son.money + "}");        //错误：无权访问
//          System.out.println("皮夹子里的钱 {" + son.wallet + "}");       //错误：无权访问
      }
}
```

运行结果如下：

```
父亲的钱是：
父亲的捐出去的钱 {1000.0}
父亲的银行里的钱 {2000.0}
父亲的放在家里的钱 {3000.0}
父亲的皮夹子里的钱 {4000.0}

儿子能用的钱是：
儿子能用父亲捐出去的钱 {1000.0}
儿子能用父亲银行里的钱 {2000.0}

公开能用的钱是：
捐出去的钱 {1000.0}
```

从结果中可以看到，父亲能访问自身公有的、保护的、默认的、私有的变量，儿子能访问父亲公有的、保护的变量，而在类的外部，只能访问父亲公有的变量。

6.1.4 super 关键字

在继承关系中，当存在子类和父类具有同名成员变量或成员方法时，需要明确地指明父类的成员，这时可以用 super 关键字。

super 只用在有继承关系的场合，用于访问父类的成员变量、成员方法和构造方法。使用它可以访问：

- 父类的成员变量：可以访问被隐藏的父类的同名成员变量，格式如下：

```
super.成员变量
```

- 父类的成员方法：可以访问父类中被覆盖的同名成员方法，格式如下：

```
super.成员方法([参数列表])
```

- 父类的构造方法：可以访问父类的构造方法，格式如下（没有点运算符）：

```
super([参数列表])
```

【例 6-4】super 的使用（参见实训平台【实训 6-4】）。

```
class SuperClass { //父类
    int x;    //父类成员变量
    int y;

    public SuperClass(int x) { //父类构造方法
        this.x = x;
    }

    public void display() { //父类的方法
        System.out.println("父类中的变量：x=" + x + ", y=" + y);
    }
}

class SubClass extends SuperClass {
    int x;    //子类的同名成员变量
    int y;

    public SubClass(int x, int y) { //子类构造方法
        super(x);           //引用父类的构造方法只能用 super，而不能用 ClassSuper
        super.y = y;        //父类变量 y = 方法参数变量 y
        this.x = x + 1;     //成员变量 x = 方法参数变量 x
        this.y = y + 1;     //成员变量 y = 方法参数变量 y
    }

    public void display() { //子类的同名方法，覆盖父类的同名方法
        System.out.println("子类中的变量：x=" + x + ", y=" + y);
        super.display();    //调用父类的同名方法 display()
    }
}

public class SuperDemo {
    public static void main(String[] args) {
        SubClass sub = new SubClass(1, 2);
        sub.display();
    }
}
```

6.1.5 final 关键字

final 的意思是最终的，不能被修改的，因此用它修饰的变量就成为常量（参见“2.3.3 final 常量”一节）。例如以下代码：

```
final double PI = 3.14159;   //这是常量，不能被修改
PI = 3.14159;                //错误：不能为 final 修饰的变量赋值
```

用 final 修饰的类是不能被继承的，也就是说是最终的类。例如以下代码：

```
final class FinalClass { //final 修饰的类，不能被继承
    //类体
}

public class FinalTest extends FinalClass { //错误：不能继承 final 修饰的类
    //类体
}
```

用 final 修饰的方法是不能被覆盖的，也就是说是最终的方法。亦即在子类中不能声明与父类同名的用 final 修饰的方法。例如以下代码：

```
class FinalClass {
    final void method(){ //final 修饰的方法，不能被覆盖
        //方法体
    }
}

public class FinalTest extends FinalClass {
    final void method(){ //错误：不能覆盖 final 的方法（同名同参数的方法）
        //方法体
    }
}
```

6.2 兼容规则

6.2.1 对象兼容规则

在第 2 章中讲解过数据类型转换，例如以下代码：

```
int a = 2;
float f = a;
```

变量 a 和 f 的数据类型不同，但是可以将 a 赋值给 f，这就表示数据类型 float 兼容数据类型 int。

类是自定义数据类型，在一个项目中可能存在几十甚至上百个类，这些类之间也有兼容性问题。如果 A 类兼容 B 类，那么 B 类的对象可以赋值给 A 类的变量，如果 A 类不兼容 B 类，那么 B 类的对象就不能赋值给 A 类的变量。

例如声明了学生类（Student）和教室类（Classroom），那么以下赋值语句显然不可能成立。

```
Student zhangsan = new Student("张三", 21);     //张三学生，21 岁
Classroom js201 = new Classroom("js201");       //201 教室
```

```
zhangsan = js201;            //错误：将教室 201 赋值给张三学生（绝对不能成立）
```

又如声明了员工类（Staff）和员工类的子类经理类（Manager），那么下述两条赋值语句中，一条成立，一条不成立。

```
Staff staff = new Staff ("张三", 21);                    //员工
Manager manager = new Manager ("李四", 32);      //经理
staff = manager;        //让经理去做员工的工作，这是可以的
manager = staff         //错误：反之，让员工去做经理的工作，这是不允许的（没有权力）
```

Java 对象的赋值兼容规则如下：

- 向下兼容：父类兼容子类，子类对象可以赋值（转换）给父类变量。
- 向上不兼容：子类不兼容父类，父类对象不能赋值（转换）给子类变量。
- 兄弟不兼容：兄弟类的对象之间不能赋值，无继承关系的类更加不兼容。

【例 6-5】对象兼容规则（参见实训平台【实训 6-5】）。

用一个例子加以说明，如图 6-4 所示。员工类是父类，有两个子类，部门 1 的经理类和部门 2 的经理类。

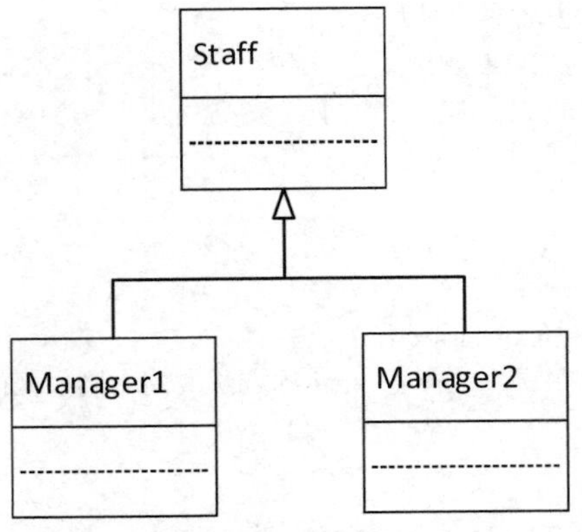

图 6-4　员工类和经理类的继承关系

```
class Staff { //父类
}

class Manager1 extends Staff { //子类
}

class Manager2 extends Staff {//另一个子类
}

public class SuperDemo {
        public static void main(String[] args) {
                Staff staff = new Staff();       //父类的对象
                Manager1 manager1 = new Manager1();      //子类的对象
                Manager2 manager2 = new Manager2();      //另一个子类的对象

                staff = manager1;      //向下兼容：父类兼容子类
                staff = manager2;      //向下兼容：父类兼容子类
```

```
        manager1 = staff;              //错误：向上不兼容，子类不兼容父类
        manager1 = manager2;           //错误：兄弟不兼容，无继承关系的类也不兼容
    }
}
```

错误的原因就是类型不兼容，也就是说，员工不能做经理的工作，一个部门的经理也不能做另外一个部门经理的工作。

6.2.2 对象之间的类型转换

在基本数据类型之间有自动类型转换和强制类型转换。同样在类对象之间也有自动类型转换和强制类型转换，这种转换只存在于子类对象和父类（及其祖先）对象之间的转换，在其他场合下则不可能转换。

- 自动类型转换：也称向上转型，子类对象可以自动转换为父类对象。
- 强制类型转换：也称向下转型，父类对象在一定条件下可以转换成子类对象，但必须使用强制类型转换。这个条件只有一条：父类对象实际上就是子类对象的类型。
- 不能转型：兄弟类的对象之间不能进行转换，没有继承关系的类之间不能进行转换。

本节所指的父类不仅指直接父类，也包括间接父类（所有祖先类）。因此所有对象都能自动转换为 java.lang.Object 类的对象，而 java.lang.Object 类的对象则只能有条件地强制转换为指定的对象。

【例 6-6】对象之间的类型转换（参见实训平台【实训 6-6】）。

```
class Staff { //父类
}

class Manager1 extends Staff { //子类
}

class Manager2 extends Staff {//另一个子类
}

public class SuperDemo {
    public static void main(String[] args) {
        Staff staff;    //父类的对象，没有初始化
        Manager1 manager1 = new Manager1();    //子类的对象
        Manager2 manager2 = new Manager2();    //另一个子类的对象

        staff = manager1;    //向上转型：自动类型转换
        staff = manager2;    //向上转型：自动类型转换

        //下一行错误：向下转型（强制类型转换），因为 staff 真实对象不是 Manager1 类
        manager1 = (Manager1) staff;
        //下一行正确：向下转型（强制类型转换），因为 staff 真实对象就已经是 Manager2 类
        manager2 = (Manager2) staff;
    }
}
```

6.2.3 类型检测

为避免类型转换时出现错误，可以用类型比较运算符 instanceof 对两个对象的兼容性进行检测。例如以下代码：

```
if(shapeA instanceof CircleA){              //如果兼容
    circleA = (CircleA) shapeA;             //则进行转换
}
```

6.3 抽象类和抽象方法

6.3.1 抽象类

声明抽象类的格式与声明类的格式相同，但要加上 abstract 修饰符。

```
访问权限 abstract class 类名{
    //类体
}
```

- 抽象类必须要有 abstract 修饰符。
- 抽象类不能被实例化。

abstract 和 final 的意思正好相反，abstract 表示是抽象的，必须被继承，而 final 表示是最终的，不能被继承。因此这两个关键字不能同时使用。

例如在图 6-5 中，矩形类（Rectangle）和圆类（Circle）都继承形状类（Shape），实例化一个 Shape 类是没有意义的，因为现实中不可能有一个实际的物体叫 Shape，实际的物体是叫做矩形、圆形、三角形等具体的形状，而 Shape 只是一个抽象的概念。

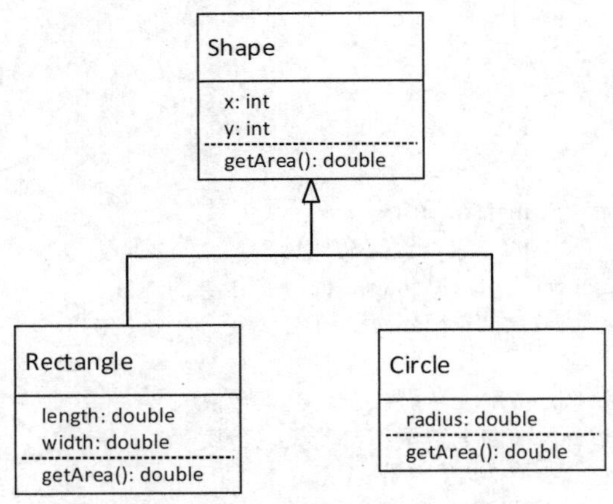

图 6-5　形状和具体的形状类

在 Java 语言中，使用抽象类来反映这种抽象的概念，抽象类是一种不可被实例化的类，它只能被继承，它的子类才是用于真正创建相应实例的类。例如下述代码声明了一个抽象类 Shape（加 abstract 修饰符）。

```
abstract class Shape {                          //抽象类
    //类体
}
```

这时下述创建 Shape 类对象的代码就会出错。

```
Shape shape = new Shape();
```

6.3.2 抽象方法

声明抽象方法的语法格式与普通方法的有些不同：

```
访问权限 abstract 返回类型 方法名 ([参数列表]);
```

- 抽象方法必须要有 abstract 修饰符。
- 抽象方法不能有方法体，直接用分号“;”结束。
- 含有抽象方法的类必须是抽象类，不能被实例化。
- 抽象方法必须在子类中被实现。

abstract 修饰的方法是抽象的，必须在子类中实现，而 final 修饰的方法是最终的，不能在子类中被实现或被覆盖。因此这两个关键字不能同时使用。

例如下述代码声明了一个抽象方法。

```
abstract double getArea();
```

它不需要方法体，也不允许声明方法体，因此直接用分号“;”结束。它必须在子类中被实现，矩形的实现是“长×宽”，圆的实现是“$\pi \times R^2$”。

例如在图 6-5 中，Shape 类是无法计算面积的，因此可以声明一个抽象方法 getArea()。虽然这个抽象方法无法进行面积的计算，但这个抽象方法的存在具有十分重要的意义，它声明了所有的形状（Shape 的子类）都必须具有计算面积的方法，不能计算面积的形状就不是一个可用的形状（不能实例化）。

【例 6-7】抽象方法（参见实训平台【实训 6-7】）。

```
abstract class Shape { //抽象类
    abstract double getArea();    //抽象方法，没有方法体
}

class Rectangle extends Shape {
    public double length;
    public double width;

    public Rectangle(double length, double width) {
        super();
        this.length = length;
        this.width = width;
    }

    @Override
    public double getArea() { //矩形类必须实现 getArea()方法
        return length * width;
```

```
    }
}

class Circle extends Shape {
    public double radius;

    public Circle(double radius) {
        super();
        this.radius = radius;
    }

    @Override
    public double getArea() { //圆类必须实现 getArea()方法
        return Math.PI * radius * radius;
    }
}

public class SuperDemo {
    public static void main(String[] args) {
        //Shape s = new Shape();    //错误：这一行将不能通过编译，抽象类不能实例化

        Rectangle r = new Rectangle(10, 20);
        System.out.println("矩形的面积是：" + r.getArea());

        Circle c = new Circle(10);
        System.out.println("圆的面积是：" + c.getArea());
    }
}
```

符号@用于注解，注解告诉编译器如何处理下一行代码。这段代码中的@Override 是覆盖，编译器就知道下一行的方法是对抽象方法的实现，如果出现不符合覆盖要求的情况（例如参数个数或类型不同，或返回值类型不同），将不能通过编译。

6.4 接口

6.4.1 接口的声明

声明接口的语法格式如下：

```
interface 接口名称 [extends 父接口列表]{ //接口必须是 abstract 和 public 的
    变量名 = 初值;              //变量是静态常量，必须是 public、static 和 final 的
    返回值 方法名([参数表]);     //方法是抽象方法，必须是 public 和 abstract 的
}
```

- 多继承：可以使用 extends 来继承父接口，并且可以有多个父接口，各父接口间用逗

号“,”隔开。而类中的 extends 不同，类只能最多继承一个父类。

- 常量：接口可以有静态的公开常量，即用 public static final 加以修饰。接口不能有成员变量，否则会因为多继承造成同名变量的问题。
- 方法：接口中的所有方法都是抽象的和公开的，即用 public abstract 修饰的。

与抽象类一样，接口不能被实例化。

下述代码声明了一个接口。

```
interface Shape{                    //这是接口
    double PI = 3.14159;            //接口中的变量都是静态常量
    double getArea();               //接口中的方法都是抽象方法
}
```

由于接口中声明的方法都是公有的和抽象的，常量都是公有的和静态的，因此修饰符可以省略。也就是说，在声明接口时写不写修饰符都是一样的，因此上述代码等价于下述代码。

```
public abstract interface Shape{
    public static final double PI = 3.14159;
    public abstract double getArea ();
}
```

6.4.2 接口的实现

接口不能被实例化，因此使用接口时，必须先通过一个类实现接口，然后再创建这个类的实例，通过这种方法来使用接口。

在类的声明中使用 implements 关键字来实现接口，一个类可以同时实现多个接口，各接口间用逗号“,”隔开。

```
[类修饰符] class 类名 [extends 父类] [implements 接口列表]{
    //类体
}
```

- 若实现接口的类不是抽象类，则必须实现所有接口的所有方法，即为所有的抽象方法定义方法体，否则这个类只能是一个抽象类。
- 一个类在实现接口的抽象方法时，必须使用完全相同的方法名、相同的参数列表（数量、类型和顺序）和相同的返回值类型。
- 接口中抽象方法的访问修饰符默认为 public，所以在实现中必须显式地使用 public 修饰符，否则被警告缩小了接口中声明的方法的访问范围。

下面用一个例子加以说明。

【例 6-8】接口以及接口的实现（参见实训平台【实训 6-8】）。

```
interface Shape { //声明接口
    double getArea();    //声明抽象方法
}

class Rectangle implements Shape { //实现接口
    public double length, width;

    public Rectangle(double length, double width) {
        super();
```

```
            this.length = length;
            this.width = width;
        }

        public double getArea() { //实现抽象方法（同名、同参数、同返回值）
            return length * width;
        }
}

public class InterfaceDemo {
        public static void main(String[] args) {
            Shape rec = new Rectangle(10, 20);      //实例化
            System.out.println("矩形的面积是：" + rec.getArea());
        }
}
```

6.4.3 接口的继承

接口之间可以有多继承，这与普通类只能单继承有很大的区别，如图 6-6 所示。

- 类的单继承：一个类只能继承一个父类。
- 类的多实现：一个类可以实现多个接口，类图中用虚线表示实现。
- 接口的多继承：一个接口可以继承多个接口。

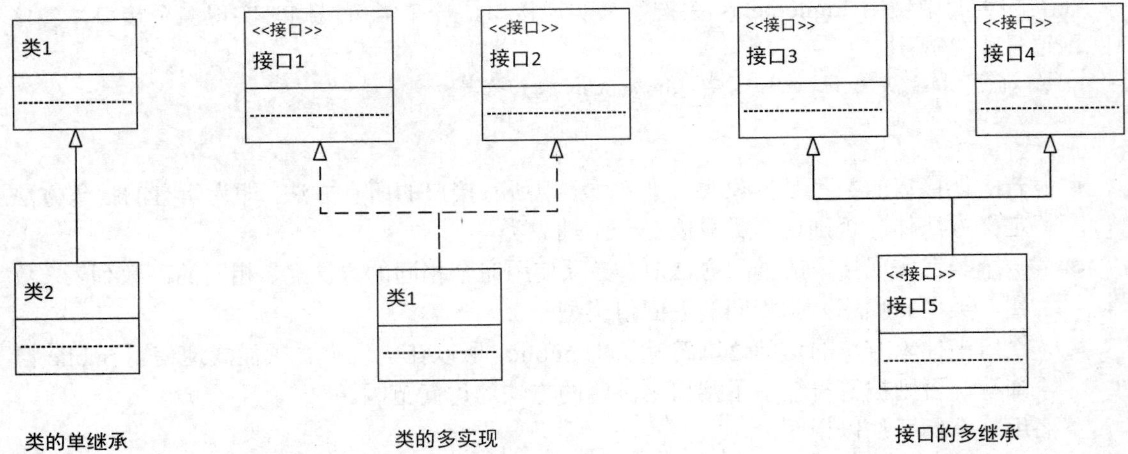

图 6-6　类的单继承、类的多实现和接口的多继承

下面用例子加以说明。

【例 6-9】类的单继承与接口的多继承（参见实训平台【实训 6-9】）。

（1）类的单继承。

```
class Class1{}

class Class2 extends Class1{}      //类的单继承
```

（2）类的多实现。

```
interface Interface1{}

interface Interface2{}

class Class2 implements Interface1, Interface2{}      //类的多实现
```

（3）接口的多继承。

```
interface Interface3{}

interface Interface4{}

interface Interface5 extends Interface3, Interface4{}    //接口的多继承
```

（4）单继承、多实现和多继承的综合。

```
class Class1{}

interface Interface1{}

interface Interface2{}

interface Interface3{}

interface Interface4{}

interface Interface5 extends Interface3, Interface4{}

class Class extends Class1 implements Interface1, Interface2, Interface5{
    //继承了 Class1，实现了 Interface1、Interface2、Interface5
    //还通过 Interface5 间接实现了 Interface3 和 Interface4
}
```

6.4.4 匿名类

“5.7.2 内部类”讲解过成员类、静态成员类和局部类，还有一种匿名类需要接口的支持才能实现，匿名类主要用于一次性使用的接口实现类。

下面是一个例子。

```
interface Interface { //接口，匿名类实现这个接口
    int returnInt();
    void doSomething();
}

public class Demo {
    public static void main(String[] args) {
        //下面的 demo 是匿名类的实例，这个匿名类实现接口 Interface
        Interface demo = new Interface() { //创建接口的匿名类的实例
            @Override
```

```
                public int returnInt() { //必须实现接口的所有方法
                    return 10;
                }

                @Override
                public void doSomething() { //必须实现接口的所有方法
                    System.out.println("我是匿名类");
                }
            };

            demo.doSomething();
            System.out.println("匿名类返回的值 " + demo.returnInt());
        }
    }
```

运行结果如下：

```
我是匿名类
匿名类返回的值 10
```

6.5 综合实训

1.【Jitor 平台实训 6-10】圆类和圆柱体类：在 Jitor 校验器中按照图 6-7 中的类图的要求编写圆类和圆柱体类，并编写一个主方法加以演示。

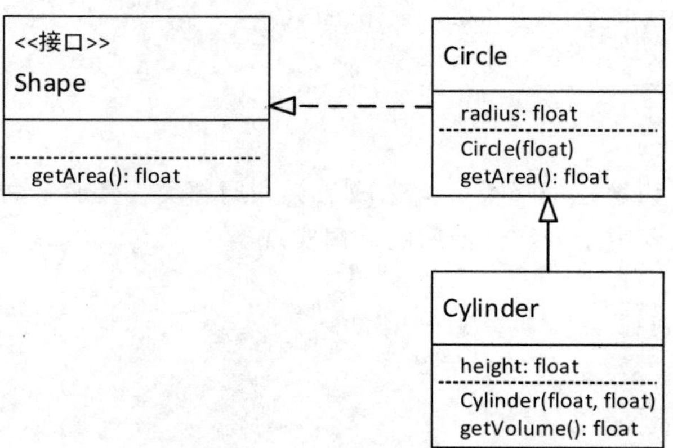

图 6-7 圆类和圆柱体类

2.【Jitor 平台实训 6-11】商品类、客户类和发票类：在 Jitor 校验器中按照图 6-8 中的类图的要求编写商品类、客户类和发票类，并编写一个主方法加以演示。

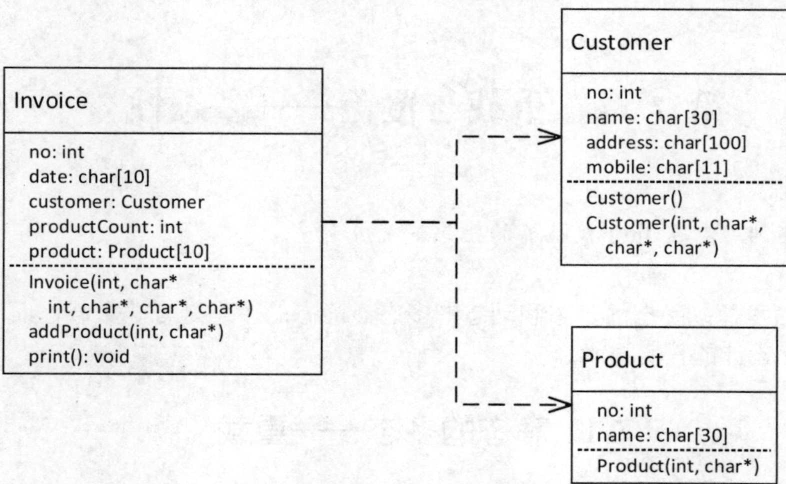

图 6-8　商品类、客户类和发票类

3.【Jitor 平台实训 6-12】脊椎动物类、鸟类、哺乳类和灵长类：在 Jitor 校验器中按照图 6-9 中的类图的要求编写脊椎动物类、鸟类、哺乳类和灵长类，并编写一个主方法加以演示。

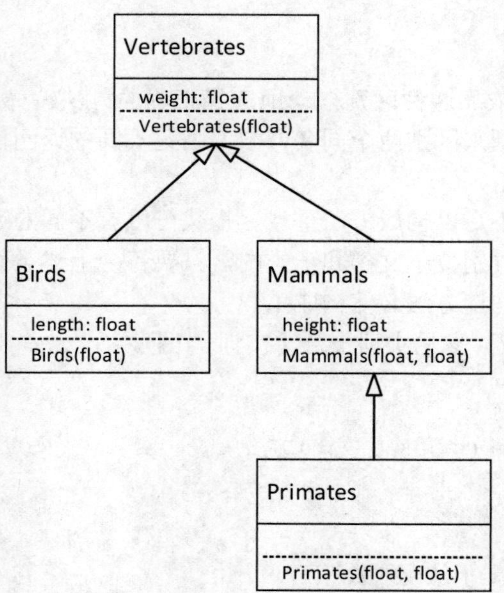

图 6-9　脊椎动物类、鸟类、哺乳类和灵长类

第 7 章　重载与覆盖——多态性

本章所有实训可以在 Jitor 校验器的指导下完成。

多态性分为两种：静态的多态和动态的多态。静态的多态是方法重载，而动态的多态是面向对象的程序设计的核心技术。

7.1　静态的多态——重载

静态的多态是方法重载，它的目的是为了方便程序员编写程序，可以极大地提高程序的可读性。

在“3.5.6　方法重载”中讲解过方法重载。方法重载是两个或多个同名的方法满足以下两个条件之一：

- 不同的参数个数。
- 不同的参数类型。

编译器在编译过程中依靠这种区别自动地选择正确的方法编译到机器码中，但是编译器无法通过方法的返回值类型来区别两个同名方法，因此不同的返回值不能构成方法的重载。

重载中的注意事项如下：

- 返回类型不同并不足以构成方法重载，重载可以有不同的返回类型。
- 如果同名的方法分别位于父类和子类中，只要符合上述条件之一，也将构成重载。
- 同一个类的多个构造方法必然构成重载。

【例 7-1】方法的重载（参见实训平台【实训 7-1】）。

```
public class OverloadingDemo {
	int add(int a, int b) {
		System.out.println("调用两参数 add 方法");
		return (a + b);
	}

	int add(int a, int b, int c) { //参数个数不同
		System.out.println("调用三参数 add 方法");
		return (a + b + c);
	}

	double add(double a, double b) { //参数类型不同
		System.out.println("调用双精度 add 方法");
		return (a + b);
	}

	public static void main(String args[]) {
```

```
        OverloadingDemo demo = new OverloadingDemo();
        System.out.println("add(37,73)=" + demo.add(37, 73));
        System.out.println("add(10,33,67)=" + demo.add(10, 33, 67));
        System.out.println("add(97.88,36)=" + demo.add(97.88, 36));
    }
}
```

7.2 动态的多态——覆盖

在面向对象的程序设计中，动态的多态才是最为核心的技术，对于程序设计的理念有重大的影响。

7.2.1 概述

动态的多态就是覆盖，它的技术基础是继承和抽象方法，是在这个基础上形成的一种设计理念。因此，从语法上来看，覆盖就是抽象方法在实现类中实现的过程。

在继承关系中基类（本节中的基类包括父类、祖先类，也包括接口等）和派生类（包括子类和实现类）存在同名的方法，如果同时满足以下 3 个条件：

- 相同的参数个数。
- 相同的参数类型。
- 相同的返回值类型。

那么称派生类的方法覆盖基类的方法。抽象方法在派生类中的实现必定满足这 3 个条件，因此覆盖就是抽象方法的应用，覆盖没有新的语法格式。

覆盖是一种动态的多态，因为这种多态是通过基类引用来体现，JVM 根据当前被引用对象的类型来动态地决定执行覆盖方法的哪个版本。

覆盖中需要注意如下几点：

- 不允许出现参数（个数、类型）相同，但返回值不同的同名方法。
- 在继承关系中存在同名的方法，如果不能同时满足上述 3 个条件，则必然满足重载的条件，派生类方法就不是覆盖基类方法，那么两个方法的关系是前一节所述的重载关系。

7.2.2 理解覆盖

理解覆盖

下面通过一个例子来理解覆盖。

【例 7-2】方法的覆盖（参见实训平台【实训 7-2】）。

```
interface Shape { //本例用接口，如果用普通类或抽象类（被继承时）也能构成覆盖
    double getArea();    //抽象方法（如果是普通类，这个方法应该有空的实现，不建议用普通类）
}

class Rectangle implements Shape {
    public double length;
    public double width;

    public Rectangle(double length, double width) {
```

```
            super();
            this.length = length;
            this.width = width;
        }

        @Override
        public double getArea() { //覆盖接口的方法
            return length * width;
        }
    }

    class Circle implements Shape {
        public double radius;

        public Circle(double radius) {
            super();
            this.radius = radius;
        }

        @Override
        public double getArea() { //覆盖接口的方法
            return Math.PI * radius * radius;
        }
    }

    public class OverrideDemo {
        public static void main(String[] args) {
            Rectangle r = new Rectangle(10, 8);     //声明了一个矩形
            Circle c = new Circle(12);     //声明了一个圆

            Shape shape;
            shape = r;
            showArea(shape);     //实参是 shape，但它的实际对象是 Rectangle 的 r
            shape = c;
            showArea(shape);     //实参是 shape，但它的实际对象是 Circle 的 c
        }

        static void showArea(Shape shape) {
            //动态多态，根据传入对象的实际类型调用正确的覆盖方法的版本
            //是矩形时，调用矩形的面积计算方法；是圆时，调用圆的面积计算方法
            System.out.println("面积是：" + shape.getArea());
        }
    }
```

运行结果如下：

```
面积是：80.0
面积是：452.3893421169302
```

在这个例子中，派生类 Rectangle 和 Circle 的 getArea ()方法覆盖了基类的 getArea ()方法，这都是比较容易理解的，其中较难理解的是 showArea()中的一行语句：

```
System.out.println("面积是：" + shape.getArea());
```

showArea 方法被调用了两次，这行语句也被执行了两次，而两次执行时 shape.getArea()实际调用的计算方法却是不同的，一次是矩形的面积计算方法，另一次是圆的面积计算方法。

showArea()方法的参数类型是 Shape，shape.getArea()调用的是 Shape 这个抽象类的抽象方法 getArea()，而抽象类不能被实例化，抽象方法又没有实现的方法体，那为什么还能正确地执行呢？接口规定了 Shape 的派生类的行为规则：必须能够计算面积，其方法签名是 double getArea()。Shape 接口的两个实现（矩形和圆）必须实现计算面积的方法。

当 showArea()调用 shape 的 getArea()方法时，体现了接口的多态性：根据 shape 实际的对象调用面积计算方法，实际对象是矩形时调用矩形的面积计算方法，是圆形时调用圆的面积计算方法。

7.2.3　实例详解：接口与覆盖

接口中的方法全部是抽象方法，因此接口完美地体现了动态的多态的设计理念。下面用一个例子加以说明。

这个例子有一个形状接口、一个点类和两个形状接口的实现类，如图 7-1 所示。

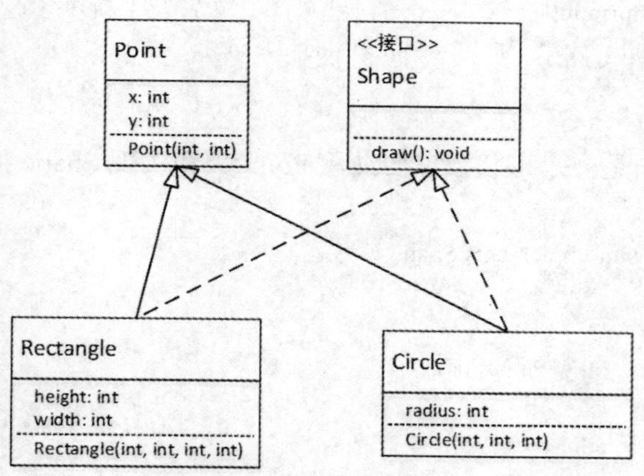

图 7-1　形状接口、点类和形状接口的实现类

【例 7-3】实例详解：接口与覆盖（参见实训平台【实训 7-3】）。

（1）Shape 接口。接口的代码非常简单，但又非常重要，因为它规定所有形状都应该能够绘制自己。

```
interface Shape { //形状接口
    void draw();     //所有形状都应该能够绘制自己
}
```

（2）Point 类。Point 类表示形状的 x、y 的位置，也可以加上 set 和 get 方法。

```
class Point {
    int x;
    int y;
```

```
    public Point(int x, int y) {
        super();
        this.x = x;
        this.y = y;
    }
}
```

（3）Rectangle 类。矩形是一个形状，要继承 Point 类和实现 Shape 接口，接口强制要求矩形类必须实现 draw 方法。

```
class Rectangle extends Point implements Shape {
    int height;
    int width;

    public Rectangle(int x, int y, int height, int width) {
        super(x, y);
        this.height = height;
        this.width = width;
    }

    @Override
    public void draw() {
        System.out.println("在 x=" + x + ", y=" + y + " 处画一个高为 "
            + height + " 宽为 " + width + " 的矩形");
    }
}
```

（4）Circle 类。圆是一个形状，也要继承 Point 类和实现 Shape 接口，接口强制要求圆类必须实现 draw 方法。

```
class Circle extends Point implements Shape {
    int radius;

    public Circle(int x, int y, int radius) {
        super(x, y);
        this.radius = radius;
    }

    @Override
    public void draw() {
        System.out.println("在 x=" + x + ", y=" + y + " 处画一个半径为 " + radius + " 的圆");
    }
}
```

（5）主方法（一）：使用实现类的实例。矩形类和圆类都是形状接口的实现类，在主方法中分别实例化矩形类和圆类，因为它们必定有 draw 方法，所以可以绘制自己。

```
public class Demo {
    public static void main(String[] args) {
        Rectangle r = new Rectangle(5, 6, 10, 20);
        r.draw();
```

```
            Circle c = new Circle(11, 12, 25);
            c.draw();
        }
    }
```

（6）主方法（二）：用数组管理形状。可以用数组来管理各种形状（形状接口的实现类的对象），这时声明数组的代码如下：

```
Shape[] shapes = new Shape[5];
```

前面讨论过，抽象类或接口是不能实例化的，这里的 new Shape[5]并非实例化接口，而是声明了一个接口的数组，拥有 5 个元素，每个元素都可以是形状接口的实现类的实例。下面的代码就是为数组元素赋值。

```
shapes[0] = new Rectangle(5, 6, 10, 20);
```

这时索引为 0 的元素是一个矩形对象，而矩形是形状接口的实现类。

主方法的代码如下：

```
public class Demo {
    public static void main(String[] args) {
        Shape[] shapes = new Shape[5];
        shapes[0] = new Rectangle(5, 6, 10, 20);
        shapes[1] = new Circle(11, 12, 25);
        shapes[2] = new Circle(21, 22, 35);
        shapes[3] = new Rectangle(15, 16, 30, 50);
        shapes[4] = new Circle(31, 32, 45);

        for (int i = 0; i < shapes.length; i++) {
            shapes[i].draw();
        }
    }
}
```

这段代码中十分重要的一点是，在遍历数组时可以用以下代码调用每一个元素的 draw 方法：

```
shapes[i].draw();
```

这是因为每一个元素都是形状接口的实现类，必定有 draw 方法，而实际调用的 draw 方法则是具体形状的 draw 方法。

这个主方法的运行输出如下：

```
在 x=5, y=6 处画一个高为 10 宽为 20 的矩形
在 x=11, y=12 处画一个半径为 25 的圆
在 x=21, y=22 处画一个半径为 35 的圆
在 x=15, y=16 处画一个高为 30 宽为 50 的矩形
在 x=31, y=32 处画一个半径为 45 的圆
```

（7）主方法（三）：将主方法的代码拆分到两个方法中。将主方法的代码，根据其功能的不同，拆分到两个方法中。注意方法的返回值类型和参数类型是接口数组 Shape[]。

```
public class Demo {
    static Shape[] createShape() {
        Shape[] shapes = new Shape[5];
        shapes[0] = new Rectangle(5, 6, 10, 20);
```

```
        shapes[1] = new Circle(11, 12, 25);
        shapes[2] = new Circle(21, 22, 35);
        shapes[3] = new Rectangle(15, 16, 30, 50);
        shapes[4] = new Circle(31, 32, 45);
        return shapes;
    }

    static void drawShape(Shape[] shapes) {
        for (int i = 0; i < shapes.length; i++) {
            shapes[i].draw();
        }
    }

    public static void main(String[] args) {
        Shape[] arrayOfShape = createShape();
        drawShape(arrayOfShape);
    }
}
```

（8）添加等腰三角形类。如果要添加等腰三角形类，只需声明这个类，并且继承 Point 类和实现 Shape 接口，接口强制要求三角形类必须实现 draw 方法。

```
class Tritangle extends Point implements Shape {
    int height;
    int base;

    public Tritangle(int x, int y, int height, int base) {
        super(x, y);
        this.height = height;
        this.base = base;
    }

    @Override
    public void draw() {
        System.out.println("在  x=" + x + ", y=" + y + "  处画一个底为  "
                + base + "  高为  " + height + "  的等腰三角形");
    }
}
```

（9）主方法（四）：容纳新的三角形类。只需要对主方法作很少的改动，就可以容纳新的三角形类。

```
public class Demo {
    static Shape[] createShape() {
        Shape[] shapes = new Shape[5];
        shapes[0] = new Rectangle(5, 6, 10, 20);
        shapes[1] = new Circle(11, 12, 25);
        shapes[2] = new Circle(21, 22, 35);
        shapes[3] = new Tritangle(15, 16, 30, 50);      //改为等腰三角形
        shapes[4] = new Circle(31, 32, 45);
```

```
		return shapes;
	}

	static void drawShape(Shape[] shapes) {
		for (int i = 0; i < shapes.length; i++) {
			shapes[i].draw();
		}
	}

	public static void main(String[] args) {
		Shape[] arrayOfShape = createShape();
		drawShape(arrayOfShape);
	}
}
```

运行结果如下：

```
在 x=5, y=6 处画一个高为 10 宽为 20 的矩形
在 x=11, y=12 处画一个半径为 25 的圆
在 x=21, y=22 处画一个半径为 35 的圆
在 x=15, y=16 处画一个底为 50 高为 30 的等腰三角形
在 x=31, y=32 处画一个半径为 45 的圆
```

使用接口的最大优势就是可以利用动态的多态增加程序的可扩展性，这种技术也称为“面向接口的程序设计”技术。

7.3 综合实训

1.【Jitor 平台实训 7-4】动态多态：在 Jitor 校验器中按照图 7-2 所示的要求编写宠物接口、猫类和狗类，并编写一个主方法加以演示。

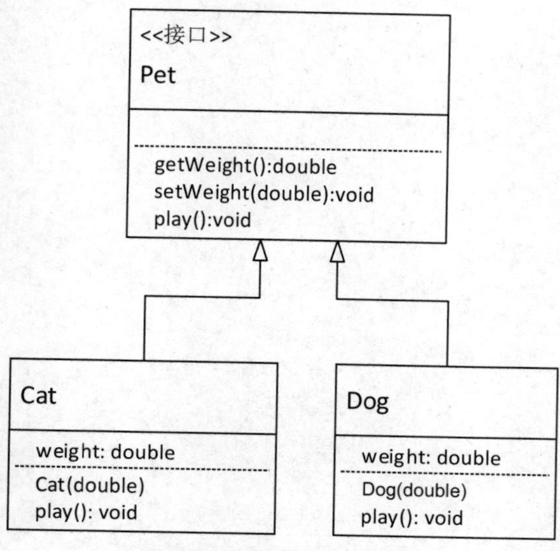

图 7-2　宠物接口、猫类和狗类

2.【Jitor 平台实训 7-5】动态多态：在 Jitor 校验器中按照图 7-3 所示的要求编写各个接口和各个类，并编写一个主方法加以演示。

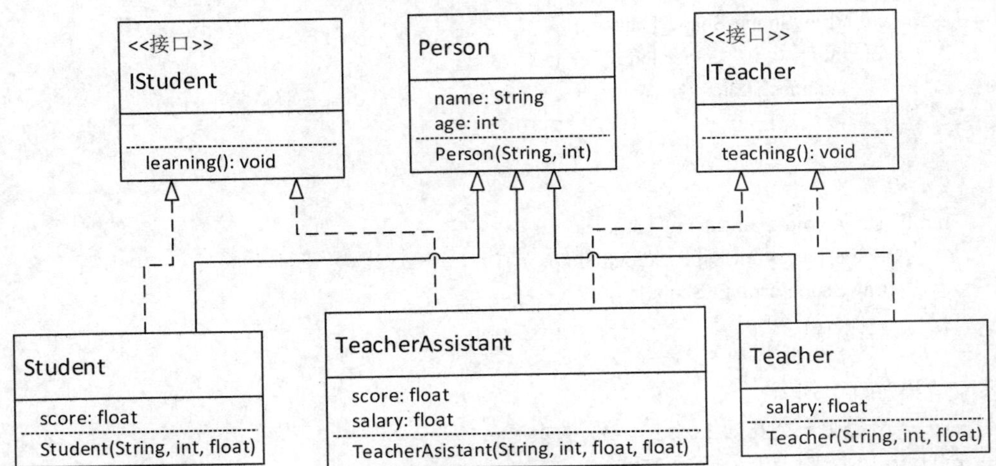

图 7-3　教师、学生和助教的接口和类

第 8 章　Java API 类库

本章所有实训可以在 Jitor 校验器的指导下完成。

Java 语言提供了大量的库方法（库函数）供程序员使用，因为这些库方法被封装在类中，所以称为类库。

8.1　Java 类库介绍

Java 类库包括官方的 Java API 类库和第三方类库。

8.1.1　Java API 类库

大多数计算机语言都会提供一系列应用程序接口（API），Java 语言的 API 称为 Java 类库，这是因为这些 API 都封装在类中，以类库的形式提供给程序员使用。这些类库提供了字符串处理、数学计算、图形界面设计、文件处理、网络等方面的功能，在程序中合理使用它们可以极大地提高编程效率，降低代码量，并且提高代码的质量。

Java API 类库的文档可以从 Sun Microsystem/Oracle 公司主页中下载，名称是 Java Platform Standard Edition API Specification，同时网上还有官方的中文翻译，如图 8-1 所示。这是最权威和最有用的编程资料，应该常备在手边，每位 Java 程序员的硬盘上都应该有一份。

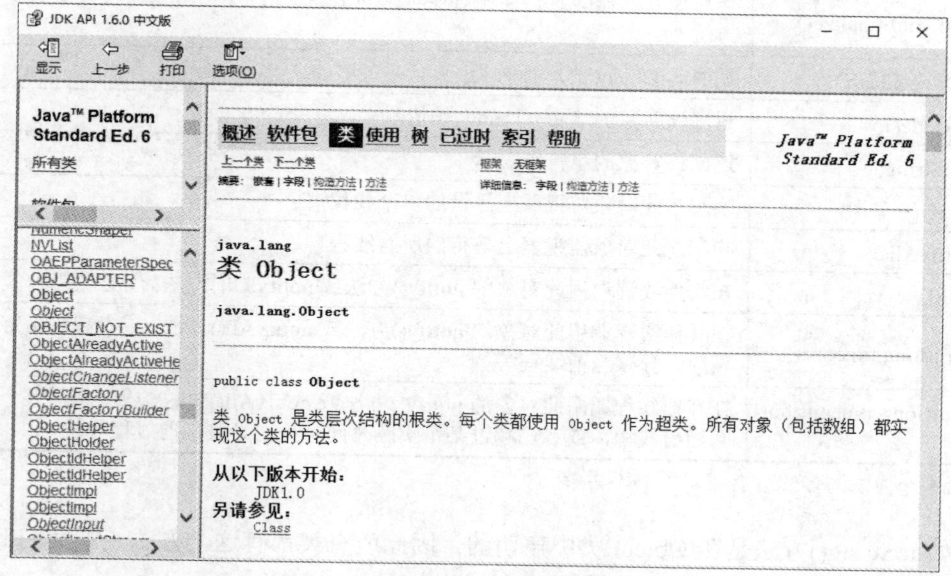

图 8-1　Java API 文档

8.1.2　第三方类库

除了 Sun Microsystem/Oracle 公司提供的 Java API 类库外，许多公司还提供自己的类库，这些类库统称第三方类库。

本书“11.3　对象的串行化”将详细讲解一个第三方类库 Gson 的使用。

8.2　java.lang 包——核心包

java.lang 包是 Java 语言的核心包，它提供了 Java 语言中 Object 类、Math 类、String 类、异常类（Exception）、线程类（Thread）等核心类与接口。在 Java 程序中，这些核心类和接口是自动导入的，不需要显式地导入它们。

下面介绍 java.lang 包中一些重要的类。

8.2.1　Object 类

Object 类是类层次结构的根类，是 Java 中所有类的基类。Java 中的每个类都直接或间接地继承自 Object 类。所有对象（包括数组）都继承了这个类的方法。

表 8-1 列出了 Object 类的所有方法，这也是所有 Java 类都具有的方法，但是在有些情况下子类会覆盖某些方法，例如 String 类的 equals()方法覆盖了 Object 类的 equals()方法。

表 8-1　Object 类的全部方法

方法	说明
protected Object clone()	创建并返回此对象的一个克隆
boolean equals(Object obj)	指示其他某个对象是否与此对象“相等”
protected void finalize()	当垃圾回收器确定不存在对该对象的更多引用时，由对象的垃圾回收器调用此方法
Class<?> getClass()	返回此 Object 的运行时类
int hashCode()	返回该对象的哈希（hash）码值
String toString()	返回该对象的字符串表示
void notify()	唤醒在此对象监视器上等待的单个线程
void notifyAll()	唤醒在此对象监视器上等待的所有线程
void wait()	在其他线程调用此对象的 notify()方法或 notifyAll()方法前，导致当前线程等待
void wait(long timeout)	在其他线程调用此对象的 notify()方法或 notifyAll()方法，或者超过指定的时间量前，导致当前线程等待
void wait(long timeout, int nanos)	在其他线程调用此对象的 notify()方法或 notifyAll()方法，或者其他某个线程中断当前线程，或者已超过某个实际时间量前，导致当前线程等待

注：后 5 个方法与多线程有关，本书不讲解。

例如 toString()方法是在 Object 类中声明的，因此所有类都有这个方法。下面的例子演示了 toString()方法的行为以及覆盖它所得到的结果。

【例 8-1】toString()方法（参见实训平台【实训 8-1】）。

```
public class ObjectDemo {
    public static void main(String[] args) {
        Student student = new Student();
        student.name = "张明";
        System.out.println("学生类是：" + student);    //调用的是类的 toString()方法
    }
}

class Student {
    String name;

//  public String toString() { //覆盖 Object 类的 toString()方法
//      return name;
//  }
}
```

toString()默认的输出是返回该对象的字符串表示，即由类名、@符号和对象的哈希码（无符号十六进制数）组成。上述代码的一个输出如下（在不同机器上运行，哈希码的值会有不同）：

```
学生类是：Student@757aef
```

有些类覆盖了 toString()方法，例如上述代码的 Student 类覆盖 toString()方法（删除代码中的 3 行注释标记），再次运行，结果如下：

```
学生类是：张明
```

从这个例子可以看到，子类的 toString()方法返回了学生的姓名。在 Java 语言中有许多类都覆盖了 toString()方法，例如 String 类的 toString()方法覆盖了 Object 类的 toString()方法，它的行为变成直接返回 String 的值。

8.2.2　基本数据类型的包装类

基本数据类型的包装类

整型、浮点型等类型不是引用数据类型，但可以对它们进行包装，使其成为引用数据类型（即包装类），以满足不同的需要。每一种基本数据类型都有一个对应的包装类，它封装了变量的值，并且封装了一些有关的常量和相应的方法，见表 8-2。

表 8-2　Java 语言中的包装类

数据类型	对应的包装类	常用常量	常用方法
byte	Byte	static byte MAX_VALUE static byte MIN_VALUE	static byte parseByte(String s) String toString() static Byte valueOf(String s)
short	Short	static short MAX_VALUE static short MIN_VALUE	static parseShort(String s) String toString() static Short valueOf(String s)
int	Integer	static int MAX_VALUE static int MIN_VALUE	static parseInteger(String s) String toString() static Integer valueOf(String s) static String toBinaryString(int i) static String toHexString(int i)

续表

数据类型	对应的包装类	常用常量	常用方法
long	Long	static long MAX_VALUE static long MIN_VALUE	static parseLong(String s) String toString() static Long valueOf(String s)
float	Float	static float MAX_VALUE static float MIN_VALUE	static parseFloat(String s) String toString() static Float valueOf(String s)
double	Double	static double MAX_VALUE static double MIN_VALUE	static parseDouble(String s) String toString() static Double valueOf(String s)
char	Character		static boolean isUpperCase(char ch) static char toUpperCase(char ch)
boolean	Boolean		static parseBoolean (String s)

例如下述代码将整数 36 封装成一个整数包装类的实例 id，即这个整数是一个对象，可以用于使用引用数据类型的场合。

```
Integer id = new Integer(36);
System.out.println(id.getClass());        //id 是一个对象，因此拥有方法
```

又如将含有数字的字符串转换为 float 类型，使用了包装类的静态方法。

```
String str = "3.56";
float f = Float.parseFloat(str);           //Float 包装类的静态方法
```

包装类的一个重要应用是将字符串与相应的数据类型进行转换，例如将字符串“12.34”转换为单精度浮点数 12.34。

【例 8-2】包装类与类型转换（参见实训平台【实训 8-2】）。

```
public class Demo {
    public static void main(String[] args) {
        Scanner sc = new Scanner(System.in);
        int a;
        double d;
        System.out.print("输入一个整数和一个浮点数：");
        String str = sc.next();     //以字符串的形式读入，演示如何将字符串转换为整数
        a = str2Int(str);
        str = sc.next();     //以字符串的形式读入，演示如何将字符串转换为实数
        d = str2Double(str);

        double result = a + d;
        System.out.println(double2String(result));
    }

    static int str2Int(String s) {
        return Integer.parseInt(s);
    }
```

```
    static double str2Double(String s) {
        return Double.parseDouble(s);
    }

    static String double2String(double data) {
        return Double.toString(data);
    }
}
```

8.2.3 Math 类

Math 类（数学类）封装了常用的数学函数（方法）和两个常数：E（自然对数的底）和 PI（圆周率），这些数学函数包括指数、对数、平方根和三角方法等，见表 8-3。

表 8-3 Math 类的常用方法

分类	方法	说明
绝对值	static double abs(double a)	返回 double 值的绝对值
	static float abs(float a)	返回 float 值的绝对值
	static int abs(int a)	返回 int 值的绝对值
	static long abs(long a)	返回 long 值的绝对值
取整	static double ceil(double a)	返回 double 值的上取整的值，如 ceil(2.345)的值是 3.0
	static double floor(double a)	返回 double 值的下取整的值，如 ceil(2.789)的值是 2.0
	static long round(double a)	返回四舍五入后的 long 值
	static int round(float a)	返回四舍五入后的 int 值
三角方法	static double sin(double a)	返回角的三角正弦
	static double cos(double a)	返回角的三角余弦
	static double tan(double a)	返回角的三角正切
指数幂和对数	static double log(double a)	返回 double 值的自然对数
	static double log10(double a)	返回 double 值的对数（以 10 为底）
	static double pow(double a, double b)	返回第一个参数的第二个参数次幂的值（a^b）
	static double sqrt(double a)	返回 double 值的正平方根
随机数	static double random()	返回一个伪随机数，大于或等于 0.0，小于 1.0

Math 类封装的都是静态方法和静态常量，并且 Math 类是一个 final 类，它的构造方法是 private 的，因此不能被继承或实例化，而是通过类名直接引用它的方法和常量。

例如，对浮点数 3.56 进行上取整和下取整。

```
double d = 3.56;
int a1 = (int) Math.ceil(d);          //结果为 4，注意 ceil 返回的是双精度数，需要强制转换
int a2 = (int) Math.floor(d);         //结果为 3
```

8.2.4 System 类

System 类封装了与操作系统平台有关的功能，包括输入、输出和环境变量的值，见表 8-4。System 类不能被实例化。

表 8-4 System 类中的部分方法和成员变量

<table>
<tr><th colspan="3">成员方法</th><th>说明</th></tr>
<tr><td colspan="3">static void exit(int status)</td><td>终止当前正在运行的 Java 程序</td></tr>
<tr><td colspan="3">static String getProperty(String key)</td><td>返回系统的指定属性</td></tr>
<tr><td colspan="3">static long currentTimeMillis()</td><td>返回以毫秒为单位的当前时间</td></tr>
<tr><td colspan="3">static long nanoTime()</td><td>返回最准确的系统计时器的当前值，以纳秒为单位</td></tr>
<tr><th colspan="2">成员变量</th><th>封装的方法</th><th></th></tr>
<tr><td rowspan="2">标准输入流</td><td rowspan="2">in</td><td>int read()</td><td>从输入流中读取下一个数据字节</td></tr>
<tr><td>int read(byte[] b)</td><td>从输入流中读取若干字节并存储在缓冲区数组 b 中</td></tr>
<tr><td rowspan="2">标准输出流</td><td rowspan="2">out</td><td>void println(String s)</td><td>打印字符串并输出换行符</td></tr>
<tr><td>void print(String s)</td><td>打印字符串</td></tr>
<tr><td>标准错误输出流</td><td>err</td><td>同 out 对象</td><td>同 out 对象</td></tr>
</table>

其中 out 和 err 都是 PrintStream 类的实例，具有相同的输出方法。不同的是 err 的输出是红色的，并且可以被重定向到错误日志中。

例如下述代码退出 Java 应用程序的执行。

```
System.exit(0);
```

下述代码将输出应用程序执行时的当前路径。

```
String dir = System.getProperty("user.dir");
System.out.println("当前路径是：" + dir);    //项目所在的路径
```

还可以获得与操作系统有关的其他的属性。

```
System.out.println("操作系统是：" + System.getProperty("os.name"));          //操作系统名称
System.out.println("Java 版本是：" + System.getProperty("java.version"));    //Java 版本
```

8.2.5 String 类

字符串类，由于它的重要性，将在下一节详细讲解。

8.2.6 StringBuffer 类

缓冲型字符串类，由于它的重要性，将在下一节详细讲解。

8.2.7 异常处理类

与异常有关的类有 Error 和 Exception 等，将在第 9 章讲解。

8.2.8 线程控制类

与线程控制有关的类有 Thread 和 Runnable 接口，将在第 10 章讲解。

8.3 字符串处理

字符串是字符的序列，它是组织字符的基本数据结构。在 Java 中，字符串被当作对象来处理，而 C/C++是将字符串当作数组处理的。

8.3.1 字符串

1. 字符串常量

使用双引号“"”定义字符串，使用单引号“'”定义字符。"abc"和"Java 欢迎你"等都是字符串，'a'、'字'、'2'等都是字符。因此"a"和""（双引号中没有值，表示空串）等都是合法的，而字符则必须是一个字符长，'a1'和''（单引号中没有值）等都是非法的。

字符串几乎可以任意长（最大长度约 20 亿）。

2. 与字符串有关的类

Java 语言的字符串类有两种：一种是普通的 String 类，另一种是缓冲型的 StringBuffer 类。它们有许多相似点，但需要特别关注它们的差异。

8.3.2 String 类

Java 语言的字符串常量（如"abc"）也是字符串对象，可以引用字符串类的方法。

1. String 变量的声明和初始化

（1）声明字符串变量。

```
String str;     //声明字符串
```

（2）初始化字符串。

初始化字符串有两种方法，这两种方法效果相同，但有细微的差别，见后面详述。

- 直接赋值，例如：

```
str = "abc";     //直接赋值
```

Java 还提供了对字符串连接符号("+")和其他对象到字符串的转换(即调用对象的 toString()方法）的特殊支持。例如：

```
String str1 = str + 123;              //这时值为 abc123
```

- 使用构造方法，例如：

```
String str2 = new String();           //创建长度为 0 的字符串，类似 String str2 = "";
byte[] bytes = { 97, 98, 99 };
String str3 = new String(bytes);      //从字节数组中创建字符串
String str4 = new String("abc");      //从字符串创建新的字符串
```

String 类实例的值为空和空串是不同的：

```
String str5;                  //str5 的值为空（null，即默认值）
int len = str5.length();      //错误：空指针没有任何方法，运行时出错
String str6 = "";             //str6 的值为空串，它有值，只是长度为 0
len = str6.length();          //长度为 0
```

2. String 类的特殊性

String 类是引用数据类型，但在许多方面与基本数据类型相似，这在引用数据类型中是唯

一的例外。它的特殊性表现在以下几个方面：

- 所有引用数据类型都必须使用 new 关键字创建，而字符串类型还能通过直接赋值创建。
- 字符串常量是一个对象，因此可以调用字符串常量的方法，如"Java!".length()。
- 字符串类型属于引用数据类型，但在方法调用时采用的是传值调用。
- 字符串类型可以用加号“+”运算符将字符串类的对象与其他各种类型（基本数据类型或引用数据类型）的对象连接起来。
- 字符串类型可以用赋值运算符“=”和“+=”进行赋值。
- 字符串的值本身是常量，是不可变的。

3. String 类的常用方法

String 类的常用构造方法和常用方法列于表 8-5 中。

表 8-5　String 类的常用方法

常用方法			说明
构造方法		String()	创建一个 String 实例并初始化为空
		String(byte[] bytes)	从一个字节数组创建字符串实例
		String(String original)	从一个字符串创建新的字符串实例
		String(StringBuffer buffer)	从一个缓冲型字符串创建字符串实例
常用方法	长度	int length()	返回字符串的长度
	比较	boolean equals(Object anObject)	比较两个字符串的值是否相同
		int compareTo(String str)	比较两个字符串的大小
		boolean startsWith(String prefix)	字符串是否以指定的前缀开始
		boolean endsWith(String suffix)	字符串是否以指定的后缀结束
		boolean contains(CharSequence s)	字符串是否包含某个字符串
	检索	int indexOf(char ch)	返回字符在字符串中的位置（索引）
		int indexOf(String str)	返回字符串在字符串中的位置（索引）
		int lastIndexOf(int ch)	返回字符在字符串中的位置（索引），反向查找
		int lastIndexOf(String str)	返回字符串在字符串中的位置（索引），反向查找
	子串	String substring(int begin)	返回字符串的一部分，从 begin 到末尾
		String substring(int begin, int end)	返回字符串的一部分，从 begin 到 end
	替换	String replace(CharSequence target, CharSequence replace)	返回一个新的字符串，其中所有的 target 被 replace 替换
	大小写	String toLowerCase()	返回一个新的字符串，其中所有字符转换为小写
		String toUpperCase()	返回一个新的字符串，其中所有字符转换为大写
	其他	String trim()	返回一个新的字符串，其中前导空白和尾部空白均被删除
		char charAt(int index)	返回指定索引处的 char 值
		String toString()	返回字符串对象本身的值

续表

常用方法			说明
常用方法	其他	String concat(String str)	连接两个字符串，与“+”的效果相同
		String[] split(String regex)	根据给定正则表达式的匹配拆分此字符串
		byte[] getBytes()	返回 String 编码的 byte 数组

注：CharSequence 是一个接口，包括 CharBuffer、Segment、String、StringBuffer、StringBuilder 等实现。

（1）字符串的长度。String 类的 length()方法用于返回字符串的长度，该长度值用整型表示。例如以下代码：

```
String str = "你好，Java!";
int len = str.length();          //长度 8（=3+5，2 个汉字，1 个全角符号，5 个英文字母符号）
```

字符是 16 位的，因此一个中文字与英文字母一样，计数时同样计为 1。

String 的 length()是方法，而数组中的 length 是属性，因此后者不需要加括号。

判断一个字符串变量为空或空串的代码如下：

```
if (str == null || str.length() == 0) {
    System.out.println("字符串变量为空或空串");
}
```

（2）字符串比较概述。String 类提供了多种字符串比较的方法：比较两个字符串是否相等、比较两个字符串的大小、比较字符串的头或尾、是否包含子字符串等。

（3）比较字符串的值是否相等。String 类的 equals()方法比较字符串的值，返回 true 或 false，分别表示两个字符串的值相等或不相等，例如：

```
String str = "Java";
boolean b1 = str.equals("java");          //false，大小写敏感
boolean b3 = "java".equals("java");       //true，字符串常量也是对象
```

String 类的 equals()方法覆盖了父类（Object）的同名方法，因此可以用它来比较字符串的值。

不能简单地用“==”来比较字符串的值，这是初学者最容易犯的错误。例如以下代码：

```
String str1 = "Java";                     //如果内存中没有"Java"常量，则创建它
String str2 = "Java";                     //内存中已有"Java"常量，所以 str2 指向它
String str3 = new String("Java");         //新创建一个值为"Java"的常量
String str4 = new String("Java");         //新创建一个值为"Java"的常量
boolean b1 = str1 == str2;                //true，str1 和 str2 指向同一个字符常量
boolean b2 = str2 == str3;                //false，str2 和 str3 指向不同的字符常量
boolean b3 = str3 == str4;                //false，str3 和 str4 指向不同的字符常量
```

4 个字符串的值相同，而比较的结果却不同，有的为 true，有的为 false。这是因为在内存中有 3 个字符串，str1 和 str2 指向同一个字符串，str3 和 str4 分别指向不同的字符串，它们的地址不同。

使用 String 类时应该特别注意以下几点：

- 任何时候都不要用“==”来比较两个字符串的值，而要用 equals()方法。
- 使用 str.equals("Java")时，如果字符串变量 str 为空（null），将会出现运行时异常。在比较前应该确认 str 不为空。
- 如果将一个字符串变量和常量进行比较，应该使用字符串常量的 equals()方法，即写

成"Java".equals(str)的形式，而不要写成 str.equals("Java")的形式。因为字符串常量永远不为空。

- 当不能确定字符串变量是否为空时，比较时的写法如下：

```
if (str != null && str.equals(str1)) {
    System.out.println("两个字符串变量相等");
}
```

（4）比较字符串的大小。String 类的 compareTo()方法比较字符串的大小，它返回一个 int 型的整数，通过该整数是正数、负数还是 0 表示两个字符串的大小关系。字符串的大小是基于字符的 Unicode 码值，即比较第一个不相同的字符的 Unicode 码，返回的整数值是该字符 Unicode 码值之差。例如：

```
String s1 = "123a";
String s2 = "123A";
int result1 = s1.compareTo(s2);                //32，即'a'-'A'的值
```

（5）比较字符串的头或尾。String 类的 startsWith()方法和 endsWith()方法比较字符串的前缀部分或后缀部分，它返回 true 或 false，分别表示起始部分或结尾部分的比较相等或不相等。例如：

```
String s1 = "http://www.google.com";
String s2 = "hello.java";
boolean b1 = s1.startsWith("http");            //true
boolean b2 = s2.endsWith(".java");             //true
```

（6）是否包含子字符串。String 类的 contains()方法用于检查一个字符串是否包含另一个字符串。

```
String s1 = "这是 Java 程序。";
boolean b = s1.contains("Java");               //true
```

（7）字符串中指定位置的字符。String 类的 charAt()方法返回指定位置的字符，例如：

```
String s1 = "这是 Java 程序。";
char c1 = s1.charAt(3);                        //a
char c2 = s1.charAt(7);                        //序
```

（8）字符串的检索。String 类的 indexOf()方法返回第一次出现指定子字符串的索引。String 类的 lastIndexOf()返回最后一次出现指定子字符串的索引。找到则返回索引值，找不到则返回-1。例如：

```
String s1 = "这是 Java 程序。它是用 Java 编写的。";
int ch = s1.indexOf('a');              //3            //字符重载版本
int first = s1.indexOf("Java");        //2            //字符串重载版本
int last = s1.lastIndexOf("C++");      //-1
int last = s1.lastIndexOf("Java");     //12
```

（9）字符串的子串。String 类的 substring()方法截取字符串的子串，例如：

```
String str = "MyEclipse.exe";
String s1 = str.substring(2);                  //Eclipse.exe
String s2 = str.substring(2, 9);               //Eclipse
String s3 = str.substring(str.length() - 3);   //exe
```

（10）字符串的 toString()方法。String 类的 toString()覆盖了父类 Object 中的 toString()方法，它直接返回字符串的值。

（11）字符串的替换。String 类的 replace()方法将字符串中的某部分（子串）替换为另一个字符串，如果找不到，则返回原字符串。例如：

```
String str = "Java programming.";
String s1 = str.replace('p', 'P');              //Java Programming. 字符重载版本
String s2 = str.replace("pro", "Pro");       //Java Programming. 字符串重载版本
```

（12）字符串转换大小写。String 类的 toUpperCase()和 toLowerCase()方法将所有字符都转换为大写或小写。例如：

```
String str = "MyEclipse.exe";
String s1 = str.toUpperCase();                    //MYECLIPSE.EXE
String s2 = str.toLowerCase();                    //myeclipse.exe
```

（13）字符串的修剪（去除头尾空白）。String 类的 trim()方法删除字符串头部和尾部的白字符。如果全部是白字符，则返回空串，如果头尾没有白字符，则返回原串。白字符是指 Unicode 码小于等于\u0020 的字符。例如：

```
String str = "\n\tJava programming.    \t ";
String s1 = str.trim();    //换行符、制表符均被修剪去除
System.out.println("原始字符串是：{" + str + "}");
System.out.println("修剪后字符串是：{" + s1 + "}");
```

运行结果如下：

```
原始字符串是：{
Java programming.      }
修剪后字符串是：{Java programming.}
```

（14）字符串的连接。String 类的 concat()方法将指定字符串连接到此字符串的末尾。用加号运算符“+”也可以达到同样的目的，而且更为常用。例如：

```
String str = "Java";
String s1 = str.concat(" programming.");
String s2 = str + " programming.";         //与 concat()等价
```

（15）拆分成字符串数组。String 类的 split()方法是根据给定的正则表达式将字符串拆分成字符串数组。例如：

```
String s = "one;two;three";
String[] p = s.split(";");                              //拆分以分号分隔的字符串
for (int i = 0; i < p.length; i++) {
    System.out.println(p[i]);                       //依次输出 3 个单词，不包括分号“;”
}
```

split()方法的参数是以字符串表示的正则表达式，如果要拆分"one.two.three"时，应该写成 s.split("\\.")而不能写成 s.split(".")。正则表达式将在“8.6　java.util.regex 包——正则表达式”详细讨论。

（16）转换为字节数组。

可以将一个字符串序列转换为字节数组：

```
String s1 = "Java 程序。";

byte[] b = s1.getBytes();
for (byte b1 : b) {
    System.out.println(b1);
}
```

8.3.3 实例详解（一）：分析目录结构

【例 8-3】实例详解（一）：分析目录结构（参见实训平台【实训 8-3】）。

读出当前项目所在的目录，分析目录中的每一项。

```
public class Demo {
    static Scanner sc = new Scanner(System.in);

    public static void main(String[] args) {
        String path = System.getProperty("user.dir");     //读出当前项目所在的目录

        System.out.println("当前目录全路径是：" + path);
        System.out.println("当前盘符是：" + path.substring(0,2));     //取前两个字符
        //下面一行是获取最后一个反斜线之前的内容
        System.out.println("工作空间是：" + path.substring(0, path.lastIndexOf('\\')));
        //下面一行是获取最后一个反斜线之后的内容
        System.out.println("项目名是：" + path.substring(path.lastIndexOf('\\')+1));

        System.out.println("各级目录是：");
        String[] dir = path.split("\\\\");     //以反斜线为分隔符拆分字符串
        for(String d: dir){
            System.out.println(d);
        }
    }
}
```

运行结果如下（根据你的项目位置的不同，输出结果将会不同）：

```
当前目录全路径是：D:\java\java8
当前盘符是：D:
工作空间是：D:\java
项目名是：java8
各级目录是：
D:
java
java8
```

8.3.4 StringBuffer 类缓冲型字符串

Java 语言还提供了另外一种字符串类：缓冲型字符串 StringBuffer 类。String 类表示的是定长、不可变的字符序列，而 StringBuffer 类表示的是可变长的和可写的字符序列。StringBuffer 类的值中除字符序列之外还含有预留空间，可以直接在字符序列上进行追加、插入或删除操作，因此 StringBuffer 类称为缓冲型字符串类。

只要字符串的长度没有超出缓冲容量，就无需分配新的空间。如果超出缓冲区容量，则自动重新分配一个具有更大缓冲容量的新的空间。

1. StringBuffer 类的声明和初始化

StringBuffer 类的实例只能通过构造方法用 new 关键字创建，例如：

```
StringBuffer sb1 = new StringBuffer();           //长度为 0，容量为 16（默认值）
StringBuffer sb2 = new StringBuffer(50);         //长度为 0，容量为 50
StringBuffer sb3 = new StringBuffer("Java");     //长度为 4，容量为 20（=4+16）
```

2. StringBuffer 类的常用方法

StringBuffer 类的常用方法见表 8-6。

表 8-6 StringBuffer 类的常用方法

<table>
<tr><th colspan="3">常用方法</th><th>说明</th></tr>
<tr><td colspan="2" rowspan="3">构造方法</td><td>StringBuffer()</td><td>构造长度为 0、容量为 16 的字符串缓冲区</td></tr>
<tr><td>StringBuffer(int capacity)</td><td>构造长度为 0、容量为 capacity 的字符串缓冲区</td></tr>
<tr><td>StringBuffer(String str)</td><td>构造初始内容为 str 的字符串缓冲区，容量为 str 的长度加 16</td></tr>
<tr><td rowspan="16">常用方法</td><td rowspan="2">缓冲区容量</td><td>int capacity()</td><td>返回当前容量</td></tr>
<tr><td>void ensureCapacity(int minCapacity)</td><td>确保容量至少等于指定的最小值 minCapacity</td></tr>
<tr><td>不同的</td><td>boolean equals(Object obj)</td><td>从 Object 继承而来，不能比较 StringBuffer 的值</td></tr>
<tr><td rowspan="7">与 String 类对应的方法</td><td>int length()</td><td>返回此实例的字符串长度（字符数）</td></tr>
<tr><td>char charAt(int index)</td><td>返回指定索引处的 char 值</td></tr>
<tr><td>int indexOf(String str)</td><td>返回字符串在此实例中的位置（索引）</td></tr>
<tr><td>int lastIndexOf(String str)</td><td>返回字符串在此实例中的位置（索引），反向查找</td></tr>
<tr><td>String substring(int begin)</td><td>返回此实例的一部分，从 begin 到末尾</td></tr>
<tr><td>String substring(int begin, int end)</td><td>返回此实例的一部分，从 begin 到 end</td></tr>
<tr><td>String toString()</td><td>返回此实例的字符串表示形式</td></tr>
<tr><td rowspan="5">独有的方法</td><td>StringBuffer append(String str)</td><td>将指定的字符串追加到此实例的值的尾部</td></tr>
<tr><td>StringBuffer append(StringBuffer sb)</td><td>将指定的 StringBuffer 追加到此实例的值的尾部</td></tr>
<tr><td>StringBuffer insert(int offset, String str)</td><td>将字符串插入到此实例的 offset 位置处</td></tr>
<tr><td>StringBuffer delete(int start, int end)</td><td>移除此实例从 start 到 end 之间的字符</td></tr>
<tr><td>StringBuffer reverse()</td><td>将此实例的字符串逆序排列</td></tr>
<tr><td>不同的</td><td>StringBuffer replace(int start, int end, String str)</td><td>用 str 替换此实例从 start 到 end 之间的字符</td></tr>
</table>

（1）长度与缓冲区容量。String 类和 StringBuffer 类都有 length()方法，但 StringBuffer 类除了字符串长度之外，还有一个缓冲区长度的概念。

1）获取缓冲区容量。方法 capacity()返回 StringBuffer 实例的缓冲区容量。

2）设置缓冲区容量。方法 ensureCapacity()确保容量至少等于指定的最小值。新缓冲区容量取以下两者中的较大值：

- 参数 minCapacity 的值。
- 原有容量的两倍加 2。

缓冲区容量与字符串长度是两个不同的概念。例如：

```
StringBuffer sb1 = new StringBuffer();           //长度为 0，容量为 16
```

```
StringBuffer sb2 = new StringBuffer(50);               //长度为 0，容量为 50
StringBuffer sb3 = new StringBuffer("Java");           //长度为 4，容量为 4+16 = 20
System.out.println(sb1.capacity());        //容量 16
System.out.println(sb1.length());          //长度 0
System.out.println(sb2.capacity());        //容量 50
System.out.println(sb2.length());          //长度 0
System.out.println(sb3.capacity());        //容量 20
System.out.println(sb3.length());          //长度 4

sb1.ensureCapacity(60);              //长度 0，容量 60，因为 16*2+2 = 34 < 60
sb2.ensureCapacity(60);              //长度 0，容量 102，因为 50*2+2 = 102 > 60
sb3.append("12345678901234567890");        //长度 4+20 = 24，容量 = 2*20+2 = 42
System.out.println(sb1.capacity());        //容量 60
System.out.println(sb1.length());          //长度 0
System.out.println(sb2.capacity());        //容量 102
System.out.println(sb2.length());          //长度 0
System.out.println(sb3.capacity());        //容量 42
System.out.println(sb3.length());          //长度 24
```

（2）StringBuffer 类的值的比较。StringBuffer 类的 equals()没有覆盖父类的同名方法，因此不能用它来比较 StringBuffer 实例的值。比较 StringBuffer 实例的值时，需要将它们转换为 String 类，然后进行比较。

```
StringBuffer sb1 = new StringBuffer("Java");
StringBuffer sb2 = new StringBuffer("Java");
boolean b1 = sb1==sb2;                                    //false，不能用==
boolean b2 = sb1.equals(sb2);                             //false，也不能用 equals()
boolean b3 = sb1.toString().equals(sb2.toString());       //true，转换为 String 类后再比较
```

（3）与 String 类对应的方法。String 类的许多方法在 StringBuffer 类中有同名的方法，这些方法包括 length()、charAt()、indexOf()、lastIndexOf()、substring()、toString()等。它们的含义和用法与 String 类的对应方法基本相同，但是提供的重载方法较少。

（4）StringBuffer 类独有的方法。这些方法是与 StringBuffer 缓冲区的修改有关的，如果追加或插入后的串长度不超过缓冲区的大小，则更改后的结果仍保存在原来的空间内，但是如果超过了缓冲区的大小，则需要重新分配一个空间，并将数据复制到新的空间。

这些方法的返回值是 StringBuffer 类型的，实际上是其本身，因此下述代码：

```
StringBuffer sb1 = new StringBuffer("Java");
StringBuffer sb2 = sb1.reverse();      //sb1 和 sb2 的值都是 avaJ
```

的第 2 行语句并没有真正生成一个新的缓冲型字符串，sb1 和 sb2 指向同一个空间，因此它们的值是相同的，都是修改后的值，并且原来的值已不复存在，如果需要保留原来的字符串，则需要事先复制一份，例如：

```
StringBuffer sb1 = new StringBuffer("Java");
StringBuffer sb2 = new StringBuffer(sb1);
sb2.reverse();            //这时 sb1 保留原来的值 Java，sb2 的值是复制后再逆转的 avaJ
```

这时 sb1 是原来的字符串，而 sb2 是新的字符串。

有关对 StringBuffer 值的修改的方法有追加 append()、插入 insert()、删除 delete()、反转

reverse()和替换 replace()等。例如：

```
StringBuffer sb = new StringBuffer("Java");
sb.append("programming.");        //Javaprogramming.      追加
sb.insert(4, " p");               //Java pprogramming.    插入空格和 p
sb.delete(6,7);                   //Java programming.     删除多余的一个 p
sb.replace(5, 8, "Pro");          //Java Programming.     将 pro 替换为 Pro
sb.reverse();                     //.gnimmargorP avaJ     逆转
System.out.println(sb);           //输出".gnimmargorP avaJ"
```

这几行语句中，每一步的操作都是在同一个 sb 变量这个空间内进行的。因此效率是十分高的。

8.3.5 String 类和 StringBuffer 类的比较

String 类和 StringBuffer 类的比较

String 类和 StringBuffer 类的比较见表 8-7。

表 8-7　String 类和 StringBuffer 类的比较

比较项	String 类	StringBuffer 类
占用空间	实际字符	实际字符 + 缓冲区
占用的空间能否被修改	不能	可以，在字符串及缓冲区内修改
何时使用新的空间	每次操作会使用新的空间	缓冲区大小不够时才使用新的空间
运行效率	低，使用新空间会降低效率	很高
适用场合	容易编写和理解，适用一般性的需要	大量字符处理，特别是循环处理字符

1. String 类和 StringBuffer 类的特点

String 类和 StringBuffer 类在内存处理上是不同的，各自有自己的特点。

（1）String 类的内存处理方式。String 类是一个特殊的类，在内存管理方面有其特别之处。JVM 在内部维护了一个 String Literal Pool（SLP，字符串字面常量池），它是堆中的一个特殊区域。当直接为字符串变量赋值时，JVM 在 SLP 中查找这个字符串常量，如果找到，则将字符串变量指向该地址，如果没有找到，则在 SLP 中加入这个字符串常量，再将字符串变量指向该地址。例如下述代码：

```
String s1 = "abc";                //第一次，是在 SLP 中创建
String s2 = "abc";                //如果已有，指向已有的字符串值
System.out.println(s1==s2);       //返回 true，因为二者地址相同
```

这时在 SLP 中只存在一份"abc"，两个字符串变量均指向它，如图 8-2 所示。

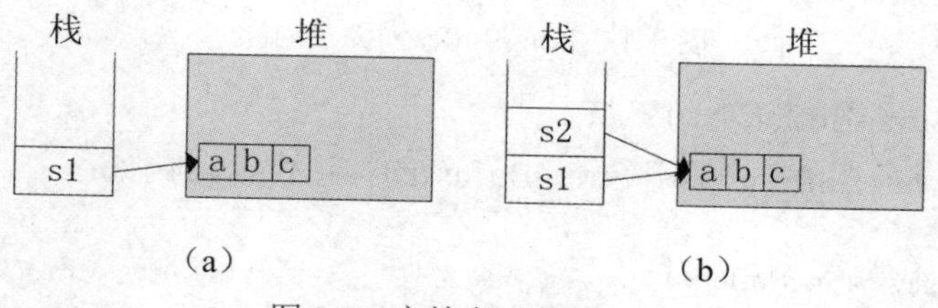

图 8-2　字符串对象与 SLP

字符串的值本身是常量，是不可变的，就是说在 SLP 中的字符串本身是不可变的，例如：

```
String s1 = "abc";                    //在 SLP 中创建"abc"
s1 = s1 + "123";                      //在 SLP 中创建"abc123"
```

第二行代码并不改变字符串"abc"的值，而是重新在 SLP 中查找"abc123"，在这个例子中没有找到，将"abc123"加入到 SLP 中，变量 s1 指向这个新字符串，所以说值"abc"不可变，而变量 s1 的值改变了，如图 8-3 所示。如果"abc"这个值不再有变量指向它，那么"abc"成为无用的值，这就是内存垃圾，最后将会由垃圾回收机制自动收回，释放它所占用的空间。

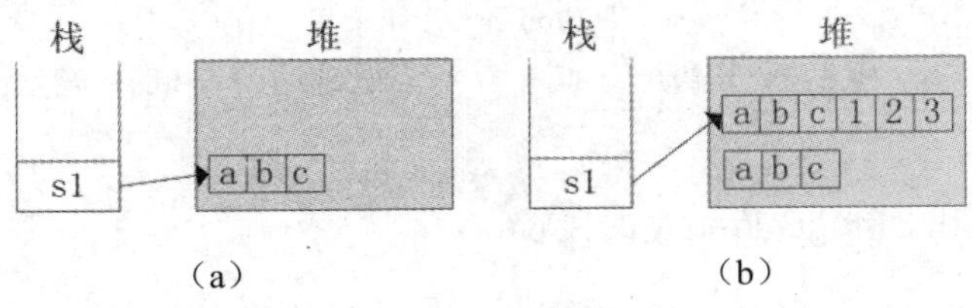

图 8-3　字符串值是常量

如果使用 new 关键字创建字符串对象，则总是会创建一个新的对象。用 new 关键字创建的对象不在 SLP 中。例如：

```
String s0 = "abc";                    //在 SLP 中查找或创建
String s1 = new String("abc");        //总是创建新的对象，不在 SLP 中
String s2 = "abc";                    //在 SLP 中查找或创建
String s3 = new String("abc");        //总是创建新的对象，不在 SLP 中
System.out.println(s0==s1);           //返回 false，因为二者地址不同
System.out.println(s0==s2);           //返回 true，因为二者地址相同
System.out.println(s1==s2);           //返回 false，因为二者地址不同
System.out.println(s1==s3);           //返回 false，因为二者地址不同
```

（2）StringBuffer 类的内存处理方式。

StringBuffer 类只能用 new 关键字创建 StringBuffer 的对象，它的值是可以改变的。例如：

```
StringBuffer sb1 = new StringBuffer("abc");
sb1.append("123");
```

第二行代码在原来的字符序列后追加"123"，因此它是可以改变的，如图 8-4 所示，并与图 8-3 进行比较，加深对两者区别的理解。

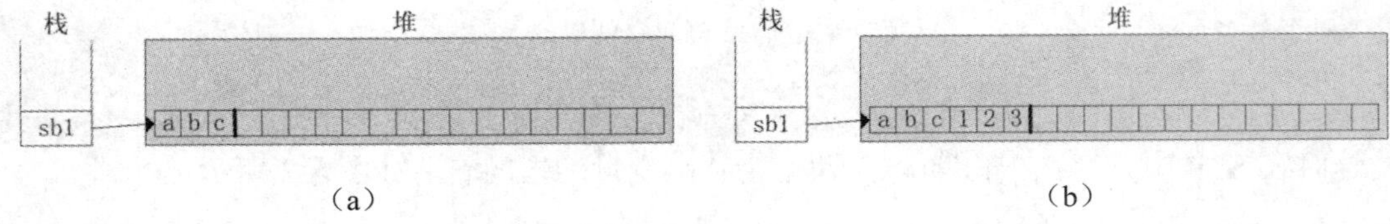

图 8-4　StringBuffer 对象与内存

2. String 类和 StringBuffer 类的互换

String 转换为 StringBuffer，采用 StringBuffer 的构造方法，例如：

```
String s = "abc";
StringBuffer sb = new StringBuffer(s);
```

StringBuffer 转换为 String，采用 StringBuffer 的 toString()方法，例如：

```
StringBuffer sb = new StringBuffer("Java");
```

```
String s = sb.toString();
```

8.4 java.util 包——实用工具

java.util 包封装了一组实用工具，包括处理数组、日期、时间、容器类、国际化等各种实用工具类。

8.4.1 数组类

java.util 提供了一些与数组有关的工具，封装在 Arrays 类中。其中最常用的有 sort()和 binarySearch()两个方法。

1. 数组排序 sort()

排序方法的签名如下：

```
public static void sort(Object[] a);
```

其功能是根据元素的自然顺序对指定对象数组按升序进行排序。例如：

```
int a[] = { 7, 5, 2, 6, 3 };
Arrays.sort(a);                    //结果是 a 的内容为 2 3 5 6 7
```

2. 查找数组元素 binarySearch()

二分法查找方法的签名如下：

```
public static int binarySearch(Object[] a, Object key)
```

其功能是从数组 a 中搜索 key 出现的位置，如果找到，返回该元素的索引值，否则返回一个负数。

【例 8-4】数组查找（参见实训平台【实训 8-4】）。

```
import java.util.Arrays;

public class ArrayBinarySearchDemo {
    public static void main(String[] args) {
        int a[] = { 7, 5, 2, 6, 3 };
        int key = 5;
        int pos;

        Arrays.sort(a);    //先排序，排序后的数组是：2, 3, 5, 6, 7
        pos = Arrays.binarySearch(a, key);    //后查找
        if (pos < 0) {
            System.out.println("元素" + key + "在数组中不存在");
        } else {
            System.out.println("元素" + key + "在数组中的索引值为" + pos);
        }
    }
}
```

使用 binarySearch()时需要注意以下几点：

- 查找前数组应已排序，如果没有对数组进行排序，则结果是不明确的。
- 如果数组中包含多个带有相同值的元素，则无法保证找到的是哪一个。

- Java 语言还提供了其他有关数组的方法，更多的信息可以在 Java API 文档中查阅。

8.4.2 日期类库

Java 提供了多种日期类，包括 Date、Time、Timestamp、Calendar 和 GregorianCalendar 等类以及与日期有关的 DateFormat、SimpleDateFormat 和 TimeZone 类。

计算机对日期的处理一般使用毫秒为单位，计时的起点是“历元”（即格林威治标准时间 1970 年 1 月 1 日的 00:00:00.000），因此在内部是用一个长整型整数来表示的，表示从 1970 年 1 月 1 日零时到该时刻所经过的毫秒数。

1. Date 类

Date 类表示特定的瞬间，精确到毫秒。Date 类只用于简单的日期处理，可以用 DateFormat 类来格式化和分析日期字符串。

如果要使用历书上的日期，例如公元 1375 年，则应该使用 Calendar 接口及其实现 GregorianCalendar 类。

Date 类的常用方法见表 8-8。

表 8-8 Date 类的常用方法

方法		说明
构造方法	Date()	创建 Date 对象并初始化为当前系统时间（精确到毫秒）
	Date(long date)	创建 Date 对象并初始化为以长整型表示的 date 值
成员方法	long getTime()	返回自历元以来此 Date 对象表示的毫秒数
	void setTime(long time)	设置此 Date 对象，以表示历元以后 time 毫秒的时间点
	String toString()	把此 Date 对象转换为以下形式的 String：dow mon dd hh:mm:ss zzz yyyy 其中 dow 是一周中的某一天（Sun、Mon、Tue、Wed、Thu、Fri、Sat）
	int getYear()	年份以 1900 年为 0 计，即返回值加 1900，即为公元纪年
	int getMonth()	月份的范围是 0～11，即 0 表示 1 月份，1 表示 2 月份
	int getDate()	日的范围是 1～31
	int getDay()	星期的范围是 0～6，即 0 表示星期日，1 表示星期一等
	int getHours()	时的范围是 0～23
	int getMinutes()	分的范围是 0～59
	int getSeconds()	秒的范围是 0～61，其中 60 和 61 用于闰秒，闰秒大约每一二年发生一次

注：getYear 这一组方法被标记为过时（deprecated）的方法，在 Eclipse 中标注了删除线，官方文档建议使用 Calendar 接口替代。对于简单的应用，这些方法还是有用的。加上@SuppressWarnings("deprecation")注解可以避免警告提示。

下面以例子加以说明。

【例 8-5】日期操作（参见实训平台【实训 8-5】）。

（1）输出年月日等信息。输出当前日期的年月日等信息。

```
import java.util.Date;

public class Demo {
```

```
    public static void main(String[] args)  {
        Date date = new Date();         //当前日期和时间
        System.out.println(date);       //以默认格式输出日期和时间
        System.out.println("年份是 " + (date.getYear() + 1900));
        System.out.println("月份是 " + (date.getMonth() + 1));
        System.out.println("日期是 " + date.getDate());
        System.out.println("星期是 " + date.getDay());     //0 表示星期日
        System.out.println("小时是 " + date.getHours());
    }
}
```

（2）日期的计算。计算从今天起 10 周中每一周的周一的日期。

```
import java.util.Date;

public class DateOfMonday {
    public static void main(String[] args) {
        Date d = new Date();            //得到当前的时间（年月日时分秒）
        long ms = d.getTime();          //得到从 1970 年 1 月 1 日 00:00:00 时到 d 的毫秒数
        long day = d.getDay();          //得到今天是星期几
        for (int i = 1; i <= 10; i++) {
            long ms1 = ms + (i * 7 - day + 1) * 24 * 60 * 60 * 1000;
            Date dd = new Date(ms1);
            System.out.println("第" + i + "周后的星期一是" + dd);
        }
    }
}
```

在上述代码中，特别注意以整型计数的毫秒数大约能够表示 26 天，因此，为了不发生溢出，变量 ms 和 day 应该用长整型（long）。

2. SimpleDateFormat

SimpleDateFormat 类是在 java.text 包中的，用于日期类和字符串之间进行转换，即以一定格式显示日期或将一个日期字符串转换为日期对象，见表 8-9。

表 8-9　SimpleDateFormat 类的常用方法

方法		说明
构造方法	SimpleDateFormat()	用默认的模式初始化 SimpleDateFormat
	SimpleDateFormat(String pattern)	用给定的模式 pattern 初始化 SimpleDateFormat
成员方法	String format(Date date)	将给定的 date 格式化为日期/时间字符串
	Date parse(String source)	从给定字符串 source 解析文本，转换为日期对象

其中的模式是一个字符串，每一个字母都代表一定的含义，见表 8-10。

表 8-10　日期和时间的模式字符串

模式字符串	含义	模式字符串	含义
G	Era 标志符	F	月份中的星期
y	年	E	星期中的天数
M	年中的月份	a	am/pm 标记
w	年中的周数	H	一天中的小时数（0～23）
W	月份中的周数	k	一天中的小时数（1～24）
D	年中的天数	K	am/pm 中的小时数（0～11）
d	月份中的天数	h	am/pm 中的小时数（1～12）

下面用例子加以说明。

【例 8-6】日期类与字符串之间的转换（参见实训平台【实训 8-6】）。

（1）日期转字符串。分别以“2019 年 3 月 15 日”和“19-03-15 14:10:23”的形式显示当前日期。

```
import java.text.SimpleDateFormat;
import java.util.Date;

public class Demo {
    public static void main(String[] args) {
        Date d = new Date();    //得到当前的时间
        //以 2019 年 3 月 15 日的形式显示
        SimpleDateFormat formatter = new SimpleDateFormat("yyyy 年 M 月 d 日");    //模式字符串
        String s = formatter.format(d);
        System.out.println(s);
        //以 19-03-15 14:10:23 的形式显示
        formatter = new SimpleDateFormat("yy-MM-dd HH:mm:ss");    //模式字符串
        s = formatter.format(d);
        System.out.println(s);
    }
}
```

（2）字符串转日期。将以“2019 年 3 月 15 日”和“19-03-15 14:10:23”格式表示的日期字符串转换为日期型变量。

```
import java.text.ParseException;
import java.text.SimpleDateFormat;
import java.util.Date;

public class Demo {
    public static void main(String[] args) throws ParseException {
        //throws ParseException 是异常处理，将在第 9 章中讲解
        //接收 2010-05-01 9:23:11 格式的字符串
        String s = "2010-05-01 9:23:11";
        SimpleDateFormat format = new SimpleDateFormat("yyyy-MM-dd HH:mm:ss");    //模式字符串
        Date date = null;
```

```
            date = format.parse(s);
            System.out.println(date);

            //接收 2019 年 3 月 15 日格式的字符串
            s = "2019 年 3 月 15 日";
            format = new SimpleDateFormat("yyyy 年 M 月 d 日");    //模式字符串
            date = format.parse(s);
            System.out.println(date);
        }
    }
```

8.4.3　List、Set 和 Map 接口

List、Set 和 Map 接口是 java.util 包中非常重要的一组接口和类，由于它们的重要性，将在下一节讲解。

8.5　容器类

容器类是 java.util 包提供的。容器（Container）是用于容纳对象的类，它有些像数组，但提供了比数组强大得多的功能。常用的容器类分为以下两大类：

- 数据集（Collection）：它容纳一组独立的元素，通常这些元素服从某种规则。它有 List 和 Set 子接口，List 接口中的元素必须保持元素特定的顺序，而 Set 接口则不能含有重复的元素。
- 映射（Map）：它容纳一组成对的“键-值”对的元素。就像一本字典，词条和释义是成对出现的，其中词条是“键”，释义是“值”，通过词条可以找到对应的释义。

8.5.1　Collection 接口

Collection 接口声明了一些共有的方法，见表 8-11，例如 List 接口和 Set 接口都继承了 Collection 接口，因此它们拥有 Collection 接口的方法

表 8-11　Collection 接口声明的方法

方法	说明
int size()	返回元素个数
boolean isEmpty()	如果不包含元素，则返回 true
Iterator <E> iterator()	返回在元素上进行迭代的迭代器
boolean add(Object o)	添加元素
boolean remove(Object o)	移除元素
void clear()	移除所有元素
boolean contains(Object o)	是否含有指定的元素（返回 true 或 false）

8.5.2 List 接口

List 接口可以按顺序（一般是加入时的顺序）容纳元素。由于 List 保存了元素的顺序信息，因此可以用作栈（后进先出）或用作队列（先进先出）。

List 是一个接口，它的实现有多种，例如 ArrayList、LinkedList、Stack 和 Vector，其中最常用的是 LinkedList 和 ArrayList。

List 接口的方法除了从 Collection 接口继承以外，常用的只有 get()方法，见表 8-12。

表 8-12 List 的常用方法

方法	说明
Object get(int index)	返回 List 中指定位置的元素

注意 get()返回的是 Object 对象，也就是说类型的信息丢失了，这时需要显式地对 Object 进行强制类型转换转换为原来的类型。

1. List 的声明和初始化

（1）List 的声明。通常是用 List 接口声明一个 List 对象。

```
List list;
```

（2）List 的初始化。选择合适的实现类初始化这个对象。

```
list = new LinkedList();   //用 LinkedList 初始化
```

声明和初始化可以写为一行。

```
List list = new LinkedList();
```

2. List 的操作

（1）添加元素。刚初始化的 list 是空的，需要向 list 添加元素。

```
list.add("燕子");
list.add("鸽子");
```

任何时候都可以再添加元素，因此它的大小是动态的。

（2）获取大小。可以获取 list 的大小，即元素的个数。

```
int count = list.size();
```

如果 list 还没有初始化，它的值为 null，这时无法获取其大小。如果 list 初始化后，但还没有添加元素，这时的大小是 0。下述代码说明这些情况。

```
List list;
System.out.println("list 的大小是 " + list.size());   //错误：因为还未初始化
list = new LinkedList();
System.out.println("list 的大小是 " + list.size());   //大小是 0，因为刚初始化，还未添加
list.add("燕子");
System.out.println("list 的大小是 " + list.size());   //大小是 1
list.add("鸽子");
System.out.println("list 的大小是 " + list.size());   //大小是 2
```

（3）取出元素。如同数组一样，但要通过 get()方法取出索引值对应的元素的值。元素的数据类型是 Object，因此应该将其强制转换为正确的类型。

```
String e = (String)list.get(0);    //索引值为 0 的元素（第 1 个元素）
```

因此可以像操作数组一样访问 list 的每一个元素。与数组一样，索引值不能越界，否则出

现错误。

（4）删除元素。删除指定的某一个元素。

```
list.remove("燕子");
```

（5）清空元素。清空 list 的所有元素，清空后元素个数为 0。

```
list.clear();
```

【例 8-7】List 例子（参见实训平台【实训 8-7】）。

```
import java.util.LinkedList;
import java.util.List;

public class ListDemo {
    public static void main(String[] args) {
        List list = new LinkedList();
        list.add("燕子");
        list.add("鸽子");

        System.out.println("List 中的元素有：");
        for (int i = 0; i < list.size(); i++) { //与数组的操作是相似的
            String str = (String) list.get(i);
            System.out.println(str);
        }

        list.add("燕子");
        list.add("狼");
        System.out.println("加入两个元素后，List 中的元素有：");
        for (int i = 0; i < list.size(); i++) {
            String str = (String) list.get(i);
            System.out.println(str);
        }
    }
}
```

从它的输出可以看到，List 保留了加入时的顺序，并且允许出现重复的元素。

```
List 中的元素有：
燕子
鸽子
加入两个元素后，List 中的元素有：
燕子
鸽子
燕子
狼
```

3. List 的遍历

遍历 List 的方式有以下 3 种：

（1）for 循环。采用普通的 for 循环，例如：

```
for (int i = 0; i < list.size(); i++) {
    String str = (String) list.get(i);
    System.out.println(str);
}
```

（2）增强型 for 循环。使用增强型 for 循环更加方便简单。例如：

```
for (Object obj : list) {
    String str = (String) obj;
    System.out.println(str);
}
```

（3）Iterator 迭代子。遍历一个 List 的另一个方法是用迭代子 Iterator 接口。例如：

```
Iterator it = list.iterator();
while(it.hasNext()){
    String s = (String)it.next();
    System.out.println(s);
}
```

8.5.3 泛型

在前面的代码中可以看到不少警告信息，这是由于 List 等容器类是一种泛型类，泛型的意思是可以容纳广泛的数据类型，在使用时再进行类型指定。类型指定的语法格式如下：

```
<数据类型>
```

例如指定 List 的对象只能保存 String 类型的元素，代码如下：

```
List<String> list;                          //声明时指定类型为字符串
list = new LinkedList<String> ();           //初始化时指定类型为字符串
```

声明和初始化可以写为一行。

```
List<String> list = new LinkedList<String> ();
```

指定类型之后，这个 list 就只能容纳指定类型的数据，例如以下代码：

```
list.add("燕子");        //正确：只能添加字符串
list.add(3);             //错误：这时不能添加其他类型的数据
```

因为指定类型之后可以保证 list 中的元素是字符串，所以获取元素时不需要作强制类型转换。

```
String e = list.get(0);     //索引值为 0 的元素，指定类型为字符串后，无需强制类型转换
```

【例 8-8】泛型的使用（参见实训平台【实训 8-8】）。

采用类型指定后，对 List 的 3 种遍历方式。

```
import java.util.Iterator;
import java.util.LinkedList;
import java.util.List;

public class ListDemo {
    public static void main(String[] args) {
        List<String> list = new LinkedList<String>();
        list.add("燕子");
        list.add("鸽子");

        System.out.println("for 循环：");
        for (int i = 0; i < list.size(); i++) {
            String str = list.get(i);
            System.out.println(str);
        }
```

```
            System.out.println("增强型 for 循环：");
            for (String str : list) {
                System.out.println(str);
            }

            System.out.println("Iterator 遍历：");
            Iterator<String> it = list.iterator();      //同样要对 Iterator 指定类型
            while (it.hasNext()) {
                String str = it.next();
                System.out.println(str);
            }
        }
    }
```

8.5.4 Set 接口

Set 接口与 List 接口很相似，但有以下两点不同：

- Set 不保存重复的元素。
- Set 不保证保留顺序信息。有的实现可以保留顺序信息，有的实现还能实现排序。

Set 是一个接口，它的实现有多种，例如 HashSet、TreeSet 和 LinkedHashSet 等，其中常用的是 HashSet 和 LinkedHashSet。

Set 的常用方法都是从 Collection 接口继承的。由于 Set 不保留顺序信息，因此不能使用 get(int index)的方法来获得指定位置的元素，因此遍历 Set 的方式只有增强型 for 循环和迭代子 Iterator 两种方式。

下面的例子将前例中的 List 改为 Set，并比较 Set 和前一例子中 List 的区别。

【例 8-9】Set 例子（参见实训平台【实训 8-9】）。

```
import java.util.HashSet;
import java.util.Iterator;
import java.util.Set;

public class SetDemo {
    public static void main(String[] args) {
        Set<String> set = new HashSet<String>();      //指定类型为字符串
        set.add("燕子");
        set.add("鸽子");

        System.out.println("Set 中的元素有：");
        for (String str : set) { //增强型 for 循环
            System.out.println(str);
        }

        set.add("燕子");
        set.add("狼");
        System.out.println("加入两个元素后，Set 中的元素有：");
```

```
            Iterator<String> it = set.iterator();     //迭代子遍历
            while (it.hasNext()) {
                String s = it.next();
                System.out.println(s);
            }
        }
}
```

运行结果如下：

```
Set 中的元素有：
鸽子
燕子
加入两个元素后，Set 中的元素有：
鸽子
燕子
狼
```

从输出结果看，两次添加了“燕子”这个元素，但结果只有一个，即重复的元素是自动丢弃的；输出结果中元素的顺序与添加时的顺序不一致，实际的顺序是随机的，毫无规律可循。

如果改用 LinkedHashSet 类的实现，则可以保留添加时的顺序信息。

```
Set<String> set = new LinkedHashSet<String>();
```

由此可以看到，采用不同的实现，程序的功能就可能发生变化，这体现了“面向接口的程序设计”的优势。

8.5.5 Map 接口

Map 接口容纳成对的“键-值”。它是一个接口，有多种实现，如 HashMap、TreeMap、LinkedHashMap、AbstractMap、EnumMap 等 19 种，其中常用的有 HashMap、LinkedHashMap 等。

Map 接口不是 Collection 接口的子接口，但它提供 3 种 Collection 视图，允许以 keySet()（键集）、values()（值集）或 entrySet()（键-值对集）映射关系集的形式查看某个映射的内容。

多数实现不保证顺序，如 HashMap 类，有些实现可以保证添加时的顺序，如 LinkedHashMap 类。Map 的常用方法见表 8-13。

表 8-13 Map 的常用方法

方法	说明
Object put(Object key, Object value)	添加“键-值”对
Object get(Object key)	以“键”为索引获得“键-值”对中的值
Object remove(Object key)	移除“键”所代表的“键-值”对
boolean containsKey(Object key)	是否含有“键”（返回 true 或 false）
boolean containsValue(Object value)	是否含有“值”（返回 true 或 false）
Set keySet()	返回由“键”组成的 Set
Collection values()	返回由“值”组成的 Collection

遍历 Map 是通过它的 keySet 实现的。因此与 Set 一样，遍历的方式只有增强型 for 循环和迭代子 Iterator 两种方式。

【例 8-10】 Map 例子（参见实训平台【实训 8-10】）。

```
import java.util.HashMap;
import java.util.Iterator;
import java.util.Map;
import java.util.Set;

public class MapDemo {
    public static void main(String[] args) {
        Map<String, String> map = new HashMap<String, String>();    //类型指定为键-值都是字符串

        map.put("燕子", "一种候鸟。");
        map.put("鸽子", "人工养育的鸟，是和平的象征。");

        System.out.println("当前词条总数：" + map.size());
        System.out.println("燕子的释义是：" + map.get("燕子"));

        System.out.println("\n 所有词条列表是：");
        Iterator<String> it = map.keySet().iterator();    //从 keySet 中获得迭代子
        while (it.hasNext()) {
            Object key = it.next();
            System.out.println(key + "的释义是：" + map.get(key));
        }

        map.put("狼", "一种野生动物，它能捕食其他中小型动物。");
        map.put("燕子", "一种候鸟，通常在民居中筑巢。");

        System.out.println("\n 添加两个词条后，词条列表是：");
        Set<String> keys = map.keySet();    //获得 keySet
        for (String key : keys) { //增强型 for 循环
            System.out.println(key + "的释义是：" + map.get(key));
        }
    }
}
```

运行结果如下：

```
当前词条总数：2
燕子的释义是：一种候鸟。

所有词条列表是：
鸽子的释义是：人工养育的鸟，是和平的象征。
燕子的释义是：一种候鸟。
```

```
添加两个词条后，词条列表是：
鸽子的释义是：人工养育的鸟，是和平的象征。
燕子的释义是：一种候鸟，通常在民居中筑巢。
狼的释义是：一种野生动物，它能捕食其他中小型动物。
```

可以看到，新添加的键“燕子”是重复的，这个键的值被新的值覆盖了。

可以只输出键或只输出值。对于前述的例子，代码如下：

```
System.out.println("\n 所有键是：");
it = map.keySet().iterator();      //获得“键的迭代子”
while (it.hasNext()) {
        String key = it.next();
        System.out.println(key);
}

System.out.println("\n 所有值是：");
it = map.values().iterator();      //获得“值的迭代子”
while (it.hasNext()) {
        String key = it.next();
        System.out.println(key);
}
```

运行结果如下：

```
所有键是：
鸽子
燕子
狼

所有值是：
人工养育的鸟，是和平的象征。
一种候鸟，通常在民居中筑巢。
一种野生动物，它能捕食其他中小型动物。
```

8.5.6 容器类类库的层次结构

容器类类库包含了多种接口和实现类，常用容器类类库的层次结构如图 8-5 所示，类图中所使用的图例如下：

- 接口和类的表示：矩形表示接口或类，名称前有一个小圆圈和短横线的表示接口，否则表示类（粗线方框的 3 个类是常用的容器类）。
- 实现和继承的表示：虚线空心箭头表示实现，实线空心箭头表示继承，箭头指向被实现的接口或被继承的类。
- 生成关系的表示：普通箭头表示生成关系，箭头指向生成的类，例如任意的 Collection 对象可以生成 Iterator（通过 iterator()方法返回），Map 可以生成 Collection（通过 keySet()、values()或 entrySet()返回）。

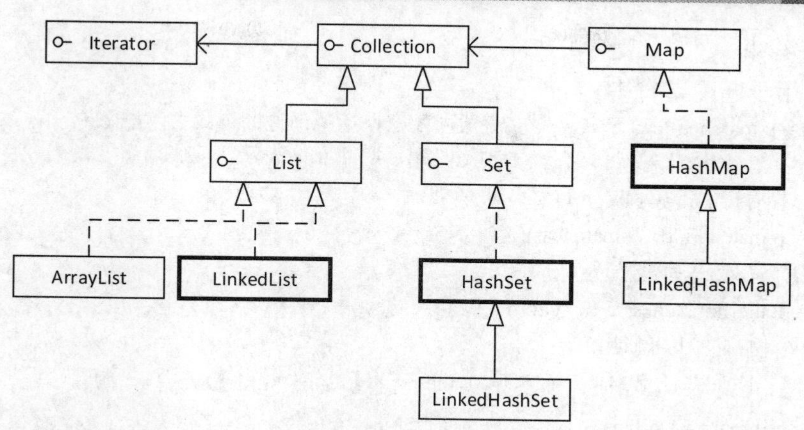

图 8-5 容器类类库的层次结构

通常情况下，只需要与接口打交道，使用接口中定义的方法。只是在创建容器对象时才指明容器的特定实现类，例如：

```
Set set = new HashSet();            //声明的是接口，创建的是实现类
```

对象 set 的类型是 Set，创建对象时用的是它的实现类 HashSet。如果以后改变主意，想使用另外一个实现来完成同样的功能（另一种实现可能在性能、资源消耗，甚至是功能的细节方面不同），只需要修改一处，无需改动其他代码。

```
Set set = new LinkedHashSet();   //声明同样的接口，创建的是不同的实现类
```

LinkedHashSet 实现类是可以保留元素的顺序信息的，这样就改变了 set 对象的行为，但是性能有少量的下降。

这是面向对象程序设计的精华所在，需要仔细揣摩，深刻理解。

8.6 java.util.regex 包——正则表达式

正则表达式是一种用于描述字符串匹配的模式，使用它可以匹配一类字符串。正则表达式有广泛的应用，如用户输入的验证、文本的语法分析、灵活而强大的文本查找替换等。

8.6.1 正则表达式概述

一个正则表达式是一个字符串，用于匹配另一个字符串。例如“cat”匹配“cat”。但是正则表达式中含有一些字符具有特殊的含义，例如小数点“.”可以匹配任意字符，因此“c.t”可以匹配“cat”“cbt”“cZt”“c0t”和“c&t”等，但是不匹配“caat”。

与正则表达式有关的类有 Pattern 类和 Matcher 类，前者用于创建一个模式，后者用于匹配字符串。

1. 创建模式

用 Pattern 类的 compile()方法创建一个模式。

```
Pattern p = Pattern.compile("c.t");    //编译正则表达式
```

这个正则表达式编译的结果是一个 Pattern 的实例 p，它将匹配含有以 c 开始，以 t 结束，中间有一个字符的字符串，例如 cat、cit、c4t 等，但不匹配 ct、cite、a cat、eat、tac 等。

2. 匹配字符串

可以将 p 用于匹配字符串。

```
Matcher m = p.matcher("cat");              //生成匹配器，用编译过的模式去匹配"cat"
boolean b = m.matches();                   //实施匹配，返回 true 表示匹配成功
```

可以将上述两行代码写成一行：

```
boolean b = p.matcher("cat").matches();
```

还可以将所有代码写成一行：

```
boolean b = Pattern.matches("c.t", "cat");
```

下面用一个例子加以说明。

【例 8-11】正则表达式例子（参见实训平台【实训 8-11】）。

```
import java.util.regex.Matcher;
import java.util.regex.Pattern;

public class RegexDemo {
    public static void main(String[] args) {
        Pattern p = Pattern.compile("c.t");          //编译正则表达式
        Matcher m = p.matcher("cat");                //生成匹配器，用编译过的模式去匹配"cat"
        boolean b = m.matches();                     //实施匹配，返回 true 表示匹配成功
        System.out.println(b);
        //下面是各种匹配的示例
        System.out.println(p.matcher("cat").matches());      //true
        System.out.println(p.matcher("c4t").matches());      //true
        System.out.println(p.matcher("Cat").matches());      //false
        System.out.println(p.matcher("ct").matches());       //false
        System.out.println(p.matcher("caat").matches());     //false
        System.out.println(p.matcher("cate").matches());     //false
    }
}
```

8.6.2 常用构造

匹配模式需要使用构造来创建，编译后使用。下面是几种常见的构造。

1. 小数点（半角句号）

小数点“.”匹配一个任意字符，包括空格等。例如 c.t 匹配 cat、cit、c4t 等，甚至匹配 c%t、c t，但不匹配零个或多个字符，例如不匹配 ct、caat 等。

2. 预定义字符

\d 表示数字 0～9，\D 表示非数字。

\w 表示单词字符，即大小写的 a～z、下划线和数字，\W 表示非单词字符。

\s 表示白字符（空格、制表符、换行符等），\S 表示非白字符。

3. 方括号

方括号用于表示一组字符中的一个，例如[abc]表示这 3 个字符中的任意一个，因此 c[au]t 表示匹配 cat 或 cut，其他的均不匹配。

4. 减号

减号表示范围（在方括号中），如 a-z 表示从 a 到 z 的字母，因此 c[a-z]t 匹配 cat、cbt、cct，直到 czt，但不匹配 c2t、cAt 等。

5. 逻辑或

符号“|”表示逻辑或，例如要匹配 cat、cut、coat，则可以使用 c(a|u|oa)t。注意这里使用圆括号，而不是方括号。圆括号还有其他用途，在后面讲解。

6. 逻辑否

符号“^”表示逻辑否（在方括号中），例如 c[^a]t 匹配 cut、cit、cbt 等，但不匹配 cat。

7. 边界

有两个符号是匹配边界的，“^”匹配行的开头，“$”匹配行的结尾。

8. 匹配次数

有多种表示匹配次数的情形，例如“*”表示任意次（0、1 或多次），“?”表示 0 次或 1 次，“+”表示 1 次或多次，因此 c[.?]t 匹配 ct、cat、cet 等，但不匹配 caat，而 c[.+]t 则匹配 cat、cet、caat 等，但不匹配 ct。

另一种是指定匹配次数的范围，用{n,m}的格式，它表示匹配 n 到 m 次。例如 0\d{2,3}-\d{6,8}匹配 0510-12345678 这样的电话号码，由 0 起始，后接 2 或 3 位数字，加一个连字符，后面是 6 到 8 位数字。

匹配次数还分为 Greedy、Reluctant、Possessive 三种，实际使用中要正确加以区别。

9. 圆括号

圆括号有特殊的用途，它表示捕获组。例如要匹配一个 1988-12-9 这样的生日日期，可以用\d{4}-\d{1,2}-\d{1,2}来匹配，但是如果还需要提取出生日中的月份，就可以用圆括号来捕获匹配的部分：\d{4}-(\d{1,2})-\d{1,2}，圆括号内的部分就是匹配的月份。圆括号可以有多个，甚至可以嵌套，如\d{4}-((\d{1,2})-\d{1,2})，这里有两个圆括号，一个是月份“\d{1,2}”，还有一个是月-日“(\d{1,2})-\d{1,2}”。

10. 转义符

当要匹配在正则表达式中有特殊用途的符号，即上述方括号、圆括号、花括号、句号、加号、问号、星号、竖线、尖角号、美元号以及转义符本身“[](){}.+?*|^$\”共计 14 个符号时，需要加上转义符，使之成为\[、\]、\|、\\等。

在 Java 字符串中，\也是转义符，因此将构造写成 Java 的字符串时还要转义一次，从而成为"\\["、"\\]"、"\\|"、"\\\\"。

在程序中，通常可以使用白字符分隔代码，提高代码的可读性。但是在正则表达式中无法加入白字符来提高可读性，因为在正则表达式中的每一个字符都有特定的含义。这个特点使正则表达式的编写与阅读都比较困难。

正则表达式的常用构造见表 8-14。

表 8-14　正则表达式的常用构造

构造	匹配	构造	匹配
字符		边界匹配器	
x	字符 x，例如 cat 匹配 cat	^	行的开头
\\	反斜线字符，\是转义字符，从而成为\\	$	行的结尾
\uhhhh	带有十六进制值 0x 的字符 hhhh	\b	单词边界
\t	制表符（'\u0009'）	\B	非单词边界
\n	换行符（'\u000A'）	Greedy 数量词	
\r	回车符（'\u000D'）	?	0 次或 1 次
字符类		*	0 次、1 次或多次
[abc]	a、b 或 c（其中一个字符）	+	1 次或多次
[^abc]	任何字符，除了 a、b 或 c（否定）	{n}	恰好 n 次
[a-zA-Z]	a 到 z 或 A 到 Z，减号表示范围	{n,}	n 或 n 以上次
预定义字符类		{n,m}	n 到 m 次
.	小数点，任何字符	Logical 运算符	
\d	数字，即[0-9]	XY	X 后跟 Y
\D	非数字，即[^0-9]	X|Y	X 或 Y
\s	白字符，即[\t\n\x0B\f\r]	(X)	X，作为捕获组
\S	非白字符，即[^\s]		
\w	单词字符，即[a-zA-Z_0-9]		
\W	非单词字符，即[^\w]		

8.6.3　正则表达式的应用

正则表达式的应用包括验证、分割、替换和捕获等。下面用一些例子加以说明。

1. 验证手机号码

在我国，通常手机号码是 13、15、17、18 开头的 11 位数字。

```
Pattern p = Pattern.compile("1[3578]\\d{9}");     //编译正则表达式
//下面是各种匹配的示例
System.out.println(p.matcher("13912345678").matches());       //true
System.out.println(p.matcher("15212345678").matches());       //true
System.out.println(p.matcher("1391234567").matches());        //false，只有 10 位数字
System.out.println(p.matcher("23912345678").matches());       //false，以数字 2 开头
```

2. 以多条件分割字符串

正则表达式[\s,\.]+匹配白字符、逗号和句号，因此以下代码将一个英文句子分割成单词：

```
Pattern pattern = Pattern.compile("[\\s,\\.]+");
String[] strs = pattern.split("Hello, How are        you. \tMr. Smith.");
for (int i=0;i<strs.length;i++) {
    System.out.println(strs[i]);                    //依次输出每个单词
}
```

3. 文字替换

下述代码是一个替换的例子（如果拼写成 java、Jva、jva 等都能查出并替换）。

```
Pattern pattern = Pattern.compile("[Jj]a?va");          //一次替换多种拼写错误
Matcher matcher = pattern.matcher("Hello java! I like the jva.");
System.out.println(matcher.replaceFirst("Java"));   //替换第一个
System.out.println(matcher.replaceAll("Java"));     //替换所有
```

输出如下：

```
Hello Java! I like the jva.
Hello Java! I like the Java.
```

4. 去除 HTML 标记

下述代码是一个比较复杂的替换的例子，它将所有的 HTML 标签替换掉。

```
Pattern pattern = Pattern.compile("<.+?>");
Matcher matcher = pattern.matcher
      ("<font color='red'>注意：</font><br>1.路面湿滑;<br>2.小心摔倒.");
String string = matcher.replaceAll("");
System.out.println(string);
```

输出如下：

```
注意：1.路面湿滑;2.小心摔倒.
```

5. 捕获匹配的字符串

下述代码将捕获超链接的地址部分。

```
Pattern pattern = Pattern.compile("href=\"(.+?)\"");
Matcher matcher = pattern.matcher("<a href=\"index.html\">主页</a>");
if (matcher.find()) {
      for (int i = 1; i <= matcher.groupCount(); i++) {
            System.out.println(matcher.group(i));
      }
}
```

输出如下：

```
index.html
```

6. 捕获多个匹配的字符串

下述代码将捕获日期中的月和日部分以及月份。

```
Pattern pattern = Pattern.compile("\\d{4}-((\\d{1,2})-\\d{1,2})");
Matcher matcher = pattern.matcher("1988-12-9");
if (matcher.find()) {
      for (int i = 1; i <= matcher.groupCount(); i++) {
            System.out.println(matcher.group(i));
      }
}
```

输出如下：

```
12-9
12
```

8.6.4 常用的匹配模式

正则表达式的典型应用是验证用户的输入，一些验证时常用的匹配模式见表 8-15。

表 8-15 常用的匹配模式

匹配模式	说明
-?\d+	匹配整数（包括负数）
-?\d+(\.\d+)?	匹配浮点数
[A-Za-z]+	匹配 26 个英文字母组成的字符串
[A-Z]+	匹配 26 个英文大写字母组成的字符串
[a-z]+	匹配 26 个英文小写字母组成的字符串
[A-Za-z0-9]+	匹配 26 个英文字母和数字组成的字符串
\w+	匹配 26 个英文字母、数字、下划线组成的字符串
[\u4e00-\u9fa5]+	匹配中文字符（反斜线\不必再转义）
[^\x00-\xff]+	匹配双字节字符（包括汉字在内）（反斜线\需要转义）
[A-Za-z]\w{4,15}	匹配合法账号，字母开头的字母数字下划线，5～16 字符
\d{1,3}\.\d{1,3}\.\d{1,3}\.\d{1,3}	匹配 IP 地址（不完善，因为它可以匹配大于 255 的三位数字）
([A-Za-z0-9-]+\.)+[A-Za-z]{2,4}	匹配域名，字母、数字、减号，顶级域名只能 2～4 个字母
[1-9][0-9]{4,10}	匹配腾讯 QQ 号，非 0 开头，5～11 位
\d{6}	匹配中国邮政编码
1[3578]\d{9}	匹配国内手机号码，13、15、17 或 18 开头的 11 位数
\d{6,8}|0\d{2,3}-\d{6,8}	匹配国内电话号码，带或不带区号（如 0511-440522 或 8788822）
\d{15}|\d{17}[\dXx]	匹配一二代身份证号，15 位或 17 位数字加校验位（可为 X 或 x）

8.6.5 实例详解（二）：文本计算器的实现

【例 8-12】实例详解（二）：文本计算器的实现（参见实训平台【实训 8-12】）。

文本计算器接收一行计算表达式，支持两个实数的加减乘除 4 种运算。要求分析表达式中的操作数和运算符，根据运算符对操作数进行计算，输出计算结果。

```
public class Demo {
    static Scanner sc = new Scanner(System.in);

    public static void main(String[] args) {
        System.out.print("输入一个简单表达式（如 1.2 * 2.3）：");
        String str = sc.nextLine();
        str = str.replaceAll("\\s?", "");      //删除所有空白
        //下面一行分析表达式：(实数 1)(+-*/)(实数 2)
        Pattern p = Pattern.compile("(-?\\d+(\\.\\d+)?)([\\+\\-\\*/])(-?\\d+(\\.\\d+)?)");
        Matcher m = p.matcher(str);
        if (m.find()) {
            for (int i = 0; i <= m.groupCount(); i++) { //测试捕获的中间结果
```

```
                System.out.println(i + " => " + m.group(i));
            }
            String op1 = m.group(1);      //实数 1
            String op = m.group(3);       //运算符 +-*/ 之一
            String op2 = m.group(4);      //实数 2
            double d1 = Double.parseDouble(op1);    //实数 1 转为双精度数
            double d2 = Double.parseDouble(op2);    //实数 2 转为双精度数
            double result = 0;    //最终结果
            switch (op.charAt(0)) { //switch 不支持字符串，所以用第一个字符
            case '+':
                result = d1 + d2;
                break;
            case '-':
                result = d1 - d2;
                break;
            case '*':
                result = d1 * d2;
                break;
            case '/':
                result = d1 / d2;
                break;
            }
            System.out.println("结果是：" + op1 + op + op2 + "=" + result);
        } else {
            System.out.println("表达式格式错误。");
        }
    }
}
```

运行结果如下：

```
输入一个简单表达式（如 1.2 * 2.3）：1.2 * 2.3
0 => 1.2*2.3
1 => 1.2
2 => .2
3 => *
4 => 2.3
5 => .3
结果是：1.2*2.3=2.76
```

8.7 其他常用类库介绍

8.7.1 其他 Java API 类库

Java API 提供了大量的类库，下面是一些常用类库的简单介绍，详细的参考资料参见 Java API 文档。

1. java.io

提供对数据流输入输出操作的支持，包括文件的读写、文件和目录的操作等，将在第 11 章中讲解。

2. java.net

提供基于 URL 和 Socket 的网络编程中需要的一些类和接口，将在第 12 章中讲解。

3. java.awt 和 javax.swing

Java 提供了两个图形处理方面的包：java.awt 和 javax.swing，用于处理窗体、图形组件、界面布局、事件处理等，本书不讲解。

4. java.sql

提供与数据库访问有关的接口和类，本书不讲解。

8.7.2 第三方类库

1. JUnit

这是一个单元测试类库，它不是 Java API 的组成部分，但 Eclipse 集成环境已将它集成，因此在使用时还需要将这个类库添加到项目中，将在第 9 章中讲解。

2. Gson

这是一个 JSON 串行化类库，用于将对象串行化为字符串。将在第 11 章中讲解（11.3 对象的串行化），通过这个例子，讲解第三方类库的安装和使用的过程。

3. JDBC

这是一组与某种具体的数据库系统（如 MySQL、Oracle 等）有关的类库，本书不讲解。

4. SWT

SWT 是 The Standard Widget Kit（标准图形界面开发工具包）的简称，由开源项目 Eclipse 提供，用于开发 Java GUI 界面的一个开发包。Eclipse 的图形界面是用它开发的。本书不讲解。

8.8 综合实训

1.【Jitor 平台实训 8-13】编写一个程序，判断从键盘输入的字符串是否是回文，回文是指正读和反读都是一样的字符串，如“level”“你是你”“123321”。

2.【Jitor 平台实训 8-14】编写一个程序，将从键盘输入的字符串逆向输出，例如输入是“asdf”，则输出为“fdsa”。

3.【Jitor 平台实训 8-15】编写一个程序，其中有 DiffDate 方法，计算两个从键盘输入的日期之间的天数之差，并从主方法中调用。

4.【Jitor 平台实训 8-16】在 Jitor 校验器中按照图 8-6 所示的类图编写所有这些接口和类，然后在主方法中创建一个 List，指定类型为 Shape 接口，向这个 List 添加两个矩形对象和 3 个圆类对象，并调用 List 中所有对象的 draw 方法。

5.【Jitor 平台实训 8-17】编写一个程序，接收从键盘输入的一行 Java 源代码，然后将其拆分为单词（以非单词字符拆分），将这些单词分 4 类列出其数量：①关键字；②合法的标识符；③数字常量（整数或浮点数）；④不合法的标识符（例如数字开头）。

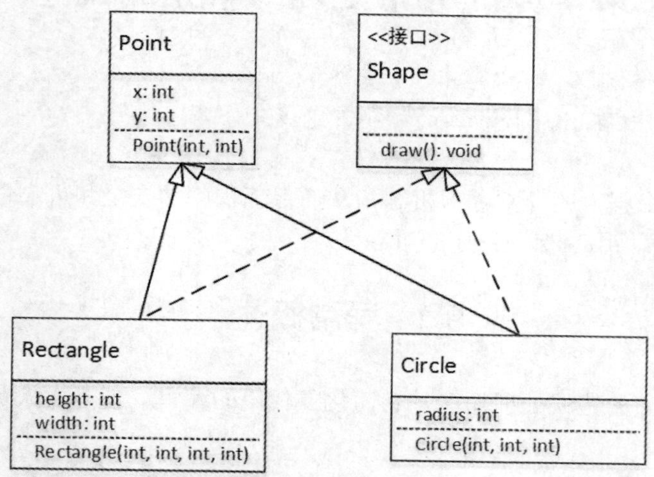

图 8-6　形状接口、点类和形状接口的实现类

第 9 章　异常处理与单元测试

本章所有实训可以在 Jitor 校验器的指导下完成。

Java 语言有一个强大的异常处理机制，从而保证程序的安全和可靠性。单元测试技术是一种自动化测试技术，用于保证程序的可靠性。

9.1　异常概述

Java 提供了强大的错误处理功能，它简化了代码的编写，使开发人员能够开发出可靠的应用程序。

9.1.1　异常的概念

Java 代码中的错误分为两大类：语法错误和运行时错误。

- 语法错误：在编译时就会被检查出来，存在语法错误的代码是无法编译成.class 文件的。
- 运行时错误：在运行时发生，原因可能是代码本身，例如数组越界，也有可能是运行环境而引起的，例如存盘时磁盘空间不够或者网络通信时出现中断。

在运行时发生的这类错误称为异常（Exception，也翻译为例外），处理异常的过程称为异常处理。

9.1.2　几种常见的异常

1. 空指针异常 NullPointerException

例如以下代码：

```
String str = null;
str.equals("java");                    //对象的值是 null，它没有任何方法可被调用
```

运行时产生名为 NullPointerException（空指针异常）的异常：

```
Exception in thread "main" java.lang.NullPointerException
at org.ngweb.java.unit5.ExceptionDemo2.main(ExceptionDemo2.java:9)
```

对于初学者，空指针异常经常出现，一般是引用数据类型没有正确初始化或被赋空值而引起的。

2. 数组索引值越界异常 ArrayIndexOutOfBoundsException

例如以下代码：

```
int a[] = new int[5];
a[5]=2;                                //索引值范围是 0～4
```

运行时产生名为 ArrayIndexOutOfBoundsException（数组索引越界异常）的异常：

```
Exception in thread "main" java.lang.ArrayIndexOutOfBoundsException: 5
at org.ngweb.java.unit5.ExceptionDemo3.main(ExceptionDemo1.java:6)
```

3. 类型转换异常 ClassCastException

例如以下代码：

```
String str = "java";
Object obj = str;
Integer i = (Integer)obj;           //String 类不能直接强制类型转换为 Integer
```

运行时产生名为 ClassCastException（类型转换异常）的异常：

```
Exception in thread "main" java.lang.ClassCastException: java.lang.String
at org.ngweb.java.unit5.ExceptionDemo4.main(ExceptionDemo4.java:10)
```

这是因为在类型转换时类型不兼容而引起的。

9.1.3　异常的分类

Java 语言的异常是通过异常类来表示的，所有的异常类都直接或间接地继承于 Throwable 类。图 9-1 所示是异常类的层次结构。

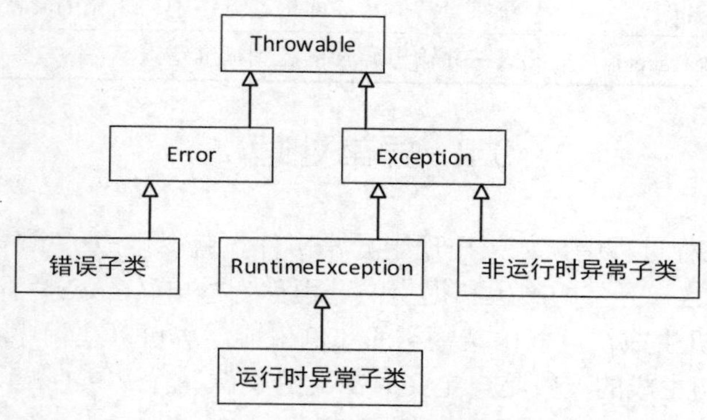

图 9-1　异常类的层次结构

所有异常类都是 Throwable 的子类，Java 中的异常可分为下述两大类。

1. Error 错误类

这是程序无法处理的错误，一般是系统内部错误。例如 OutOfMemoryError（内存溢出错误）等。对于错误，JVM 将会中止程序的执行，因此 Java 程序不需要对此进行任何处理。

2. Exception 异常类

这是由于程序本身错误或用户输入了非法的数据等原因引起的。这类异常又分为两类：运行时异常和非运行时异常。

（1）运行时异常。

继承于 RuntimeException 的异常类都属于运行时异常，例如 NullPointerException（空指针异常）、ArrayIndexOutOfBoundsException（数组索引越界异常）等。这类异常也称为不检查异常，也就是说，在程序中可以检查它，也可以不检查它。即使不检查，程序仍然可以编译和执行，一旦出现异常，程序也会中止执行而退出。

这类异常一般是由于考虑不周、程序编写不完善引起的，优秀的代码中不应该出现这一类异常，例如有经验的程序员写出的代码中不可能出现数组索引越界异常。

9.1.2 节中列举的 3 种异常都是运行时异常。

（2）非运行时异常。

除了运行时异常之外的其他 Exception 的子类都是非运行时异常，例如 IOException（IO 异常）、SQLException（SQL 异常）等。这类异常也称为检查异常，也就是说，在程序中必须检查它，如果不检查，程序就不能通过编译。

这类异常可能是由于外部原因引起的，例如输入的数据不正确、要读取的文件找不到等。

“【例 8-6】日期类与字符串之间的转换”的程序中就有一个检查异常，所以它应该处理一个名为 ParseException 的异常（当输入的日期格式不正确时出现），否则程序无法通过编译。

Throwable 类声明了所有异常类都具有的方法，见表 9-1。

表 9-1　Throwable 类的常用方法

方法		说明
构造方法	Throwable()	异常类的构造方法
	Throwable(String message)	异常类的构造方法，初始化异常信息
成员方法	String getMessage()	获取异常信息（即构造方法中初始化的异常信息）
	void printStackTrace()	跟踪并输出异常信息到标准错误流

9.2 异常处理

在 Java 程序的执行过程中，如果出现了异常事件，就会生成一个异常对象。生成的异常对象将传递给 JVM，这一异常的产生和提交的过程称为抛出（throw）异常。

异常可以由虚拟机生成，可以由某些类的实例生成，也可以在程序中由 throw 语句生成，在程序中由 throw 语句生成的一般是自定义异常类的实例（详见 9.3 节）。

Java 语言的异常处理机制有以下 3 种：

- 自动处理：JVM 发现异常时，直接中止程序的运行而退出。本书到目前为止的所有例子都是采用这种方式。
- 捕获异常：产生异常时，JVM 将异常对象交给一段称为捕获（catch）异常的代码进行处理，这一过程称为捕获异常。这是一种积极的异常处理机制。如果 JVM 找不到可以捕获异常的代码，则程序将中止正常运行而退出。
- 声明抛出异常：如果一个方法不想处理所出现的异常，可在方法声明时声明抛出（throws）异常。这是一种消极的异常处理机制。而调用这一方法的调用者应该处理这种异常。

9.2.1 捕获异常

1. try-catch-finally 语句

捕获异常是通过 try-catch-finally 语句实现的。有下述 3 种形式。

（1）try-catch。这是最常见的一种形式。

```
try{
    //可能出现异常的代码
}catch( ExceptionName1 e ){
    //处理 ExceptionName1 异常的代码
```

```
}catch( ExceptionName2 e ){
    //处理 ExceptionName2 异常的代码
}
```

其中 catch 语句块可以有一个或多个。例如以下代码：

```
try {
    int a = 0;
    int b = 8 / a;
} catch (ArithmeticException e) {
    System.out.println("出现算术异常，异常信息是：" + e.getMessage());
    System.out.println("详细跟踪信息是：");
    e.printStackTrace();
}
```

所有异常类（Throwable 的子类）都有 getMessage()方法，用于得到有关异常事件的信息，还有 printStackTrace()方法，用于跟踪异常事件发生的过程。

（2）try-catch-finally。这是完整的形式。

```
try{
    //可能出现异常的代码
}catch( ExceptionName1 e ){
    //处理 ExceptionName1 异常的代码
}catch( ExceptionName2 e ){
    //处理 ExceptionName2 异常的代码
}finally{
    //无论是否出现异常都要运行的代码
}
```

try-catch-finally 的每个部分都是一个语句块，try 语句块是正常的程序代码，是可能出现异常的地方，catch 语句用于捕获异常，它带有一个异常处理参数变量，JVM 通过该参数把被抛出的异常对象传递给 catch 块，其中的代码是异常处理代码，而 finally 语句块则是进行善后处理的代码，一般用来释放所使用的系统资源。

（3）try-finally。这是省略了 catch 语句块的形式，目的是保证 finally 语句块中的代码能够被执行。

```
try{
    //可能出现异常的代码
}finally{
    //无论是否出现异常都要运行的代码
}
```

2. catch 匹配的规则

catch 匹配的规则如下：

- 产生的异常与参数类型属于同一个类。
- 产生的异常是参数类型的子类。

如果有多个 catch 语句，出现异常时，匹配将按照 catch 语句的顺序进行，当匹配到第一个符合的 catch 语句时，执行其中的代码，而不会再匹配后续的 catch 语句。因此匹配的顺序应该是先子类后父类，即先捕获具体的异常类，然后捕获一般性的异常，最后才是 Exception。

例如下述代码中有错误。

```
try {
    //可能出现异常的代码
} catch (Exception e) { //错误：因为先捕获异常父类，后捕获异常子类
    //处理各种异常的代码
} catch (ArithmeticException e) {
    //处理算术异常的代码
}
```

应该改为如下代码：

```
try {
    //可能出现异常的代码
} catch (ArithmeticException e) {
    //处理算术异常的代码
} catch (Exception e) { //正确：应该先捕获异常子类，后捕获异常父类
    //处理各种其他异常的代码
}
```

程序运行时，可能出现异常，也可能没有异常，这两种情况的比较见表 9-2。

表 9-2　出现异常和没有异常的比较

是否出现异常	try 语句块	catch 语句块	finally 语句块
try 语句块中没有异常	全部执行	跳过所有 catch 语句块	全部执行
try 语句块中出现异常	中止执行	①如果有匹配的 catch 语句块，则执行它 ②如果没有匹配的 catch 语句块，则将异常抛出给方法的调用者或中断执行	全部执行

下面用例子加以说明。

【例 9-1】 捕获异常（参见实训平台【实训 9-1】）。

（1）捕获多种异常。以下代码含有两种不检查异常（运行时异常），运行时程序将出现异常而中止：

```
public class CatchExceptionDemo {
    public static void main(String[] args) {
        int[] a = { 1, 2, 0 };
        for (int i = 0; i <= a.length; i++) {
            System.out.println(1 / a[i]);
        }
        System.out.println("程序正常结束。");
    }
}
```

运行结果如下，出现异常而中止，无法执行最后一行“程序正常结束。”：

```
1
0
Exception in thread "main" java.lang.ArithmeticException: / by zero
    at CatchExceptionDemo.main(CatchExceptionDemo.java:5)
```

改为下述代码，添加捕获异常的代码后，运行时可以处理出现的异常情况。

```
public class CatchExceptionDemo {
```

```
	public static void main(String[] args) {
		int[] a = { 1, 2, 0 };
		try {
			for (int i = 0; i <= a.length; i++) {
				System.out.println(1 / a[i]);
			}
		} catch (ArithmeticException e) { //分别捕获多种异常
			System.out.println("算术异常：" + e.getMessage());
			return;
		} catch (ArrayIndexOutOfBoundsException e) {
			System.out.println("索引越界：" + e.getMessage());
			return;
		} finally { //不论出现异常与否，这部分总会执行
			System.out.println("善后处理。");
		}
		System.out.println("程序正常结束。");
	}
}
```

修改后的代码有两个捕获异常的代码，运行时的运行结果如下：

```
1
0
算术异常： / by zero
善后处理。
```

上述代码中，捕获到“算术异常”异常后，异常处理代码块中有一条 return 语句，但在执行 return 语句之前仍然执行了 finally 语句块中的代码，虽然 finally 语句块位于 return 语句之后。

修改上述代码中数组的数据为 int[] a = { 1, 2, 1 };（消除被 0 除的“算术异常”异常），再次运行，运行结果如下：

```
1
0
1
索引越界：3
善后处理.
```

这次捕获到的是“索引越界”异常，仍然是执行了 finally 语句块中的代码，但不执行最后一行代码“程序正常结束。”

修改上述代码中引起索引越界的语句 for (int i = 0; i < a.length; i++) {（删除等于号）后，再次运行，运行结果如下：

```
1
0
1
善后处理。
程序正常结束。
```

这时没有出现任何异常，程序正常执行完成。

（2）try-catch-finally 嵌套。下述代码含有检查异常（非运行时异常），无法通过编译。

```
import java.io.BufferedReader;
```

```
import java.io.FileReader;

public class FileDemo {
    public static void main(String[] args) {
        String str = readFile("d:\\aa.txt");    //调用方法来读取文件
        System.out.println(str);    //输出文件的内容
    }

    static String readFile(String fileName) { //读取文本文件的内容，具体语句在第 11 章中讲解
        String text = "";    //保存读到的整个文本文件的内容
        BufferedReader in = null;
        in = new BufferedReader(new FileReader(fileName));    //打开文件（可能出现异常）
        String line;
        while ((line = in.readLine()) != null) { //循环读取每一行文本（可能出现异常）
            text += line + "\n";    //添加到变量 text
        }
        in.close();        //关闭文件（可能出现异常）
        return text;       //返回读到的文本文件的内容
    }
}
```

改为下述代码，添加捕获异常的代码后才能通过编译并执行。

```
import java.io.BufferedReader;
import java.io.FileNotFoundException;
import java.io.FileReader;
import java.io.IOException;

public class FileDemo {
    public static void main(String[] args) {
        String str = readFile("d:\\aa.txt");    //调用方法来读取文件
        System.out.println(str);    //输出文件的内容
    }

    static String readFile(String fileName) { //读取文本文件的内容
        String text = "";    //保存读到的整个文本文件的内容
        BufferedReader in = null;
        try { //以下这段代码详见第 11 章
            in = new BufferedReader(new FileReader(fileName));    //打开文件
            String line;
            while ((line = in.readLine()) != null) { //循环读取每一行文本
                text += line + "\n";    //添加到变量 text
            }
        } catch (FileNotFoundException e) {
            System.out.println("找不到下述文件：" + e.getMessage());
            return null;    //出现异常，返回 null
        } catch (IOException e) {
            System.out.println("出现 IO 异常：" + e.getMessage());
```

```
            return null;    //出现异常，返回 null
        } finally {
        //关闭打开的文件放在 finally 语句块中，可以保证不论是否出现异常文件都会被关闭
            if (in != null) {
                try { //嵌套的 try-catch
                    in.close();    //关闭文件（可能出现异常）
                } catch (IOException e) {
                    System.out.println("关闭文件时出现 IO 异常：" + e.getMessage());
                }
            }
        }
        return text;    //返回读到的文本文件的内容
    }
}
```

如果文件 d:\aa.txt 不存在，运行结果如下，注意输出的文件内容是 null：

```
找不到下述文件：d:\aa.txt（系统找不到指定的文件。）
null
```

如果 D:盘上有文件 d:\aa.txt，运行时程序输出这个文件的全部内容。

9.2.2 声明抛出异常

捕获异常和声明抛出异常

捕获异常是在语句层面上对异常的处理，声明抛出异常是在方法层面上对异常的处理。

声明抛出异常是指一个方法不捕获异常，将可能出现的异常交给方法的调用者来处理。在方法声明的 throws 子句中声明可能会抛出哪些异常，格式如下：

```
方法修饰符 返回类型 方法名 (参数列表) throws 异常列表{
    //方法体
}
```

例如：

```
public int read() throws IOException{
    //...
}
```

throws 子句中可以同时指明多个异常类，异常类之间用逗号分隔。例如：

```
public int readDB() throws IOException, SQLException{
    //...
}
```

【例 9-2】声明抛出异常（参见实训平台【实训 9-2】）。

在【例 9-1】的读取文件例子中，改写后的 readFile()方法捕获并处理了出现的异常。如果用声明抛出异常的方式来改写 readFile()方法，则代码如下：

```
import java.io.BufferedReader;
import java.io.FileReader;
import java.io.IOException;

public class FileDemo {
    public static void main(String[] args) {
        String str = null;
```

```
        try { //调用者需要处理 readFile()方法抛出的异常
            str = readFile("d:\\aa.txt");    //调用方法来读取文件
        } catch (IOException e) {
            System.out.println("读文件异常：" + e.getMessage());
        }
        System.out.println(str);    //输出文件的内容
    }

    static String readFile(String fileName) throws IOException { //readFile()方法声明抛出异常
        String text = "";    //保存读到的整个文本文件的内容
        BufferedReader in = null;
        try {
            in = new BufferedReader(new FileReader(fileName));    //打开文件（可能出现异常）
            String line;
            while ((line = in.readLine()) != null) { //循环读取每一行文本（可能出现异常）
                text += line + "\n";    //添加到变量 text
            }
        } finally {
            if (in != null) { //优秀的程序应该时刻关注一个变量是否为 null
                in.close();    //保证执行关闭文件这一行（可能出现异常）
            }
        }
        return text;    //返回读到的文本文件的内容
    }
}
```

在读取文件的例子中，【例 9-1】和【例 9-2】都达到了异常处理的目的，但声明抛出异常的方法使程序更加灵活，这体现在以下两个方面：

- 允许异常对象通过方法的调用链一级一级向上传递，直到最适合处理的那一级进行处理。
- 分离产生异常的代码和处理异常的代码，从而使集中处理异常成为可能。

9.3 自定义异常

自定义异常使用户实现自己的异常处理机制成为可能，使异常处理更加灵活方便。

9.3.1 自定义异常类

自定义异常类必须是 Throwable 类的直接子类或间接子类。通常是声明为 Ecxeption 类的子类，并且在构造方法中调用父类的构造方法进行初始化。

```
public class MyException extends Exception{
    public MyException(String message){
        super(message);
    }
}
```

在实际的项目开发中通常会创建一组自定义异常类，形成一个有继承关系的层次结构。

9.3.2 抛出异常

自定义异常的使用是通过抛出（throw）异常实现的。
在异常处理的其他方面，例如捕获异常和声明抛出异常，与前述的异常处理是相同的。

9.3.3 自定义异常类的使用

自定义异常类的使用分为以下 3 个步骤：
（1）设计并声明自定义异常类。
（2）在出现异常处抛出异常（throw），该方法还要声明抛出异常（throws）。
（3）在处理异常处捕获并处理异常或再次声明抛出异常。

抛出异常（throw）：动词原型，使用在祈使句中，无主语。
声明抛出异常（throws）：动词单数形式，使用在主谓结构中，主语是方法。

【例 9-3】自定义异常（参见实训平台【实训 9-3】）。

这是一个自定义异常的完整例子，输入的成绩小于 0 或大于 100 都将抛出一个自定义的成绩异常。注释中的①②③对应上述 3 个步骤。

```
import java.util.InputMismatchException;
import java.util.Scanner;

class ScoreException extends Exception { //①自定义异常，命名为成绩异常
    public ScoreException(String message) {
        super(message);
    }
}

public class UserDefinedExceptionDemo {
    public static int readScore() throws InputMismatchException, ScoreException {
        //readScore()方法声明抛出异常（其中包含自定义异常）
        Scanner sc = new Scanner(System.in);
        System.out.print("输入成绩");
        int i = sc.nextInt();
        if (i < 0) {
            throw new ScoreException("输入的成绩不能小于 0。");        //②抛出自定义异常
        }
        if (i > 100) {
            throw new ScoreException("输入的成绩不能大于 100。");      //②抛出自定义异常
        }
        return i;
    }

    public static void main(String[] args) {
        int i = -1;
        try {
```

```
                i = readScore();
                System.out.println(i);
            } catch (InputMismatchException e) {//捕获并处理 InputMismatchException 异常
                System.out.println("整数输入格式错。");
            } catch (ScoreException e) { //③由调用者捕获并处理自定义异常
                System.out.println(e.getMessage());
            }
        }
}
```

运行这段代码，输入一些非法的成绩值，看看出现的异常情况。例如输入的整数中含有字母、大于 100 的成绩值、负数的成绩值。

一个优秀的程序员应该养成下述良好的异常处理习惯。

- 对异常一定要处理，处理的方式有：捕获后进行处理、捕获后重新抛出、捕获后转换成另一种异常抛出、不捕获异常而是声明抛出异常。应该根据情况灵活选用。
- 捕获后要进行妥善处理。要根据异常的具体情况进行处理，并提供详细的异常信息，不要只输出一行信息，甚至连有关信息都不输出。
- 尽量指定具体的异常。用多个 catch 语句块捕获具体的异常，不要只是捕获一个 Ecxeption。
- 使用 finally 释放资源。如果 try 语句块中占用了资源，要保证资源被正确释放。例如打开了数据库连接，则使用后要正确关闭，正确的方法是在 finally 语句块中关闭。否则不出现异常时可以关闭，出现异常时则不能关闭，造成系统长时间运行时由于资源问题而崩溃。
- try 语句块不要太大，小的 try 语句块有助于分析异常的原因。
- 合理设计与使用自定义异常，将自定义异常抛出给调用者（抛出异常和声明抛出异常），直到合适的层次再进行处理。

9.4 单元测试

测试是软件开发的重要一环，测试有助于提高软件代码的质量，提高软件的可靠性。最简单的测试手段就是在代码中嵌入若干行的 System.out.print()语句，输出有关变量的值，这种测试是手工进行的，使用不方便。

异常处理解决的是程序代码方面的错误，而单元测试要解决的是程序逻辑方面的错误，就是说，程序代码没有错误，而是结果不满足需求。

9.4.1 JUnit 介绍

一个单元（Unit）是指一个可独立进行的工作。针对一个 Java 程序，一个单元可以是一个方法，也可以是一组方法，这个或这些方法不依赖于前一次运行的结果，也不影响后一次运行的结果。

Java 单元测试（JUnit）是为 Java 程序开发提供的一个工具，使测试可以自动化进行，从而提高程序的可靠性。

9.4.2 Test Case

Test Case 是测试用例，是进行单元测试的类。Eclipse 已经集成了 JUnit 框架，不必安装即可使用，但需要为项目加载 JUnit 类库。

下面通过一个实例来说明单元测试的过程。

【例 9-4】 单元测试（参见实训平台【实训 9-4】）。

（1）被测试代码。创建一个包 org.ngweb.java.java9.shape，在包中创建一个 Rectangle 类，这个类有一个逻辑错误，要用单元测试找出这个错误。

```
package org.ngweb.java.java9.shape;

public class Rectangle {
    private double width;
    private double length;

    public double getWidth() {
        return width;
    }

    public double getLength() {
        return length;
    }

    public void setLength(double length) {
        this.length = length;
    }

    public void setWidth(double width) {
        this.width = width;
    }

    public double getArea() {
        return width + length;    //故意将乘法改为加法，将返回错误结果
    }
}
```

（2）创建测试包。在项目内创建一个独立的测试包 test.org.ngweb.java.java9。

测试包应该是一个与应用程序相互独立的部分，保存了所有的测试用例和测试用例集，在测试的各个阶段可以重复使用。

因此，包名通常是在项目的包名前加上 test。测试包作为开发文档长期存在，不随软件交给客户。

（3）创建测试用例。在测试包中创建一个 JUnit Test Case，方法是从主菜单中选择 New→Others，在弹出的窗口中选择 Java→JUnit→JUnit Test Case，如图 9-2 左图所示。将测试类（测试用例）命名为 RectangleTest，本书采用较老的 JUnit3 版本，其余保留默认值，单击 Finish 按钮。

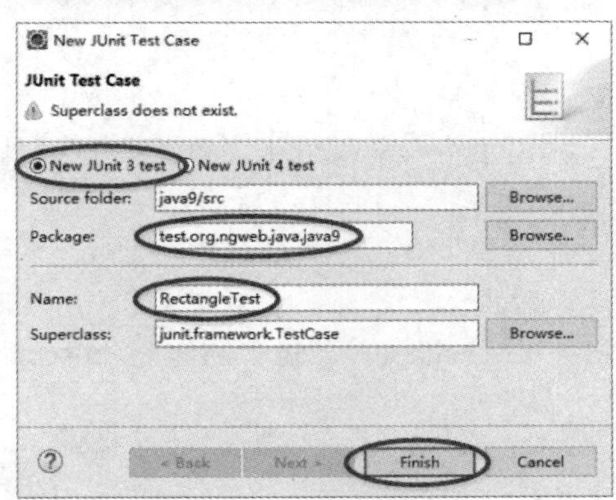

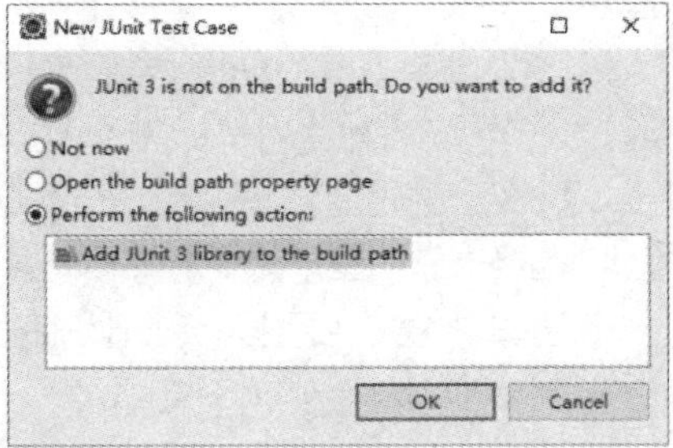

图 9-2　创建 TestCase 和加载 JUnit 库文件

如果在项目中是第一次创建测试用例，项目中还没有加载 JUnit 类库，这时将会弹出 New JUnit Test Case 对话框，如图 9-2 右图所示，单击 OK 按钮。

新建的测试用例的默认内容如下：

```
package test.org.ngweb.java.java9;

import junit.framework.TestCase;

public class RectangleTest extends TestCase {

}
```

（4）编写测试用例。在测试用例类中编写 3 个测试方法，JUnit3 要求测试方法的名称以 test 开始，因此这 3 个方法命名为 testLength、testWidth 和 testArea，分别测试矩形的长、宽和面积的代码是否正确。

```
package test.org.ngweb.java.java9;

import org.ngweb.java.java9.shape.Rectangle;

import junit.framework.TestCase;
import junit.framework.TestCase;

public class RectangleTest extends TestCase {
    public void testWidth() { //第一个测试方法
        Rectangle rec = new Rectangle();
        rec.setWidth(20);
        TestCase.assertEquals(20.0, rec.getWidth(), 0.001);        //断言
    }

    public void testLength() { //第二个测试方法
        Rectangle rec = new Rectangle();
        rec.setLength(30);
        TestCase.assertEquals(30.0, rec.getLength(), 0.001);        //断言
    }
```

```
    public void testArea() { //第三个测试方法
        Rectangle rec = new Rectangle();
        rec.setWidth(20);
        rec.setLength(30);
        TestCase.assertEquals(600.0, rec.getArea(), 0.001);        //断言
    }
}
```

（5）运行测试用例。按 Ctrl + F11 快捷键运行测试用例，结果如图 9-3 左图所示。

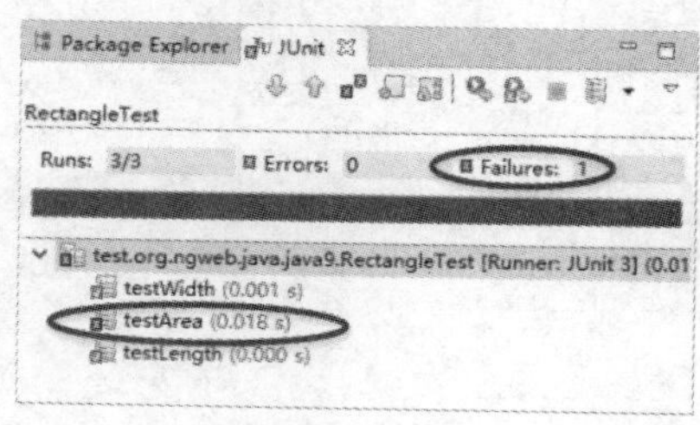

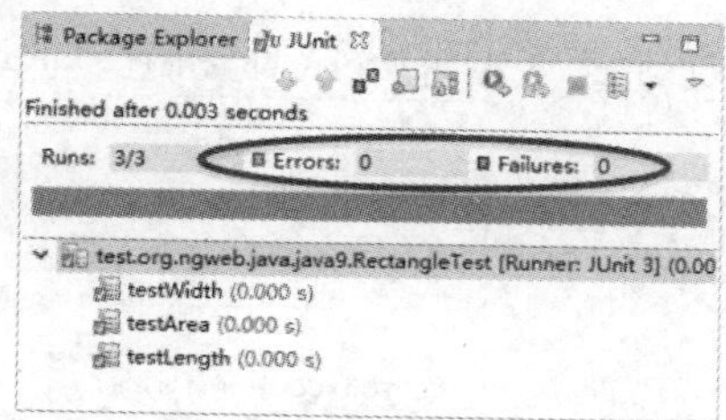

图 9-3　运行测试用例的结果

运行测试用例时，JUnit3 将会随机执行所有以 test 开头的方法。图 9-3 左图显示一共有 3 个测试，其中 0 个错误，1 个失败，失败的测试是 testArea 测试，双击它，可以定位到对应的测试代码，这个例子中对应的代码如下：

```
public void testArea() { //第三个测试方法
    Rectangle rec = new Rectangle();
    rec.setWidth(20);
    rec.setLength(30);
    TestCase.assertEquals(600.0, rec.getArea(), 0.001);     //断言
}
```

上述代码中背景深色的这一行就是测试中失败的测试代码，这行代码的意思是预期矩形（宽 20 长 30）的面积是 600.0，误差不超过 0.001。

这时检查矩形类中计算面积的代码，是因为以下代码而引起的：

```
public double getArea() {
    return width + length;     //故意将乘法改为加法，将返回错误结果
}
```

改正这个错误后，再次运行测试用例，结果显示全部通过，如图 9-3 右图所示。

一个测试方法就是一个单元测试，每个测试都是独立的。在每个测试方法内是一组独立的操作，这些操作不应该与其他部分有关，测试方法结束前应该恢复到执行前的状态。

9.4.3　Test Suite

Test Suite 由针对一个功能的多个测试用例组成，形成测试用例集，用于提高测试的自动化程度。实际操作时可以一次性运行 Test Suite 内所有的 Test Case 和 Test Suite，并显示 Test Suite 内的错误或失败的数量。

Test Suite 使测试的自动化程度更高，方便了大中型项目测试的进行。

9.5 综合实训

1.【Jitor 平台实训 9-5】自定义异常的声明和使用：在 Jitor 校验器中按照图 9-4 所示类图的要求编写一个学生类和两个异常类，在学生类的 input()方法中当输入的年龄超出 15～25 岁，成绩超出 0～100 分时，分别抛出这两个异常。

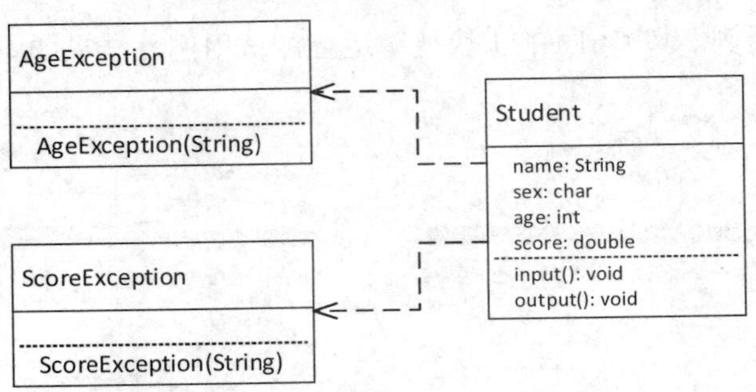

图 9-4　学生类和异常类

2.【Jitor 平台实训 9-6】单元测试：在 Jitor 校验器中仿照 9.4 节中的例子编写一个 Circle 类，其中的 getArea()方法有错误，编写一个单元测试用例，对这个圆类进行测试。

第 10 章　多线程

本章所有实训可以在 Jitor 校验器的指导下完成。

Java 为多线程提供了内置的支持。多线程可以充分利用 CPU，提高程序的运行效率。

10.1　多线程的概念

10.1.1　程序、进程和线程

程序（Program）是一组计算机指令的有序集合，程序保存在存储介质（如硬盘）上，它是静态的。

进程（Process）是程序在 CPU 上的执行过程，它是活跃在内存中的，是动态的。当运行一个程序时，就是启动了一个进程。

线程（Thread）则是进程中某个单一顺序的控制流，是进程的组成部分。

一个进程至少有一个线程，这个线程是主线程，主线程可以创建子线程，子线程由主线程管理。线程和进程的区别见表 10-1。

表 10-1　线程和进程的比较

比较项	进程	线程
独立执行	是一个独立的执行单元	不能独立执行，必须依赖进程
内存单元	拥有独立的内存单元	共享内存单元
划分尺度	大	小
管理者	由操作系统管理	由进程管理

10.1.2　多线程

一个程序在运行时（进程）只有一个线程，这是单线程程序。多线程（Multithreading）是允许一个进程创建多个线程，并且可以并发地执行多个线程。例如在浏览器上可以在下载的同时播放音乐、上下翻页等，这时每一个任务就对应着一个线程。

理解多线程

例如下述代码是一个单线程的例子。

```
public class Demo {
    public static void main(String[] args) {
        task1();    //调用任务 1
        task2();    //任务一完成之后再调用任务 2
    }

    public static void task1(){
```

```
            for(int i=0; i<5; i++){
                System.out.println("任务 1，步骤" + i);
            }
            System.out.println("任务 1 完成");
        }

        public static void task2(){
            for(int i=0; i<5; i++){
                System.out.println("任务 2，步骤" + i);
            }
            System.out.println("任务 2 完成");
        }

    }
```

运行结果如下：

```
任务 1，步骤 0
任务 1，步骤 1
任务 1，步骤 2
任务 1，步骤 3
任务 1，步骤 4
任务 1 完成
任务 2，步骤 0
任务 2，步骤 1
任务 2，步骤 2
任务 2，步骤 3
任务 2，步骤 4
任务 2 完成
```

这是单线程的程序，两个任务只能是完成一个任务之后才能开始做第二个任务，如图 10-1 左图所示。本书到目前为止，所有代码都是这样严格按照代码的次序进行的，“3.1.1　程序的 3 种基本结构”对此有简要的说明。

下述代码将前述的代码改为多线程。

```
public class Demo {
    public static void main(String[] args) {
        new Thread(new Runnable() {
            @Override
            public void run() {
                task2();    //task2 作为一个子线程
            }
        }).start();
        task1();      //task1 仍然在主线程里
    }

    public static void task1(){
        for(int i=0; i<5; i++){
            System.out.println("任务 1，步骤" + i);
        }
```

```
            System.out.println("任务 1 完成");
        }

        public static void task2(){
            for(int i=0; i<5; i++){
                System.out.println("任务 2，步骤" + i);
            }
            System.out.println("任务 2 完成");
        }
    }
```

运行结果如下（每次执行的结果会有不同）：

```
任务 1，步骤 0
任务 1，步骤 1
任务 2，步骤 0
任务 2，步骤 1
任务 2，步骤 2
任务 1，步骤 2
任务 2，步骤 3
任务 2，步骤 4
任务 1，步骤 3
任务 2 完成
任务 1，步骤 4
任务 1 完成
```

这是多线程的，两个任务在不同的线程中，这样就可以同时进行，一会儿做任务一，一会儿做任务二，如图 10-1 右图所示。就像是同时在做两个任务，这时我们说，多个线程是并发进行的。

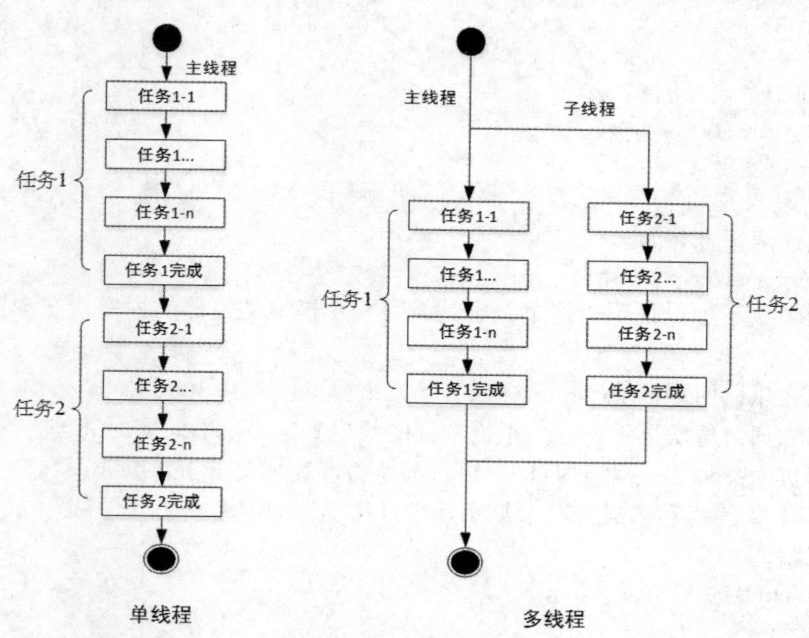

图 10-1　单线程和多线程的比较

在单线程的程序中，只有一个执行序列，这个执行序列就是主线程。在多线程的程序中，有多个执行序列，其中一个是主线程，其他线程是子线程，是由主线程创建和管理的，如图 10-1 所示。

多线程打破了程序中代码是顺序执行的这样一种思维模式，在需要的时候，可以让一段代码作为一个线程，与其他代码并发地进行。

10.2 多线程的实现

多线程的实质是让出使用 CPU 的机会，允许 CPU 中断当前的任务，去做另外一个任务，然后再切换回来，由于 CPU 切换的速度非常快，所以看起来就像是 CPU 在同时做两个任务，甚至是多个任务。

多线程有以下两种实现方法：

- 继承 Thread 类。
- 实现 Runnable 接口。

10.2.1 方法一：继承 Thread 类

第一种方法是通过继承 Thread 类的方式来实现，步骤如下：

（1）将需要实现多线程的类声明为继承 Thread 类，覆盖其 run()方法，并将线程体放在该方法里。

```
class MyThread extends Thread{
    public void run(){
        //线程体
    }
}
```

（2）创建一个该类的实例。

```
Runnable t = new MyThread();
```

（3）启动该实例。

```
t.start();
```

可以将上述两行合并为一行代码。

```
new MyThread().start();
```

下面用一个例子加以说明。这个例子是编写一个模拟浏览器的程序，在浏览的同时将要进行以下任务：

- 播放音乐：用每秒输出一个标识（§）来模拟，一共 30 秒。
- 显示歌词：每次显示一行，根据歌词的长度确定显示的间隔时间。
- 打印页面：每 2～3 秒钟打印一页，显示打印完成第 n 页，共 10 页。

【例 10-1】单线程和多线程（参见实训平台【实训 10-1】）。

（1）单线程。

```
import java.util.Date;

public class Demo {
    public static void main(String[] args) {
```

```
        Tasks.playMusic();       //只能先选一项，听音乐
        Tasks.showPoem();        //不能同步显示歌词
        Tasks.printDoc();        //打印放在最后，还要等它结束才行
    }
}

class Tasks {
    static String[] poem = { "我是天空里的一片云", "偶尔投影在你的波心", "你不必讶异",
            "更无须欢喜", "在转瞬间消灭了踪影" };
    static long startTime = new Date().getTime();

    static void playMusic() {
        for (int i = 0; i < 15; i++) {
            System.out.print("§");
            try {
                Thread.sleep(500);      //每 0.5 秒
            } catch (InterruptedException e) {
                e.printStackTrace();
            }
        }
        System.out.println();
        long ms = new Date().getTime() - startTime;
        System.out.println("***到第 " + ms / 1000 + " 秒时音乐结束。");
    }

    static void printDoc() {
        for (int i = 0; i < 5; i++) {
            int ms = (int) (Math.random() * 500 + 1000);     //1～1.5 秒之间
            try {
                Thread.sleep(ms);
            } catch (InterruptedException e) {
                e.printStackTrace();
            }
            System.out.println("打印完成第 " + (i + 1) + " 页");
        }
        long ms = new Date().getTime() - startTime;
        System.out.println("***到第 " + ms / 1000 + " 秒时打印结束。");
    }

    static void showPoem() {
        for (int i = 0; i < poem.length; i++) {
            System.out.println(poem[i]);
            int ms = poem[i].length() * 15000 / 80;      //15 秒内播放完歌词
            try {
                Thread.sleep(ms);
            } catch (InterruptedException e) {
```

```
                    e.printStackTrace();
                }
            }
            long ms = new Date().getTime() - startTime;
            System.out.println("***到第 " + ms / 1000 + " 秒时歌词结束。");
        }
    }
```

（2）多线程（继承 Thread 类）。

在上述单线程的代码上进行修改，成为多线程的程序。

```
import java.util.Date;

public class Demo {
    public static void main(String[] args) {
        //Tasks.playMusic();
        //Tasks.showPoem();
        //Tasks.printDoc();
        new PlayMusic().start();     //三项同时开始，可以边听歌边看歌词
        new PrintDoc().start();      //哪一个线程先开始均可
        new ShowPoem().start();      //歌听完了，打印也结束了
    }
}

class PlayMusic extends Thread {
    @Override
    public void run() {
        Tasks.playMusic();
    }
}

class PrintDoc extends Thread {
    @Override
    public void run() {
        Tasks.printDoc();
    }
}

class ShowPoem extends Thread {
    @Override
    public void run() {
        Tasks.showPoem();
    }
}

class Tasks {
    //类体代码与前一步的完全相同
}
```

上述两个例子的输出如图 10-2 所示。第一个是单线程的，3 个任务 Tasks.playMusic()、Tasks.showPoem()、Tasks.printDoc()按调用的顺序执行。第二个是多线程的，3 个任务 Tasks.playMusic()、Tasks.showPoem()、Tasks.printDoc()分别由 3 个线程的 run 方法调用，然后并发执行，这就是在浏览器中同时听歌、打印等任务的原理。

```
§§§§§§§§§§§§§§
***到第 7 秒时音乐结束。
我是天空里的一片云
偶尔投影在你的波心
你不必讶异
更无须欢喜
在转瞬间消灭了踪影
***到第 14 秒时歌词结束。
打印完成第 1 页
打印完成第 2 页
打印完成第 3 页
打印完成第 4 页
打印完成第 5 页
***到第 20 秒时打印结束。
```

```
§我是天空里的一片云
§§打印完成第 1 页
§偶尔投影在你的波心
§打印完成第 2 页
§§你不必讶异
§打印完成第 3 页
§更无须欢喜
§打印完成第 4 页
§在转瞬间消灭了踪影
§§打印完成第 5 页
***到第 6 秒时打印结束。
§***到第 6 秒时歌词结束。
§
***到第 7 秒时音乐结束。
```

图 10-2　单线程和多线程的运行结果

最后的结果是多线程的运行速度更快，因为 CPU 得到了更充分的利用。

10.2.2　方法二：实现 Runnable 接口

由于 Java 语言没有多继承机制，因此，如果多线程类需要继承其他的类，就无法用这种方法实现多线程。Java 语言提供了第二种实现方法，即通过实现 Runnable 接口来实现多线程。实现的步骤如下：

（1）将需要实现多线程的类声明为实现 Runnable 接口的类，实现 run()方法，并将线程体放在该方法里。

```
class MyRunnable implements Runnable{
    public void run(){
        //线程体
    }
}
```

（2）创建一个该类的实例。

```
Runnable r = new MyRunnable();
```

（3）从该实例创建一个 Thread 实例。

```
Thread t = new Thread(r);
```

（4）启动该 Thread 的实例。

```
t.start();
```

也可将上述 3 行合并为一行。

```
new Thread(new MyRunnable()).start();
```

甚至是写为匿名类的形式，将所有代码写为一行。

```
new Thread(new Runnable() {
    @Override
    public void run() {
```

```
            //线程体
        }
}).start();
```

【例 10-2】多线程的实现（实现 Runnable 接口）（参见实训平台【实训 10-2】）。

（1）多线程（实现 Runnable 接口）。将 10.2.1 节的代码改为采用 Runnable 接口实现。

```
import java.util.Date;

public class Demo {
    public static void main(String[] args) {
        new Thread(new PlayMusic()).start();
        new Thread(new PrintDoc()).start();
        new Thread(new ShowPoem()).start();
    }
}

class PlayMusic implements Runnable { //仅仅将 extends Thread 改为 implements Runnable
    @Override
    public void run() {
        Tasks.playMusic();
    }
}

class PrintDoc implements Runnable {
    @Override
    public void run() {
        Tasks.printDoc();
    }
}

class ShowPoem implements Runnable {
    @Override
    public void run() {
        Tasks.showPoem();
    }
}

class Tasks {
    //类体代码与 10.2.1 节的完全相同
}
```

（2）多线程（实现 Runnable 接口，匿名类）。下面的代码采用匿名类，代码更为简洁。

```
import java.util.Date;

public class Demo {
    public static void main(String[] args) {
```

```
            new Thread(new Runnable() {
                @Override
                public void run() {
                    Tasks.playMusic();
                }
            }).start();
            new Thread(new Runnable() {
                @Override
                public void run() {
                    Tasks.showPoem();
                }
            }).start();
            new Thread(new Runnable() {
                @Override
                public void run() {
                    Tasks.printDoc();
                }
            }).start();
        }
    }

    class Tasks {
        //类体代码与 10.2.1 节的完全相同
    }
```

从上述代码看到，不论是通过继承 Thread 类，还是通过实现 Runnable 接口，都能够实现多线程的能力，只是语法方面有少量区别。

10.2.3 线程的优先级

当存在多个线程时，可以通过设置线程的优先级来决定哪个线程能够得到更多的执行机会，即更多的 CPU 时间。

线程优先级的范围是 1～10，一个线程的优先级越高（越接近 10），能够得到执行的机会就越大。线程的默认优先级是 5。

10.2.4 Thread 类的常用方法

Thread 类的常用方法中除了 run 方法是在 Runnable 接口声明的，其他的方法是由 Thread 类声明的，见表 10-2。

表 10-2 Thread 类的常用方法

方法		说明
常量	static int MAX_PRIORITY	线程可以具有的最高优先级（10）
	static int MIN_PRIORITY	线程可以具有的最低优先级（1）
	static int NORM_PRIORITY	分配给线程的默认优先级（5）

续表

方法		说明
构造方法	Thread()	创建 Thread 对象
	Thread(Runnable target)	从一个 Runnable 对象创建 Thread 对象
成员方法	void run()	由 Runnable 接口声明，所有线程都必须覆盖或实现该方法
	void start()	由 Thread 类声明，作用是启动线程
	int getPriority()	返回线程的优先级
	void setPriority(int newPriority)	更改线程的优先级
	static void sleep(long millis)	让当前正在执行的线程休眠指定的毫秒数

其中 sleep 方法也是经常使用的，它允许线程休眠指定的毫秒数，而不影响其他线程的运行，最典型的用途是实现计时器、秒表等。

10.3 多线程实例

10.3.1 实例详解（一）：猜数字游戏

编写一个猜数字游戏，每 5 秒输出计时一次。

【例 10-3】实例详解（一）：猜数字游戏（参见实训平台【实训 10-3】）。

```
public class Guess { //猜数字游戏
    static Scanner sc = new Scanner(System.in);
    static int count = 0;    //每 5 秒计时一次
    static boolean isRunning = false;    //是否计时

    public static void main(String args[]) {
        int number = (int) (Math.random() * 100);    //让你猜的一个随机数（0～100 之间）
        int myNumber;    //你每次输入的数

        new Thread(new Runnable() { //一个线程，对游戏的过程进行计时
            @Override
            public void run() {
                isRunning = true;    //开始计时（在主线程中结束计时）
                while (isRunning) {
                    try {
                        Thread.sleep(5000);    //每 5000 毫秒计时一次
                    } catch (Exception e) {
                    }
                    count += 5;    //加 5 秒
                    System.out.println("用时 " + count + " 秒");
                }
                System.out.println("合计用时 " + count + " 秒");
            }
```

```
        }).start();

        while (true) { //无限循环，直到猜对时结束
            System.out.print("输入一个 0～100 的整数：");
            myNumber = sc.nextInt();
            if (myNumber == number) {
                System.out.println("你猜对了！！！ ");
                isRunning = false;      //结束计时
                break;
            } else if (myNumber < number) {
                System.out.println("小了一些");
            } else {
                System.out.println("大了点");
            }
        }
    }
}
```

这个程序中有两个线程，主线程是猜数字，子线程是计时，每 5 秒输出一次计时的时间。运行结果如下：

```
输入一个 0～100 的整数：50
大了点
输入一个 0～100 的整数：用时 5 秒
25
大了点
输入一个 0～100 的整数：用时 10 秒
12
小了一些
输入一个 0～100 的整数：22
大了点
输入一个 0～100 的整数：用时 15 秒
18
大了点
输入一个 0～100 的整数：用时 20 秒
15
大了点
输入一个 0～100 的整数：用时 25 秒
13
小了一些
输入一个 0～100 的整数：用时 30 秒
14
你猜对了！！！
用时 35 秒
合计用时 35 秒
```

10.3.2　实例详解（二）：模拟布朗运动

本节用一个模拟布朗运动的程序来演示多线程的应用。运行结果如图 10-3 所示，运行时

用鼠标在这个窗口中单击一次就会生成一个新的粒子。

图 10-3　模拟布朗运动的程序

图 10-3 中共有 6 个粒子，每个粒子都是一个线程，每个线程都是独立的，以随机的步长和方向移动，通过这种技术模拟了粒子的布朗运动。

这个程序有 n+2 个线程，n 是粒子数，另外两个线程是主线程和刷新屏幕的线程，后者实现每秒 24 次刷新屏幕，类似电影的每秒 24 帧。每单击一次鼠标就会创建一个新的粒子，这个新的粒子也是一个线程，在线程体内每隔随机的时间随机改变自己的位置（即 x、y 坐标）一次。

【例 10-4】实例详解（二）：模拟布朗运动（参见实训平台【实训 10-4】）。

图形界面编程不在本书讲解的范围之内，但 Jitor 校验器会提供与图形界面编程有关的代码。

```
import java.awt.Color;
import java.awt.Graphics;
import java.awt.event.MouseAdapter;
import java.awt.event.MouseEvent;
import java.util.LinkedList;
import java.util.List;
import javax.swing.JFrame;

public class Brownian extends JFrame {
    private static final long serialVersionUID = 1L;
    int width = 600;          //屏幕宽度
    int height = 400;         //屏幕高度
    int size = 10;            //粒子大小（直径）
    int step = 50;            //每次移动的最大步长
    List<Particle> list = new LinkedList<Particle>();     //用 List 保存每个粒子

    public static void main(String[] args) { //主方法
        new Brownian();          //调用构造方法
```

```
    }

    Brownian() { //构造方法
        super("布朗运动");
        this.setSize(width, height);  //窗口大小
        this.setDefaultCloseOperation(JFrame.EXIT_ON_CLOSE);   //允许关闭窗口
        this.setVisible(true);        //显示窗口
        this.addMouseListener(new Mouser());      //处理鼠标单击事件

        new Thread(new Runnable() { //这个线程用于定时刷新屏幕（每秒 24 次）
            @Override
            public void run() {
                for (;;) { //无限循环
                    try {
                        Thread.sleep(1000/24);  //每秒刷新 24 次（类似于电影的 24 帧）
                    } catch (InterruptedException e) {
                        e.printStackTrace();
                    }
                    repaint();  //刷新屏幕上的粒子，将调用 paint()方法
                }
            }
        }).start();
    }

    public void paint(Graphics g) { //实际重绘屏幕，paint 方法由 repaint 方法调用
        super.paint(g);          //清除屏幕内容
        g.setColor(Color.red); //设为红色
        for (Particle p : list) { //画每一个粒子（在 list 中）
            g.fillOval(p.x, p.y, size, size);     //在每个粒子的位置画直径为 size 的圆
        }
    }

    private class Mouser extends MouseAdapter {  //内部类，鼠标适配器，每点击一次创建一个圆
                                                 //类的实例
        public void mouseClicked(MouseEvent evt) {
            //每次单击鼠标，在单击的 x,y 位置创建一个粒子
            Particle particle = new Particle(evt.getX(), evt.getY());
            list.add(particle);                  //将刚创建的粒子添加到 list 列表中
            new Thread(particle).start();        //并开始自由运动的线程
        }
    }

    private class Particle implements Runnable {  //内部类，粒子，多线程的，实现 Runnable 接口
        private int x;     //粒子的 x 坐标
        private int y;     //粒子的 y 坐标
```

```
        public Particle(int x, int y) { //构造方法
            this.x = x;
            this.y = y;
            System.out.println("新增粒子，x=" + x + ", y=" + y);
        }

        @Override
        public void run() { //粒子可以自己随机移动
            for (;;) { //无限循环
                try {
                    //每隔随机的 100～600 毫秒移动一次
                    Thread.sleep((int) (Math.random() * 500 + 100));
                } catch (InterruptedException e) {
                    e.printStackTrace();
                }
                //通过随机改变 x,y 坐标实现随机的自由运动
                x += Math.random() * step - step / 2;
                y += Math.random() * step - step / 2;

                x = x < 0 ? 0 : x;          //超出屏幕范围，移回屏幕之内
                x = x > width ? width : x;
                y = y < 0 ? 0 : y;
                y = y > height ? height : y;
            }
        }
    }
}
```

10.4　综合实训

1.【Jitor 平台实训 10-5】4 位学生小李、小张、小赵和小王在打篮球，现在编写一个程序，模拟他们抢篮球的过程，每人抢到 7 次就算结束，余下的人继续玩。现在要求输出每人抢球的记录。输出的例子如下：

```
......（省略前面的输出）
小李结束了。
小赵结束了。
小王第 6 次抢到篮球....
小王第 7 次抢到篮球....
小王结束了。
```

2.【Jitor 平台实训 10-6】修改【例 10-4】中例子的代码，删除不需要的代码，写一个小时钟程序，在状态栏显示当前的时间，如图 10-4 所示。

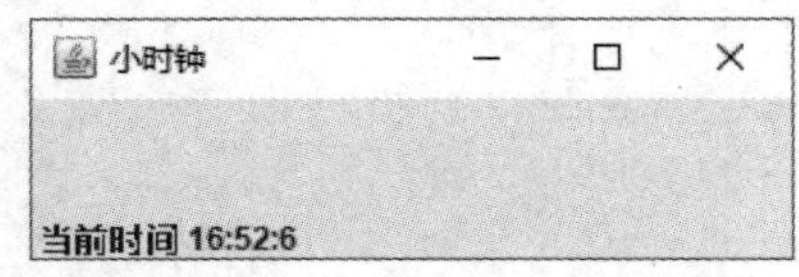

图 10-4　小时钟程序

第 11 章　文件处理与串行化

本章所有实训可以在 Jitor 校验器的指导下完成。

文件处理是 Java 语言中很重要的内容，同时也是通过编程实践掌握 Java 类库的使用的一个途径。

11.1　文件处理

11.1.1　文件处理概述

在与输入输出有关的处理中，最常见的是对文件的处理，java.io 包中有关文件处理的类是文件类（File）。它用于对文件和目录的检查和操作，例如创建、删除、改名、查看相关信息（文件大小、创建时间等）。目录被认为是一种特殊的文件，因此也是用 File 类处理。

File 类的操作是平台无关的，不论是对 Linux 平台还是 Windows 平台，都可以用 File 类进行处理，从而尽可能地避免不同平台引起的编程上的差异。

11.1.2　文件类的使用

1. File 类的常用方法

File 类描述了文件对象的属性，提供了对文件对象的操作。表 11-1 列出了 File 类的常用方法。

表 11-1　File 类的常用方法

<table>
<tr><th colspan="3">方法</th><th>说明</th></tr>
<tr><td rowspan="2">构造方法</td><td colspan="2">File(String pathname)</td><td>用给定路径名创建一个 File 实例</td></tr>
<tr><td colspan="2">File(String parent, String child)</td><td>用 parent 父路径名和 child 子路径名创建一个 File 实例</td></tr>
<tr><td rowspan="10">常用方法</td><td rowspan="5">文件信息</td><td>long length()</td><td>返回文件的长度，如果是目录，返回 0</td></tr>
<tr><td>long lastModified()</td><td>返回最后修改时间（1970 年 1 月 1 日零点以来的毫秒数）</td></tr>
<tr><td>String getName()</td><td>返回文件或目录的名称</td></tr>
<tr><td>String getParent()</td><td>返回父目录路径名称，如果不存在父目录，则返回 null</td></tr>
<tr><td>String getPath()</td><td>返回全路径名称（父目录路径+文件名称）</td></tr>
<tr><td rowspan="5">文件操作</td><td>boolean exists()</td><td>文件或目录是否存在</td></tr>
<tr><td>boolean isFile()</td><td>文件是否是一个文件</td></tr>
<tr><td>boolean isDirectory()</td><td>文件是否是一个目录</td></tr>
<tr><td>boolean delete()</td><td>删除文件或目录</td></tr>
<tr><td>boolean renameTo(File dest)</td><td>重新命名文件。如果新的文件不在同一目录中，则移动文件</td></tr>
</table>

续表

方法			说明
常用方法	目录操作	boolean mkdir()	创建指定的目录，这时各级父目录必须已经存在
		boolean mkdirs()	创建指定的目录，各级父目录将被同时创建
		String[] list()	返回字符串数组，其值是目录中的文件和目录
		String[] list(FilenameFilter filter)	返回字符串数组，其值是目录中满足指定过滤器的文件和目录
		File[] listFiles()	返回 File 数组，其值是目录中的文件
		File[] listFiles(FilenameFilter filter)	返回 File 数组，其值是目录中满足指定过滤器的文件和目录

注：有一个与目录有关的方法是在 System 类中声明的，获得当前工作目录：System.getProperty("user.dir")。

下述代码是 File 类的一些常用方法的例子。

```
import java.io.File;

public class FileDemo {
    public static void main(String[] args) {
        File file = new File("D:/eclipse/eclipse.exe");
        System.out.println(file.exists());              //true，文件存在
        System.out.println(file.length());              //57344
        System.out.println(file.getPath());             //D:\eclipse\eclipse.exe
        System.out.println(file.getParent());           //D:\eclipse
        System.out.println(file.getName());             //eclipse.exe
        System.out.println(file.isDirectory());         //false
        System.out.println(file.isFile());              //true
    }
}
```

创建一个 File 类的实例时并不要求路径所代表的文件（目录）必须存在。在上述例子中如果 D:/eclipse/eclipse.exe 不存在，则输出如下结果：

```
false                       //文件不存在
0                           //文件长度为 0
D:\eclipse\eclipse.exe      //仍然输出有关的信息，尽管文件并不存在
D:\eclipse
eclipse.exe
false                       //当然它既不是目录，也不是文件
false
```

目录分隔符在 Windows 平台下是反斜杠（\），而在 Linux 平台下是正斜杠（/）。反斜杠同时又是转义字符，在字符串中需要用两个连续的反斜杠（\\）表示，由于 Java 可以自动进行转换，因此建议统一使用正斜杠（/）。

2. 判断文件或目录是否存在

```
if(!new File("D:/eclipse/eclipse.exe").exists()){
    System.out.println("文件 eclipse.exe 找不到。");
}
```

3. 删除文件或目录

```
if(new File("D:/doc/myfile.txt").delete()){
    System.out.println("删除成功。");
}else{
    System.out.println("删除失败。");
}
```

删除失败的可能原因有以下几个：

- 要删除的文件或目录不存在。
- 要删除的是一个目录，而该目录下还有文件或目录。
- 没有权限进行删除操作。

4. 创建目录

创建目录的方法有两个：mkdir()和 mkdirs()，它们的区别是前者仅创建指定的目录本身，前提是该目录的所有各级父目录已经存在。后者是同时创建各级父目录及目录本身。因此，一般建议使用 mkdirs()。

```
new File("D:/docs/mydoc").mkdirs();          //如果目录 docs 不存在也将被创建
```

11.1.3 文件名过滤器

list()和 listFiles()方法返回的是目录中的所有文件和目录，前者返回字符串数组，后者返回文件数组。如果需要查找满足指定条件的文件或目录，可以通过过滤器来实现。

文件名过滤器 FilenameFilter 是一个接口，该接口的 accept()方法完成过滤的实现，返回 true 表明符合条件，将出现在结果中。当需要过滤文件或目录时，要先声明一个过滤器类，该类必须实现 FilenameFilter 接口，并实现其中的 accept()方法，然后将该类的实例传递给 list()方法或 listFiles()方法，从而实现对文件或目录的过滤。

【例 11-1】文件过滤器（参见实训平台【实训 11-1】）。

文件过滤器：列出目录中满足条件的文件或目录。

```
import java.io.File;
import java.io.FilenameFilter;

public class FileFilterDemo {
    public static void main(String[] args) {
        File dir = new File("D:/eclipse");     //用 File 对象表示一个目录
        MyFilter myFilter = new MyFilter("exe");     //生成一个过滤器，过滤所有 exe 文件
        System.out.println("列出所有 exe 文件：" + dir);
        if (dir.isDirectory()) {
            String files[] = dir.list(myFilter);     //列出满足过滤器要求的文件
            for (int i = 0; i < files.length; i++) {
                File f = new File(dir, files[i]);     //为结果创建一个 File 对象
                if (f.isFile())
                    System.out.println("文件：" + f);     //如果是文件则打印文件名
                else
                    System.out.println("目录：" + f);     //如果是目录则打印目录名
            }
        } else {
```

```
                System.out.println("目录不存在。");
            }
        }
}

class MyFilter implements FilenameFilter { //实现文件名过滤器
    String extName;    //扩展名

    MyFilter(String extent) { //构造方法设置扩展名
        this.extName = extent;
    }

    public boolean accept(File dir, String name) {
        return name.endsWith("." + extName);    //满足扩展名要求则返回 true
    }
}
```

11.1.4 列出目录下各级目录的内容

如果要列出目录下各级目录的内容，需要使用方法的递归调用。

【例 11-2】递归调用列出各级目录的内容（参见实训平台【实训 11-2】)。

采用递归调用列出一个目录下各级目录的内容。

```
import java.io.File;

public class ListAllDemo {
    public static void main(String[] args) {
        String path = System.getProperty("user.dir");
        System.out.println("当前目录是：" + path);

        System.out.println("当前目录下的所有目录和文件有：");
        visitAllDirsAndFiles(new File(path));
    }

    public static void visitAllDirsAndFiles(File dir) { //递归列出目录和文件
        System.out.println(dir.getPath());

        if (dir.isDirectory()) {
            String[] children = dir.list();
            for (int i = 0; i < children.length; i++) {
                visitAllDirsAndFiles(new File(dir, children[i]));    //直接递归调用
            }
        }
    }

    public static void visitAllDirs(File dir) { //递归列出目录
        if (dir.isDirectory()) {
```

```
            System.out.println(dir.getName());

            String[] children = dir.list();
            for (int i = 0; i < children.length; i++) {
                visitAllDirs(new File(dir, children[i]));          //直接递归调用
            }
        }
    }
}
```

11.2 I/O 处理

11.2.1 概述

Java 用流的概念来描述输入和输出，流就像是自来水管中的水流，流必须有源端和目的端，它们可以是计算机内存的某些区域，也可以是磁盘文件，甚至可以是互联网上的某个 URL。

流的方向是重要的，根据流的方向，流可分为两类：输入流和输出流。程序可以从输入流中读取信息，但不能写它。相反，对输出流，只能往输出流中写，而不能读它，如图 11-1 所示。

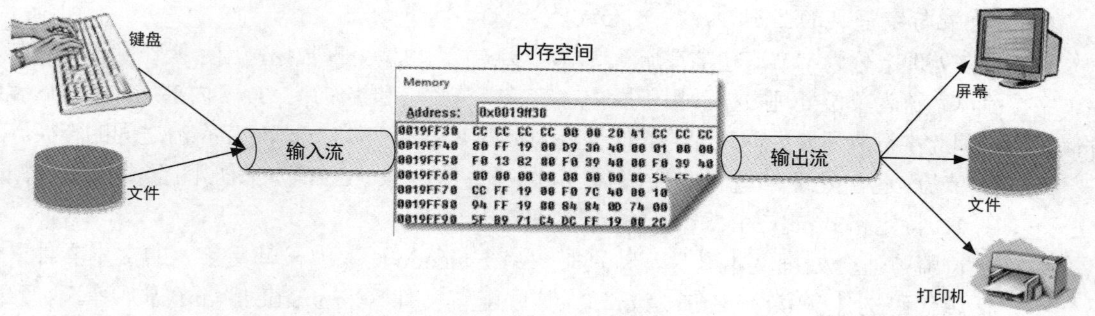

图 11-1　输入流和输出流

如果用水流来作比喻，一条管道连接了内存和外设（磁盘文件或打印机），数据就像管道中的水流。数据流入内存就是输入流（读入），数据流出内存就是输出流（写出）。

1. 流的分类

根据分类的标准不同，流可以有如下几种分类方法：

- 按流的方向分类：输入流和输出流。
- 按流处理的数据单位不同分类：字节流和字符流。
- 按流的功能不同分类：节点流和处理流。

2. 输入输出流有关的类

Java 语言提供的与 I/O 流有关的类多达数十种，它们分为四大类：字节输入流、字节输出流、字符输入流和字符输出流。在这些类中，常用的 I/O 类见表 11-2。

表 11-2　常用 I/O 处理类

分类	输入流	输出流
字节流	InputStream 字节输入流抽象类 ├FileInputStream 字节文件输入流 └FilterInputStream 过滤输入流 　└BufferedInputStream 缓冲型字节输入流	OutputStream 字节输出流抽象类 ├FileOutputStream 字节文件输出流 └FilterOutputStream 过滤输出流 　└BufferedOutputStream 缓冲型字节输出流
字符流	Reader 字符输入流抽象类 ├InputStreamReader 字符输入流 │ └FileReader 字符文件输入流 └BufferedReader 缓冲型字符输入流	Writer 字符输出流抽象类 ├OutputStreamWriter 字符输出流 │ └FileWriter 字符文件输出流 └BufferedWriter 缓冲型字符输出流

3. 输入输出中的异常

进行 I/O 操作时可能会产生 I/O 异常，它们属于非运行时异常，必须在程序中处理。常见的异常有 FileNotFoundException 和 IOException 等。

4. 标准输入输出

Java 语言提供的标准输入输出被封装在 System 类里，共有 3 个对象（已在第 8 章中讨论过，参见“8.2.4　System 类”）：

- 标准输入：System.in，它代表键盘，是 InputStream 的一个实例。
- 标准输出：System.out，它代表屏幕，是 PrintStream 的一个实例。
- 标准错误输出：System.err，它代表屏幕，也是 PrintStream 的一个实例。

5. 字节流与字符流的区别

I/O 流在处理上分为字节流和字符流。字节流以字节为单位处理数据，用于操作字节和字节数组。字符流以字符为单位处理数据，用于操作字符、字符数组和字符串。Java 内部用 Unicode 编码存储字符，因此字符流还要处理外部的其他编码的字符流和内部的 Unicode 字符流之间的转换。

- 字节流：适合处理二进制文件，包括可执行文件（.exe、.dll 等）、图形图像文件（.gif、.jpg 等）、特定格式的文件（.doc、.pdf 等）等。
- 字符流：适合处理文本文件，特别是含有 Unicode 码（中日韩文字）的文本文件，包括源代码文件（.txt、.xml、.html）、某些配置文件（.properties、.ini 等）等。

11.2.2　字节流的读写

字节流的读写

1. 普通的输入输出

字节流适用于对二进制文件的操作，它分为字节输入流和字节输出流两类，它们的典型代表类是 FileInputStream 和 FileOutputStream。最常用的方法是 read()和 write()，它们各有多种重载，见表 11-3。

表 11-3　字节流的常用输入输出方法

	方法	说明
输入流	int read()	从输入流中读取一个数据字节。如果已到达文件末尾，返回-1
	int read(byte[] b)	从输入流中将最多 b.length 个字节的数据读入到 byte 数组中，返回成功读入的长度，如果已到达文件末尾，返回-1

续表

	方法	说明
输出流	void write(int b)	将指定字节写入文件输出流中
	void write(byte[] b)	将 b.length 个字节从 byte 数组写入文件输出流中

（1）输入。处理文件输入需要按以下步骤进行：

1）导入输入流包：例如 import java.io.FileInputStream;。

2）声明输入流：例如 FileInputStream fis = null;。

3）创建流对象（打开文件）：例如 fis = new FileInputStream("d:/abc.txt");。

4）读操作：通常是一个循环，直到文件末尾结束读操作。

5）关闭流（关闭文件）：例如 fis.close();。

与输入输出有关的异常是检查异常，所以还必须对异常进行处理。下面用一个例子加以说明。

【例 11-3】字节输入流（参见实训平台【实训 11-3】）。

字节输入流：读取文件 d:/abc.txt 中的数据并输出到控制台。

```
import java.io.FileInputStream;
import java.io.FileNotFoundException;
import java.io.IOException;

public class ReadDemo {
    public static void main(String[] args) {
        FileInputStream fis = null;     //声明一个流，它将在 finally 语句块中被关闭
        try {
            fis = new FileInputStream("d:/abc.txt");     //打开文件
            int b;
            while ((b = fis.read()) != -1) { //每次读入一个字节
                System.out.print((char) b);     //输出到屏幕上
            }
        } catch (FileNotFoundException e) { //以下是异常处理
            System.out.print("文件找不到异常。");
        } catch (IOException e) {
            System.out.print("读文件异常。");
        } finally { //关闭文件的操作必须放在 finally 语句块中
            if (fis != null) {
                try { //需要嵌套的 try 结构
                    fis.close();
                } catch (IOException e) {
                    System.out.print("文件无法关闭异常。");
                }
            }
        }
        System.out.println("\n 文件读出完成。");
    }
}
```

运行时可以发现如果 d:/abc.txt 中含有中文，输出到屏幕时将出现乱码，这是由于将中文作为字节处理而导致的，字节流应该被用于处理二进制文件而不是文本文件。

（2）输出。与输入的处理类似，输出的 5 个步骤如下：

1）导入输出流包：例如 import java.io.FileOutputStream;。

2）声明输出流：例如 FileOutputStream fos = null;。

3）创建流对象（打开文件）：例如 fos = new FileOutputStream("d:/abc.txt");。

4）写操作：通常也是一个循环，需要一个循环的结束条件。

5）关闭流（关闭文件）：例如 fos.close();。

下面用一个例子加以说明。

【例 11-4】字节输出流（参见实训平台【实训 11-4】）。

```
import java.io.FileNotFoundException;
import java.io.FileOutputStream;
import java.io.IOException;
import java.util.Scanner;

public class WriteDemo {
    public static void main(String[] args) {
        Scanner sc = new Scanner(System.in);
        FileOutputStream fos = null;     //声明一个流，它将在 finally 语句块中被关闭
        try {
            fos = new FileOutputStream("d:/abc.txt");     //打开文件
            String str;
            System.out.println("输入要写入文件中的字符串（英文），空行结束：");
            while ((str = sc.nextLine()).length() != 0) { //每次从键盘读入一行
                fos.write(str.getBytes());     //字符串转换成字节数组，再写入文件中
                fos.write('\r');     //\r\n 表示换行（Windows 系统）
                fos.write('\n');
            }
        } catch (FileNotFoundException e) { //以下是异常处理
            System.out.print("文件找不到异常。");
        } catch (IOException e) {
            System.out.print("写文件异常。");
        } finally { //关闭文件的操作必须放在 finally 语句块中
            if (fos != null) {
                try { //需要嵌套的 try 结构
                    fos.close();
                } catch (IOException e) {
                    System.out.print("文件无法关闭异常。");
                }
            }
        }
        System.out.println("\n 文件写入完成。");
    }
}
```

（3）复制。复制的过程是从输入流中读取数据，再写到输出流中。

【例 11-5】复制二进制文件（参见实训平台【实训 11-5】）。

字节输入输出流：复制一个二进制文件。

```
import java.io.FileInputStream;
import java.io.FileNotFoundException;
import java.io.FileOutputStream;
import java.io.IOException;

public class CopyByteFileDemo {
    public static void main(String[] args) {
        copyFile("D:/DSC_0003.jpg", "E:/aa.jpg");    //调用方法
    }

    //复制方法：用字节流复制二进制文件
    public static void copyFile(String fromFile, String toFile) {
        FileInputStream fis = null;          //声明字节输入流
        FileOutputStream fos = null;         //声明字节输出流
        try {
            fis = new FileInputStream(fromFile);
            fos = new FileOutputStream(toFile);
            int b;
            while ((b = fis.read()) != -1) { //从输入流读入
                fos.write((byte) b);     //写出到输出流中
            } //完成复制
        } catch (FileNotFoundException e) { //以下是异常处理
            System.out.print("文件找不到异常。");
        } catch (IOException e) {
            System.out.print("读或写文件异常。");
        } finally { //finally 语句块
            if (fis != null) {
                try {
                    fis.close();    //关闭输入流
                } catch (IOException e) {
                    System.out.print("文件无法关闭异常。");
                }
            }
            if (fos != null) {
                try {
                    fos.close();    //关闭输出流
                } catch (IOException e) {
                    System.out.print("文件无法关闭异常。");
                }
            }
        }
        System.out.println("\n 文件复制完成。");
    }
}
```

如果复制的文件比较大，可以发现它的运行速度非常慢，这就需要用缓冲流来提高磁盘的读写速度，见下面的讨论。

2. 过滤流

对于前述的输入流或输出流，流中的信息直接从一个端点传到另一个端点，这样的流称为节点流。还有一种流，用于对流中的数据进行处理，这样的流称为处理流。过滤流就是一种处理流，它像管道中的过滤器，从上游接收数据，经过过滤处理，然后送往下游。

过滤流提供了很多增强功能，实现了多样化的数据读写处理，同时也简化了代码的编写，例如数据加密和解密、数据压缩和解压缩。

缓冲流：BufferedInputStream（缓冲输入流）和 BufferedOutputStream（缓冲输出流）是一种过滤流，它采用一个内部缓冲区缓存数据，从而提高磁盘的读写速度。

因为缓冲流是一种过滤流，它需要在原来的节点流（输入流或输出流）的基础上作进一步的处理，将原来的节点流转换为缓冲流。

对于输入流：

```
FileInputStream fis;                                //输入流
fis = new FileInputStream(filename);
BufferedInputStream bis;                            //缓冲输入流
bis = new BufferedInputStream(fis);
```

上述代码可以写为一行。

```
BufferedInputStream bis = new BufferedInputStream(new FileInputStream(filename));
```

对于输出流：

```
FileOutputStream fos;                       //输出流
fos = new FileOutputStream(filename);
BufferedOutputStream bos;                   //缓冲输出流
bos = new BufferedOutputStream(fos);
```

上述代码也可以写为一行。

```
BufferedOutputStream bos = new BufferedOutputStream(new FileOutputStream(filename));
```

然后对缓冲流进行读或写操作。下述代码是对【例 11-5】的改进。

【例 11-6】缓冲流（参见实训平台【实训 11-6】）。

```
//前半部分与【例 11-5】的代码相同
public static void copyFile(String fromFile, String toFile) {
    FileInputStream fis = null;
    FileOutputStream fos = null;
    BufferedInputStream bis = null;             //声明缓冲输入流
    BufferedOutputStream bos = null;            //声明缓冲输出流

    try {
        fis = new FileInputStream(fromFile);
        fos = new FileOutputStream(toFile);
        bis = new BufferedInputStream(fis);         //过滤缓冲流
        bos = new BufferedOutputStream(fos);    //过滤缓冲流
        int b;
        while ((b = bis.read()) != -1) {    //其余代码不需要改变，只是改为缓冲流
            bos.write((byte) b);
```

```
        }
        bos.flush();        //缓冲流在结束前需要清空缓冲区，否则可能丢失数据
    } catch (FileNotFoundException e) {
    //后半部分也与【例 11-5】的代码相同
```

可以发现，改进后的代码运行速度提高了数倍以上，可以用复制较大的文件进行测试。

11.2.3　字符流的读写

字符流适用于对文本文件进行操作，特别是对中文文本文件的操作。它分为字符输入流和字符输出流两类，它们的典型代表类是 FileReader 和 FileWriter。最常用的方法也是 read() 和 write()，它们各有多种重载，见表 11-4。

表 11-4　字符流的常用输入输出方法

	方法	说明
输入流	public int read()	从字符流读取单个字符，如果已到达文件末尾，返回-1
	public int read(char[] cbuf)	从字符流将字符读入数组，返回成功读入的长度，如果已到达文件末尾，返回-1
输出流	public void write(int c)	向字符流写入单个字符
	public void write(String str)	向字符流写入字符串

字符流的操作过程与前述的字节流类似，下面仅用一个例子加以说明。

【例 11-7】读取文本文件（参见实训平台【实训 11-7】）。

使用字符流读取文本文件。

```
import java.io.FileNotFoundException;
import java.io.FileReader;
import java.io.IOException;

public class ReadCharDemo {
    public static void main(String[] args) {
        FileReader fr = null;     //声明一个流，它将在 finally 语句块中被关闭
        try {
            fr = new FileReader("d:/abc.txt");     //打开文件
            int b;
            while ((b = fr.read()) != -1) { //每次读入一个字节
                System.out.print((char) b);     //输出到屏幕上
            }
        } catch (FileNotFoundException e) { //以下是异常处理
            System.out.print("文件找不到异常。");
        } catch (IOException e) {
            System.out.print("读文件异常。");
        } finally { //关闭文件的操作必须放在 finally 语句块中
            if (fr != null) {
                try { //需要嵌套的 try 结构
                    fr.close();
                } catch (IOException e) {
```

```
                    System.out.print("文件无法关闭异常。");
                }
            }
        }
        System.out.println("\n 文件读出完成。");
    }
}
```

将上述代码与【例 11-3】的代码比较，不同之处是用 FileReader 替换了 FileInputStream，其他方面是完全相同的（仅将对象名 fis 改为 fr）。

读入时返回的值如果是-1，表示读入时遇到了文件尾。因此 read()方法的返回类型是 int。

上述代码并没有缓存数据，因此读写速度是很慢的，要使用缓冲型字符流，可以参考以下代码：

```
BufferedReader bis = new BufferedReader(new FileReader(fromFile));
BufferedWriter bos = new BufferedWriter(new FileWriter(toFile));
```

缓冲型字符流支持以文本行为单位的读入或写出操作（例如 readLine()），在写出时可以强制将缓冲区的内容写出（flush()），见表 11-5。

表 11-5　缓冲型字符流的常用输入输出方法

	方法	说明
输入流	int read()	读取单个字符
	String readLine()	读取一个文本行
输出流	void write(int c)	写入单个字符
	void write(String s, int off, int len)	写入字符串的某一部分
	void newLine()	写入一个行分隔符，行分隔符由操作系统定义
	void flush()	强制将缓冲区的数据写入文件

【例 11-8】缓冲型字符流（参见实训平台【实训 11-8】）。

以文本行为单位读入源代码文件的每一行内容并输出到屏幕上。

```
import java.io.BufferedReader;
import java.io.FileReader;
import java.io.IOException;

public class PrintSourceCode {
    public static void main(String[] args) throws IOException { //调用者再次声明抛出异常
        printSourceCode(PrintSourceCode.class);
    }

    static public void printSourceCode(Class p) throws IOException { //声明抛出异常
        //以下代码获得源代码的路径和文件名
        String path = System.getProperty("user.dir");    //获得当前工作目录
        String name = p.getName();           //从参数 p 中获得类（自己这个类）的全限定名

        name = name.replace('.', '/');           //将点分隔符替换为路径分隔符
```

```
            String fileName = path + "/src/" + name + ".java"; //src 是 Eclipse 的源代码路径
            System.out.println("源代码文件：" + fileName);

            //以下代码读取这个文件并显示到屏幕上
            BufferedReader in = null;
            try { //没有捕获异常，但仍然需要 try-finally 结构，从而确保文件被关闭
                in = new BufferedReader(new FileReader(fileName));
                String str = null;
                while ((str = in.readLine()) != null) {
                    System.out.println(str);
                }
                if (str == null) {
                    System.out.println("===文件结束===");
                }
            } finally {
                in.close();
            }
    }
}
```

运行的结果是在屏幕上显示源代码文件自身的内容。

这个例子的代码中没有捕获异常，只是简单的声明抛出异常，但仍然需要 try-finally 结构，从而确保文件被关闭。

11.3 对象的串行化

11.3.1 串行化概述

串行化是指将对象的状态（属性值）转换为串行的格式（例如二进制或字符串）的过程，用于保存到文件中或在网络上传输。

从简单的角度来理解，就是把对象的属性值保存到硬盘文件上（Serialization，串行化，也翻译为序列化），需要时再从硬盘文件中读出来（反串行化）。

串行化的用途主要有以下两个：

- 将对象保存到文件中，需要时再读取出来。
- 程序运行时通过网络传输对象。

11.3.2 Java 语言的串行化

在 java.io 包中，提供了 Serializable 接口、ObjectOutputStream 流和 ObjectInputStream 流用于支持对象的串行化。

Java 串行化生成的文件是一个二进制文件，具有专用的格式。因此，它有一个缺点，就是与其他语言不兼容，例如用 Java 串行化的对象无法用 C++语言读取出来，这就限制了这种技术的应用。

因此，本书不讲解 Java 语言的串行化，而是讲解一种通用的 JSON 串行化技术。

11.3.3 JSON 概述

JSON 是一种数据交换格式，在网络通信中有广泛的应用，采用它可以与任何语言进行数据交换。例如进行网络通信时，一端是 Java 语言，另一端是 C#语言，这时可以采用 JSON 技术进行对象的串行化和反串行化，实现双向的通信。

JSON 的网址是 http://json.org/，从这个地址可以找到各种语言的 JSON 方法库，支持的语言多达 50 多种，几乎囊括了所有主流的计算机语言。

其中 Java 语言的类库有 20 多种，从中选择下载一种类库即可实现 JSON 串行化，比较常用的有 google-gson、fastjson 和 jackson 等。

11.3.4 Gson 的下载和安装

1. 下载

本书以 google-gson 为例讲解 JSON 串行化和反串行化的操作。从 http://json.org/的 google-gson 链接中下载 Gson 的源代码或从本书主页下载编译好的 Gson 的类库。

如果下载的是源代码，通常还需要将其编译为 jar 文件。本书主页提供的是编译好的 Gson 的类库，文件名为 gson-2.8.5.jar。

2. 安装

将下载的 gson-2.8.5.jar 文件复制到项目中新创建的文件夹 lib 中，然后从该 jar 文件的右键菜单中选择 Build Path→Add to Build Path，如图 11-2 所示。

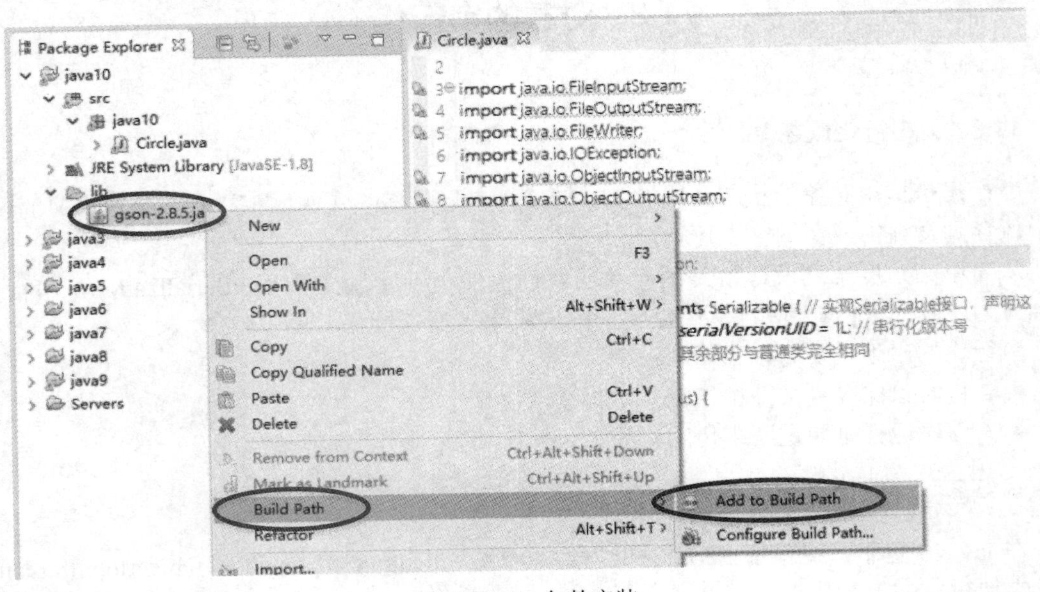

图 11-2 Jar 包的安装

这是第三方类库的安装方法，通常第三方类库都是保存在 lib 目录中，将其加入到 Build Path 中就是安装完成。

11.3.5 Gson 类库介绍

根据选用的第三方类库的要求对对象进行串行化和反串行化。

本书选用的是 Gson，它提供了 Gson 类，串行化和反串行化方法见表 11-6。

表 11-6 Gson 类的串行化和反串行化方法

方法	说明
String toJson(Object obj)	将对象 obj 串行化为一个 JSON 字符串
T fromJson(String json, Class<T> classOfT)	将一个 JSON 字符串反串行化为类 T 的对象

1. 串行化方法

toJson 方法是将对象串行化为 JSON 字符串，例如对于以下类：

```
public class Circle {
    public double radius;
    //省略成员方法
}
```

下述代码将输出 Circle 类的实例 c 的 JSON 字符串。

```
Circle c = new Circle(23.45);
Gson gson = new Gson();
String json = gson.toJson(c);        //串行化为 JSON 字符串
System.out.println(json);            //输出 JSON 字符串
```

输出的 JSON 字符串如下：

```
{"radius":23.45}
```

JSON 字符串是一组键值对，其中的键是 radius，是对象的属性名，值是 23.45。JSON 字符串可以表示复杂的数据结构，例如具有复杂属性的类实例，以及由这些实例组成的数组、List 和 Map 等。

JSON 的规则如下：

- 属性和值表示为键值对。
- 数据由逗号分隔。
- 花括号保存对象。
- 方括号保存数组。

2. 反串行化方法

fromJson 方法是将 JSON 字符串反串行化为对象，就是说可以用上述 JSON 字符串创建一个半径为 23.45 的圆的实例，代码如下：

```
String str = "{\"radius\":23.45}";                //JSON 字符串
Gson gson = new Gson();
Circle c1 = gson.fromJson(str, Circle.class);   //反串行化
System.out.println(c1.radius);
System.out.println(c1.getArea());
```

JSON 字符串就是串行化后的对象，可以保存到文件中，也可以通过网络传输，从而实现了对象的传输。这就是对象串行化的目的。

11.3.6 JSON 串行化的实例

本节采用 Gson 实现串行化和反串行化。

【例 11-9】JSON 对象串行化和反串行化（参见实训平台【实训 11-9】）。

（1）串行化。例如有下述 Student 类声明。

```
public class Student {
    private String name;
    private transient int age;    //transient 修饰的属性不会被串行化
    private char sex;
    private float[] score = new float[3];
    //省略构造方法，以及 getters 和 setter 方法
}
```

下述代码用 toJson 方法串行化一个学生对象。

```
import com.google.gson.Gson;

public class StudentDemo {
    public static void main(String[] args) {
        Student student = new Student("张三", 21, '男', new float[] { 70, 71, 72 });
        Gson gson = new Gson();
        String json = gson.toJson(student);
        System.out.println(json);
    }
}
```

输出的 JSON 字符串如下：

```
{"name":"张三","sex":"男","score":[70.0,71.0,72.0]}
```

JSON 字符串中包含了串行化的属性 name、sex、score 的值，其中 score 是一个浮点数数组，用方括号括起来，整个字符串是一个对象，用花括号括起来。

transient 修饰的属性不会被串行化，所以年龄数据没有出现在 JSON 字符串中。

（2）反串行化。如果使用这个 JSON 字符串进行反串行化，可以重新创建一个具有相同属性的学生对象。下面这段代码用 fromJson 方法反串行化这个字符串。

```
import com.google.gson.Gson;

public class StudentDemo {
    public static void main(String[] args) {
        String str = "{\"name\":\"张三\",\"sex\":\"男\",\"score\":[70.0,71.0,72.0]}";    //前述代码的输出
        Gson gson = new Gson();
        Student s = gson.fromJson(str, Student.class);
        System.out.println(s.getName() + " -> " + s.getSex());
    }
}
```

运行结果如下：

```
张三 -> 男
```

11.3.7　实例详解：复杂数据结构的串行化和反串行化

本实例将把一个拥有 3 个学生对象的 List 串行化，写入文件中；然后再从文件中读取串行化的内容，恢复为一个学生对象的 List。

【例 11-10】实例详解：复杂数据结构的串行化和反串行化（参见实训平台【实训 11-10】）。

（1）学生类。仍然以前述的学生类为例，这一次取消 age 属性的 transient 修饰符。

```
public class Student {
    private String name;
    private int age;
    private char sex;
    private float[] score = new float[3];
    //省略构造方法，以及 getters 和 setter 方法
}
```

（2）学生包装类。可以将学生 List 包装到一个类中，以方便管理。

```
class StudentList {
    List<Student> list = new LinkedList<Student>();     //包装学生 List

    void add(Student s) {
        list.add(s);
    }

    int size() {
        return list.size();
    }

    Student get(int i) {
        return list.get(i);
    }
}
```

（3）串行化和反串行化。

```
import java.io.BufferedReader;
import java.io.BufferedWriter;
import java.io.FileReader;
import java.io.FileWriter;
import java.io.IOException;
import java.util.LinkedList;
import java.util.List;

import com.google.gson.Gson;

public class StudentDemo {
    public static void main(String[] args) throws IOException {
```

```
        String fileName = "d:/student.json";
        StudentList list = new StudentList();
        list.add(new Student("张三", 21, '男', new float[] { 70, 71, 72 }));
        list.add(new Student("李四", 19, '女', new float[] { 80, 81, 82 }));
        list.add(new Student("王五", 20, '男', new float[] { 90, 91, 92 }));
        //串行化 list 对象
        serialization(fileName, list);

        //反串行化到 sList 对象中
        StudentList sList = deserialization(fileName);
        for (int i = 0; i < sList.size(); i++) {
            Student s = sList.get(i);
            System.out.println(s.getName() + " ->" + s.getAge() + " ->" + s.getSex());
        }
    }

    //串行化并写入文件中
    public static void serialization(String fileName, StudentList list) throws IOException {
        Gson gson = new Gson();
        String json = gson.toJson(list);     //串行化为 JSON 字符串

        BufferedWriter bos = new BufferedWriter(new FileWriter(fileName));
        bos.write(json); //将 JSON 字符串写入文件中
        bos.close();
    }

    //从文件中反串行化，返回反串行化的实例
    public static StudentList deserialization(String fileName) throws IOException {
        BufferedReader bis = new BufferedReader(new FileReader(fileName));
        String str = bis.readLine();     //从文件中读出 JSON 字符串
        bis.close();

        Gson gson = new Gson();
        StudentList studentList = (StudentList) gson.fromJson(str, StudentList.class); //反串行化
        return studentList;
    }
}
```

运行后在 D:盘上生成了文件 d:/student.json，这个文件是一个文本文件，其中含有 StudentList 的实例 list 的状态（属性的值），它的内容如下：

```
{"list":[{"name":"张三","age":21,"sex":"男","score":[70.0,71.0,72.0]},{"name":"李四","age":19,"sex":
"女","score":[80.0,81.0,82.0]},{"name":"王五","age":20,"sex":"男","score":[90.0,91.0,92.0]}]}
```

这是 JSON 格式的数据，它可以支持非常复杂的数据结构，并能被绝大多数的计算机语言识别。

11.4 综合实训

1.【Jitor 平台实训 11-11】文件操作：编写一个文件工具类 FileUtil，它包含表 11-7 中的 6 个文件操作方法，并从主方法中调用。

2.【Jitor 平台实训 11-12】文件读写：在 FileUtil 工具类中，增加表 11-7 中的 3 个文件读写方法，并从主方法中调用。

3.【Jitor 平台实训 11-13】对象串行化：编写一个矩形类 Rectangle。在这个基础上，在 FileUtil 工具类中，增加表 11-7 中的两个串行化和反串行化方法，采用 JSON 技术实现，并从主方法中调用。

表 11-7 自定义工具类 FileUtil 中的方法

类别	方法	功能
文件操作	boolean isFileExists(String fullFileName)	判断文件是否存在
	boolean isFileExists(String parentName, String fileName)	判断文件是否存在
	boolean isFile (String fullFileName)	判断文件是否是普通文件（不是目录）
	boolean isFile (String parentName, String fileName)	判断文件是否是普通文件（不是目录）
	int getLength (String fullFileName)	获取文件的大小（文件长度）
	int getLength (String parentName, String fileName)	获取文件的大小（文件长度）
文件读写	void copyBinFile(String srcName, String destName)	复制二进制文件
	String readTextFile(String fileName)	从文本文件中读取内容
	void readTextFile(String fileName, String str)	将内容写入文本文件中
串行化	void saveJsonShapes (String fileName, Rectangle[] shapes)	保存 Rectangle 数组到文件中
	Rectangle[] readJsonShapes (String fileName)	从文件中读取 Rectangle 数组

第 12 章　网络编程

本章所有实训可以在 Jitor 校验器的指导下完成。

本章学习 Java 环境下的网络编程。一种是通过 URL 类和 URLConnection 类的基于 HTTP 协议的网络编程，另一种是通过 Socket 接口的基于 TCP 协议的网络编程。

12.1　网络基础知识

12.1.1　TCP/IP 协议

TCP/IP 协议是网络通信技术事实上的标准，网络编程主要是通过 TCP/IP 协议实现计算机之间的通信。

TCP/IP 协议是一组协议的总称，它包括了 HTTP、TCP、UDP、IP 等协议，所以也将其称为 TCP/IP 协议簇。在 TCP/IP 的体系结构中，这些协议分为 4 个层次（如图 12-1 所示），从下向上依次为网络接口层、互联层、传输层和应用层。

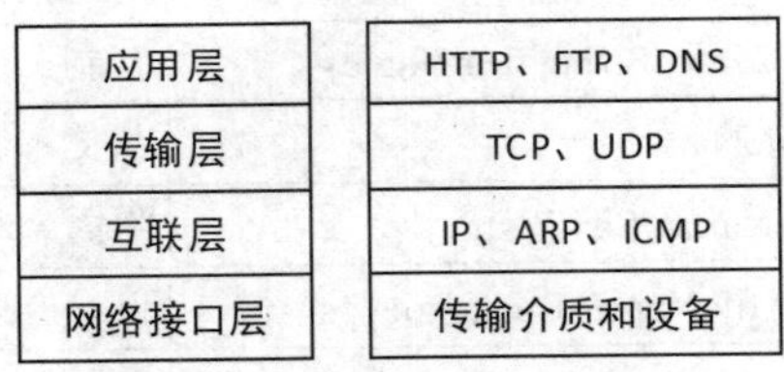

图 12-1　TCP/IP 协议簇

- 网络接口层：包括网络传输介质（如光纤、网线和无线介质）、硬件设备（如网卡、交换机等设备）和网络协议（如以太网协议）。该层提供了网络传输的基础。
- 互联层：由多个协议组成，这些协议互相合作，共同完成互联层的功能，其中最主要的协议是 IP 协议。
- 传输层：有多种协议，每种协议提供不同的服务。主要的协议是 TCP 协议和 UDP 协议。
- 应用层：有非常多的协议，几乎包括了互联网的所有应用，例如用于 WWW 服务的 HTTP 协议、用于邮件传输的 SMTP 协议和 POP3 协议、用于文件传输的 FTP 协议等。

12.1.2　IP 协议

IP 协议提供无连接的传输服务，它的功能是把数据发送到目标主机。IP 协议在发送端把原始数据分为多个比较小的数据包，通过网络传输，然后在接收端再把收到的比较小的数据包恢复（合并）成原始数据。每个 IP 数据包都包含了数据的源 IP 地址和目的 IP 地址。

1. IP 地址

IP 地址是一台主机（即网络中的计算机）在网络中的唯一标识，它是全球唯一的。IP 地址是一个 32 位的数字，一般以点分十进制的形式表示，如 210.28.144.22。IP 地址由 IANA（Internet Assigned Numbers Authority）组织统一负责管理分配，从而保证全球所有主机的 IP 地址不会重复。

每台主机都必须正确配置 IP 地址、子网掩码、默认网关地址、DNS 服务器地址等有关参数后才能在网络上与其他主机通信。

2. 环回地址

有一个特殊的地址 127.0.0.1，被称为环回地址，它永远环回到本机，也就是说，访问 127.0.0.1 即访问本机，是本机地址的代名词。环回地址的主要用途是测试。

3. 私有地址和公网地址

私有地址是指内部网络（局域网）上主机的 IP 地址，公网地址是指在因特网上主机的 IP 地址，公网地址才具有全球唯一的特点。IANA 规定将下列范围的 IP 地址保留用作私有地址：10.0.0.0～10.255.255.255、172.16.0.0～172.31.255.255、192.168.0.0～192.168.255.255。也就是说，这 3 个范围内的地址不会在因特网上被分配，它们仅在局域网内部使用。私有 IP 地址在全球范围内不具有唯一性，仅在局域网内具有唯一性。

12.1.3 TCP 协议和 UDP 协议

传输层主要的协议有两种：TCP 协议和 UDP 协议。

1. TCP 协议

TCP 协议是一种面向连接的可靠的协议。它通过序列号确认和包重发机制提供可靠的数据传输。用于可靠性要求较高、传输大量数据的场合，通常是点对点的通信。

基于 TCP 协议的应用层协议有 FTP、SSH、Telnet、SMTP、HTTP 和 POP3 等。

2. UDP 协议

UDP 是一种不可靠的、无连接的服务，它直接向网络发送数据给一台主机或多台主机，而不需要确认数据是否送达。主要用于一次性传输少量数据，不仅用于点对点的通信，也用于一对多（如组播）的通信。

基于 UDP 协议的应用层协议有 SNMP 和 DNS 等。

3. 端口

端口（Port）用来区分运行在一台主机上的多个通信进程（即网络程序）。端口号是一个 16 位的整数，其中 1～1024 已被系统使用，分配给常用的网络服务程序，称为默认端口号（表 12-1）。用户能够使用的端口号是 1025～65535，网络上的每一种应用程序都需要一个端口号。

表 12-1 常用的默认端口号

传输层服务类型	应用层协议	端口号
基于 TCP	FTP	21
	SSH	22
	Telnet	23
	SMTP	25
	HTTP	80
	POP3	110

续表

传输层服务类型	应用层协议	端口号
基于 UDP	SNMP	161
	DNS	53

客户进程的端口一般由所在主机的操作系统动态分配，当客户进程要求与一个服务器进程进行 TCP 或 UDP 连接时，操作系统为客户进程随机分配一个还未被占用的端口，当客户进程与服务器进程断开连接时这个端口就被释放。

TCP 和 UDP 都用端口来标识进程，允许存在取值相同的 TCP 端口与 UDP 端口。

4. Socket

Socket 用于标识通信双方的进程，通信在这两个进程之间进行，也可以认为通信是在这两个 Socket 之间进行。

Socket 由 IP 地址和端口号组成，唯一标识了通信的主体。应用程序通过 Socket 获得输入输出流，向对方发送数据或接收对方的数据，从而实现双向的网络通信。

Socket 被翻译为很难理解的术语“套接字”，建议直接使用英文名称。

12.1.4 应用层协议

应用层协议的种类非常多，常见的如表 12-1 所示。本章编写的 Java 网络程序也是应用层的应用程序，只是没有被标准化，不能称之为应用层协议。

12.1.5 域名

1. 域名简介

由于数字形式的 IP 地址难以记忆，因此主机地址常用域名表示，例如本书作者主页的地址是 www.ngweb.org，其域名是 ngweb.org。域名与 IP 地址的转换由域名系统（DNS）来完成，只要正确地设置了 DNS 服务器的地址，就能使用域名，而不必使用难记的 IP 地址来访问网络。

域名必须向域名登记机构注册后才能使用，并交纳一定的费用，从而保证域名的全球唯一性。

每台主机都预置了一个名字 localhost，它指向 127.0.0.1，也就是主机本身。与环回地址 127.0.0.1 的作用一样，localhost 常常用于测试。

2. URL

统一资源定位符（Uniform Resource Location，URL）表示网络上资源的位置，通常所说的网址就是一种 URL，由协议名称、IP 地址或域名等组成，形式如下：

协议名称://主机地址:端口号/文件名[#引用]

- 协议名称：这是一个应用层协议的名称，如 HTTP、FTP 等。
- 主机地址：可以是主机的 IP 地址，也可以是域名。
- 端口号[可选]：如果省略，则使用协议的默认端口号，如 HTTP 协议使用 80。

- 文件名[可选]：资源的文件名，由路径和查询字符串两部分组成。
- 引用[可选]：即锚点。

例如 http://www.ngweb.org/index.html 表示该资源使用 HTTP 协议，主机地址是 www.ngweb.org，端口号是 80（HTTP 的默认端口号，省略），文件名是 index.html，这个例子缺少引用一项。

12.2 URL 编程

URL 编程是基于应用层的编程，例如基于应用层的 HTTP 协议编写程序从 Web 服务器直接读取网页的内容。URL 编程主要包括以下两种：

- URL 类：表示要访问的远程资源，客户程序通过 URL 读取远程资源。
- URLConnection 类：表示与远程服务器的连接。客户程序从 URLConnection 中获得输入输出流，进行双向通信。

12.2.1 URL 访问远程资源

URL 类表示一个统一资源定位符，它标识了互联网“资源”的位置。资源可以是简单的文件或目录，也可以是对更为复杂的对象的引用。URL 类的常用方法见表 12-2。

表 12-2 URL 类的常用方法

方法		说明
构造方法	URL(String url)	根据 url 字符串创建 URL 实例
成员方法	URLConnection openConnection()	返回一个到 URL 所表示的远程资源的连接
	InputStream openStream()	返回一个到 URL 所表示的远程资源的输入流，读取数据
	String getProtocol()	获取 URL 的协议名称
	String getHost()	获取 URL 的 IP 地址或主机名
	int getPort()	获取 URL 的端口号
	String getFile()	获取 URL 的文件名

下面这段代码说明了 URL 的组成部分。

```
URL url = new URL("http://localhost:8080/aa/bb/cc.jsp?id=123#tag");
System.out.println(url.getProtocol());          //协议：http
System.out.println(url.getHost());              //主机：localhost
System.out.println(url.getPort());              //实际端口：8080
System.out.println(url.getDefaultPort());       //默认端口：80
System.out.println(url.getFile());              //文件：/aa/bb/cc.jsp?id=123
System.out.println(url.getPath());              //路径：/aa/bb/cc.jsp
System.out.println(url.getQuery());             //查询字符串：id=123
System.out.println(url.getRef());               //引用：tag
```

URL 类提供了一个用于读取 URL 所表示的远程资源的输入流，通过这个输入流可以方便地读取远程资源。

【例 12-1】使用 URL 访问网页（参见实训平台【实训 12-1】）。

先在浏览器上访问 http://ngweb.org/jitor/demo/java12/web.html，然后用下述代码直接访问这个网页的内容，并比较两者的区别。

```
import java.io.BufferedReader;
import java.io.IOException;
import java.io.InputStreamReader;
import java.net.URL;

public class URLDemo {
    public static void main(String[] agrs) throws IOException {
        String URLAddress = "http://ngweb.org/demo/java/java12/web.html";

        //根据网址创建一个 URL 的对象
        URL url = new URL(URLAddress);      //创建 URL
        //从 url 对象获得输入流（网站的中文编码 GBK）并加入缓冲功能
        BufferedReader in = new BufferedReader(new InputStreamReader(url.openStream(), "GBK"));

        //从输入流中读取网页的内容
        String text = "";
        String line;
        while ((line = in.readLine()) != null) { //从输入流中一行一行地读
            text += line + "\n";    //添加到 text 变量中
        }
        in.close();

        System.out.println(text);    //将网页内容输出到控制台
    }
}
```

可以发现，通过 URL 访问远程资源，得到的就是远程资源的内容，与通过浏览器访问的结果是完全一致的。

12.2.2 URLConnection 访问远程资源

通过 URL 类只是访问网页的内容，这是单向的，因此不能发送（提交）数据。通过 URLConnection 则可以向服务器提交数据，例如提交注册或登录信息，然后再接收返回的数据。

URLConnection 类表示应用程序和 URL 之间的双向通信连接。通过 URL 类的 openConnection()获得一个连接实例，用于读取和写入此 URL 所表示的资源，从而实现双向通信。URLConnection 类的常用方法见表 12-3。

表 12-3 URLConnection 类的常用方法

方法	说明
InputStream getInputStream()	返回此连接的输入流
OutputStream getOutputStream()	返回此连接的输出流
URL getURL()	返回此 URLConnection 的 URL 实例

续表

方法	说明
void setDoInput(boolean doinput)	设置此连接用于输入
void setDoOutput(boolean dooutput)	设置此连接用于输出

URL 编程（不论是 URL 编程还是 URLConnection 编程）与浏览器访问网页在本质上是相同的，只是对获得的网页数据处理不同。URL 编程和 URLConnection 编程也有少量区别，见表 12-4。

表 12-4　URL 编程和 URLConnection 编程的区别

比较项	URL 编程	URLConnection 编程
访问的内容	直接根据 URL 地址访问网页	向 URL 地址提交数据，然后获得返回的网页
访问流程	从 URL 获得输入流，从输入流读取数据（返回的数据，即网页内容）	从 URLConnection 获得输出流，向输出流写数据（提交的数据）
		从 URLConnection 获得输入流，从输入流读取数据（返回的数据，即网页的响应）
返回的内容	网页或其他数据（如 JSON 字符串）	网页或其他数据（如 JSON 字符串）
与浏览器比较	直接通过网址访问	填写表单并提交

【例 12-2】 使用 URLConnection 提交数据（参见实训平台【实训 12-2】）。

编写一个学生类，在客户端和服务器端都有这个类，双方约定以这个类来传输数据，实际传输的数据是学生实例串行化后的 JSON 字符串。

```
public class Student { //客户端与服务器约定以学生类的 JSON 字符串的格式传输数据
    public Integer idJitStudent;          //学生表的主键
    public Integer idJitClass;            //班级编号（外键，引用班级主键）
    public String colName;                //姓名
    public String colAccount;             //账号
    public String colPassword;            //密码
    public Byte colStatus;                //状态（-1=待激活，0=可用，1=试用，2=禁用）
    public java.util.Date colCreatedTime;      //账号创建时间
    public String colEmail;               //电子邮件地址
    public String colMobile;              //手机
    public String colSchool;              //学校或公司
    public String colVerification;        //注册验证或修改邮箱验证用
    public String colRemark;              //备注
}
```

下述代码通过 URL 实例建立与远程资源的 URLConnection 连接，通过该连接的 getOutputStream()获得输出流，向服务器提交用户的数据，然后通过 getInputStream()获得输入流，获取服务器的响应信息。

```
import java.io.BufferedReader;
import java.io.IOException;
import java.io.InputStreamReader;
import java.io.OutputStreamWriter;
```

```
import java.net.URL;
import java.net.URLConnection;
import java.net.URLEncoder;

import com.google.gson.Gson;

public class URLConnDemo {
    static Gson gson = new Gson();

    public static void main(String[] args) throws IOException {
        //下面一行实际的 URL 地址以 Jitor 校验器的提示为准
        String URLAddress = "http://jit.ngweb.org:8092/jitor/java/user";
        String yourAccount = "48-demo";          //改为你的 Jitor 检验器账号
        String yourPassword = "******";          //改为你的 Jitor 校验器密码

        //访问服务器上你的账号的信息，以 JSON 格式返回
        String json = getStudentInfor(URLAddress, yourAccount, yourPassword);

        //反串行化为学生类的实例
        Student student = gson.fromJson(json, Student.class);
        if (student.colAccount == null) {
            System.out.println("登录失败：账号或密码错");
        } else {
            System.out.println("你的名字：" + student.colName);
            System.out.println("你的密码：" + student.colPassword);     //你的密码（经过单向加密）
            System.out.println("创建时间：" + student.colCreatedTime);    //你注册账号的时间
        }
    }

    //采用 URLConnection 方式访问，提交账号和密码，获得账号信息（学生实例的 JSON 字符串）
    public static String getStudentInfor(String URLAddress, String yourAccount, String yourPassword)
            throws IOException {
        String text = "";
        //准备被发送的数据，数据的格式是 key1=value1&key2=value2
        //对特殊符号（如空格）和中文需要编码后才能发送
        //URLEncoder.encode 对数据进行编码，GBK 是中文编码方式
        String data = URLEncoder.encode("account", "GBK")
                + "=" + URLEncoder.encode(yourAccount, "GBK");
        data += "&" + URLEncoder.encode("password", "GBK")
                + "=" + URLEncoder.encode(yourPassword, "GBK");
        System.out.println("发送数据：" + data);

        //建立连接
        URL url = new URL(URLAddress);
        URLConnection conn = url.openConnection();
        conn.setDoOutput(true);      //设置为输出模式
```

```
            //提交用户数据（在变量 data 中）
            OutputStreamWriter writer = new OutputStreamWriter(conn.getOutputStream());
            writer.write(data);
            writer.flush();     //强制发送

            //获得网页的返回结果
            BufferedReader reader = new BufferedReader(
                    new InputStreamReader(conn.getInputStream(), "GBK"));
            String line;
            while ((line = reader.readLine()) != null) {
                text += line;
            }

            writer.close();
            reader.close();

            //返回的 JSON 字符串中不包含属性值为 null 的数据
            System.out.println("接收数据：" + text);
            return text;
        }
    }
```

运行的结果是输出你在 Jitor 校验器上的用户信息，其中密码是加密的，以保证安全。

12.3 TCP 编程

上一节的 URL 编程是基于应用层 HTTP 协议的编程，而 TCP 编程是指 Socket 编程，这是基于传输层的编程。

12.3.1 Socket 与 ServerSocket

Socket 是通信双方进程的唯一标识，客户端和服务器端各有一个 Socket 实例，共同完成双方的通信。Socket 通信示意图如图 12-2 所示。

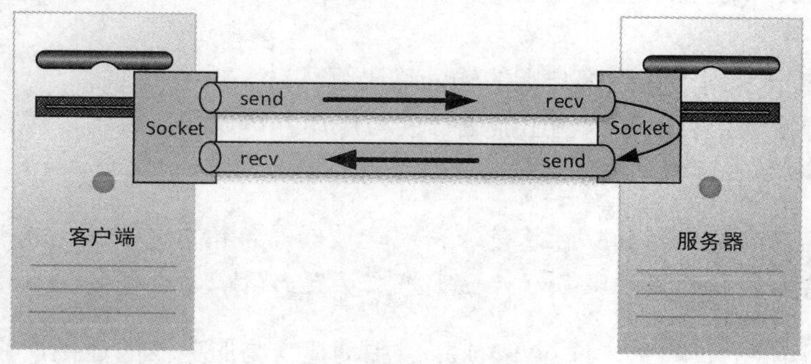

图 12-2　Socket 通信示意图

Socket 类的常用方法见表 12-5。

表 12-5　Socket 类的常用方法

方法		说明
构造方法	Socket(String host, int port)	在客户端上指定服务器的主机（IP 地址或域名）和服务器的端口，创建一个与服务器连接的 Socket 实例
成员方法	InputStream getInputStream()	返回与对方连接的输入流
	OutputStream getOutputStream()	返回与对方连接的输出流
	InetAddress getInetAddress()	返回 Socket 的远程地址（对方的地址）
	InetAddress getLocalAddress()	返回 Socket 的本地地址
	int getPort()	返回 Socket 的远程端口（对方的端口）
	int getLocalPort()	返回 Socket 的本地端口

在客户端，Socket 类的操作流程如下：

（1）创建 Socket 的实例，请求与服务器建立连接。

（2）从 Socket 获得连接到服务器端的输入输出流。

（3）按照一定的协议对输入输出流进行读写操作，协议是自行约定的。

（4）关闭 Socket。

在服务器端，无法通过创建 Socket 的实例来建立与客户端的连接，而是通过 ServerSocket 类在指定的服务器端口上监听客户的请求。ServerSocket 类的常用方法见表 12-6。

表 12-6　ServerSocket 类的常用方法

方法		说明
构造方法	ServerSocket(int port)	创建 ServerSocket 实例，在 port 端口上监听客户的请求
成员方法	Socket accept()	监听并返回一个与客户端连接的 Socket 实例
	InetAddress getInetAddress()	返回 ServerSocket 的本地地址
	int getLocalPort()	返回 ServerSocket 的本地监听端口

在服务器端，与 Socket 类相关的操作流程如下：

（1）创建 ServerSocket 的实例，设置监听端口。

（2）通过 accept()方法在监听端口等待请求，收到请求时返回一个与客户端连接的 Socket 实例。

（3）从 Socket 获得连接到客户端的输入输出流。

（4）按照一定的协议对输入输出流进行读写操作，协议是自行约定的。

（5）关闭 Socket。

主动发起通信的一方总是客户端，被动等待请求的一方总是服务器端。服务器等待着向客户提供服务，只要客户主动提出请求，服务器就要提供服务。

客户端建立连接的过程是，通过 Socket 类主动建立与服务器的连接，前提条件是需要知道服务器的主机地址（IP 地址或域名）和端口号。

服务器端建立连接的过程是，服务器端通过 ServerSocket 类持续监听指定的端口是否有连接请求，当客户端向服务器发出连接请求时服务器向客户端发回 accept（接受）消息，同时得到一个与客户端的连接，其中包含客户端的 IP 地址和端口号。随后服务器端和客户端都可以通过各自的 Socket 实例所提供的输入输出流实现与对方通信。

Socket 通信的工作流程见表 12-7。

表 12-7　Socket 通信的工作流程

步骤	客户端（Socket 类）	服务器端（Socket 类和 ServerSocket 类）
建立连接		通过 ServerSocket 类等待客户的请求
	通过 Socket 类主动发起连接请求	
		一旦接收到连接请求，得到一个 Socket 实例
	成功后得到一个 Socket 实例	
输入输出流	从 Socket 实例获得与服务器连接的输入输出流	从 Socket 实例获得与客户端连接的输入输出流
数据通信（循环进行）	通过输出流向服务器发送数据	
		通过输入流接收客户的数据
		通过输出流向客户发送响应的数据
	通过输入流接收服务器响应的数据	
结束	关闭 Socket 对象（在 finally 块中）	关闭 Socket 对象（在 finally 块中）

12.3.2　ServerSocket 服务器端的编程

服务器端被动接收连接请求。编写服务器端服务程序的关键是用 ServerSocket 类的 accept()方法监听端口上的连接请求，一旦接收到连接请求，便返回一个 Socket 对象，建立与客户端的连接。

```
Socket socket = serverSocket.accept();      //等待客户连接
```

通过这个 socket 对象的输入输出流与客户端进行双向的通信，通信的格式由用户自行定义。服务器通常是在无限循环中监听端口，永远待命的。

详细代码见下述例子。

【例 12-3】 服务器端程序（ServerSocket 类）（参见实训平台【实训 12-3】）。

这个例子中，通信过程在 runSocket()方法中，通信内容是服务器简单地向客户端回传收到的数据。

```
import java.io.BufferedReader;
import java.io.IOException;
import java.io.InputStreamReader;
import java.io.PrintWriter;
import java.net.ServerSocket;
import java.net.Socket;
import java.net.URLDecoder;
import java.net.URLEncoder;

public class TalkServer1 {      //单线程版本，一次只能接收一个客户
```

```
    private int port = 9807;        //监听的端口号
    private ServerSocket serverSocket;

    public static void main(String args[]) throws IOException {
        new TalkServer1().service();
    }

    public void service() throws IOException {    //只能同时受理一个客户，全天候监听
        System.out.println("服务器启动，在端口" + port + "监听一个客户的 TCP 请求...");
        serverSocket = new ServerSocket(port);

        while (true) {    //循环监听，处理完一个客户才能处理下一个客户
            Socket socket = serverSocket.accept();   //等待客户的连接申请
            runSocket(socket);      //接到申请后调用 runSocket 方法进行通信（单线程）
        }
    }

    public void runSocket(Socket newSocket) throws IOException { //与客户端的通信
        Socket socket = null;
        try {
            socket = newSocket;
            System.out.println("接受新连接：" + socket.getInetAddress() + ":" + socket.getPort());

            //获得输入流
            BufferedReader br = new BufferedReader(
                new InputStreamReader(socket.getInputStream(),"UTF-8"));   //字符编码 UTF-8
            //获得输出流
            PrintWriter pw = new PrintWriter(socket.getOutputStream(), true);

            String msg = null;
            while ((msg = br.readLine()) != null) {
              msg = URLDecoder.decode(msg, "UTF-8");        //解码收到的中文
              System.out.println("接收["+socket.getInetAddress()+":"+socket.getPort()+"]:"+ msg);

                //返回信息给客户端，编码发送的中文
                pw.println(URLEncoder.encode("收到：" + msg, "UTF-8"));

                if (msg.equals("bye")) { //如果接收的消息为“bye”
                    break;       //结束与该客户的连接
                }
            }
        } finally { //即使不处理异常，也要有 finally 语句块，保证关闭 TCP 连接
            System.out.println("客户"+socket.getInetAddress()+":"+socket.getPort()+"断开连接。");
            socket.close();   //结束与该客户的连接
        }
    }
}
```

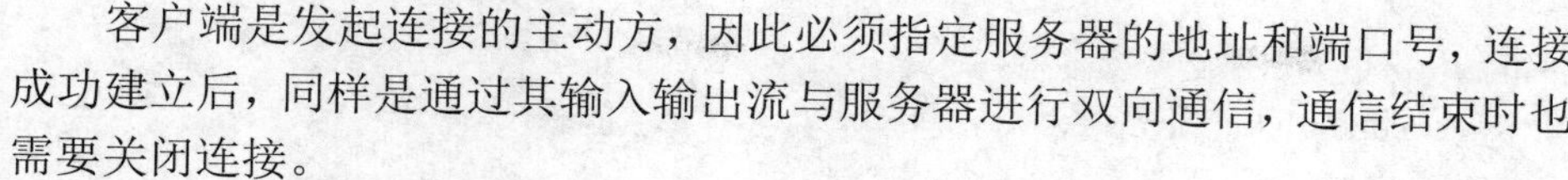

12.3.3 Socket 客户端的编程

Socket 编程

客户端是发起连接的主动方，因此必须指定服务器的地址和端口号，连接成功建立后，同样是通过其输入输出流与服务器进行双向通信，通信结束时也需要关闭连接。

【例 12-4】客户端程序（Socket 类）（参见实训平台【实训 12-4】）。

在这个例子中，客户端发出数据后，只要收到服务器回传的数据，就说明通信是正确的。

```
import java.io.BufferedReader;
import java.io.IOException;
import java.io.InputStreamReader;
import java.io.PrintWriter;
import java.net.Socket;
import java.net.URLDecoder;
import java.net.URLEncoder;
import java.util.Scanner;

public class TalkClient {
    private static String host = "127.0.0.1";  //服务器的地址，localhost 是本机地址，用于测试
    private static int port = 9807;        //请求的端口号，与服务器的监听端口相同
    private static Socket socket;          //Socket 对象
    private static Scanner sc = new Scanner(System.in);        //用于键盘输入

    public static void main(String args[]) throws IOException {
        socket = new Socket(host, port);  //建立连接
        System.out.println("与" + host + ":" + port + "成功建立通信，发送 bye 结束通信。");

        //获得输入流
        BufferedReader br = new BufferedReader(
            new InputStreamReader(socket.getInputStream(),"UTF-8"));    //字符编码 UTF-8
        //获得输出流
        PrintWriter pw = new PrintWriter(socket.getOutputStream(), true);

        String msg = null;
        System.out.print("输入数据：");
        try {
            while ((msg = sc.nextLine()) != null) { //循环读入键盘输入
                msg = URLEncoder.encode(msg,"UTF-8");          //编码发送的中文
                pw.println(msg);        //将键盘输入的内容发送到服务器

                String msg1 = URLDecoder.decode(br.readLine(),"UTF-8");  //解码收到的中文
                System.out.println("服务器应答：" + msg1);

                if ("bye".equals(msg)) {
                    //用户输入“bye”，结束循环
                    break;    //结束客户端的运行
```

```
                    }
                    System.out.print("输入数据：");
                }
            } finally { //保证关闭连接
                System.out.println("正常结束");
                socket.close();
            }
        }
    }
```

在 Eclipse 环境下对网络通信程序的测试有些不同，由于在 Eclipse 环境中切换输出窗口比较麻烦，不能直观地同时观察到服务器端和客户端的运行情况。

因此通常是采用命令行的方式来测试网络通信程序。方法是在命令行中进入项目所在目录的 bin 子目录（编译后的字节码文件被保存在 bin 子目录下），按以下方式运行：

```
java 类的全限定名
```

对于网络通信程序，应该同时打开两个命令行窗口，先在一个窗口运行服务器端程序，然后在另一个窗口运行客户端程序（如图 12-2 所示），也可以在不同的计算机上分别运行服务器端程序和客户端程序。本节之后其他例子程序的运行与此相同。

（a）服务器端

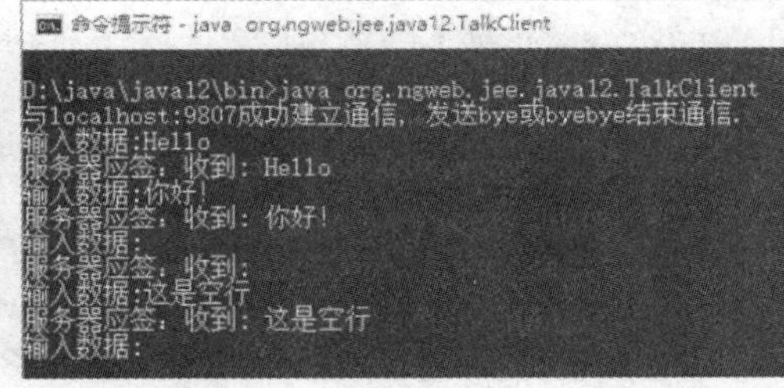

（b）客户端

图 12-3　服务器端和客户端的运行

12.3.4　支持多客户的服务器端程序

前述服务器端程序一次只能接收一个连接请求，可以依次接收多个连接请求，而不能同时接收多个连接请求。如果要支持多客户，则必须使用 Java 语言的多线程能力。

实施的方法是将与客户通信的代码写在线程体中，在主线程中，每接收到一个连接请求，便创建一个新的线程，负责与该客户的通信，从而实现服务器同时与多个用户进行通信的能力。

在这个例子中，由多线程类 ServerThread 的 run 方法调用 runSocket()方法，而不是直接调用 runSocket()方法。ServerThread 类通过构造方法接收客户请求产生的 Socket，因此启动线程的代码如下：

```
Socket socket = serverSocket.accept();   //等待客户的连接申请
new ServerThread(socket).start();        //接到申请后，开启一个新的线程进行通信
```

而前述单线程的服务器端仅仅是调用 runSocket()方法进行通信。

```
Socket socket = serverSocket.accept();    //等待客户的连接申请
runSocket(socket);    //接到申请后，调用 runSocket 方法进行通信（单线程）
```

【例 12-5】支持多客户的服务器端程序（参见实训平台【实训 12-5】）。

```
import java.io.BufferedReader;
import java.io.IOException;
import java.io.InputStreamReader;
import java.io.PrintWriter;
import java.net.ServerSocket;
import java.net.Socket;
import java.net.URLDecoder;
import java.net.URLEncoder;

public class TalkServer2 { //多线程版本，一次可以同时接收多个客户
    private int port = 9807;        //监听的端口号
    private ServerSocket serverSocket;

    public static void main(String args[]) throws IOException {
        new TalkServer2().service();
    }

    public void service() throws IOException {
        System.out.println("服务器启动，在端口" + port + "监听多个客户的 TCP 请求...");
        serverSocket = new ServerSocket(port);
        while (true) { //循环监听，每个客户的请求都用一个新的线程处理
            Socket socket = serverSocket.accept();   //等待客户的连接申请
            //单线程的代码是
//          runSocket(socket);     //接到申请后调用 runSocket 方法进行通信（单线程）
            //改为多线程的代码，如下
            new ServerThread(socket).start(); //每接收到一个请求启动一个线程来处理
        }
    }

    class ServerThread extends Thread{//创建一个线程类（内部类，故可以调用 runSocket()方法）
        Socket socket;   //每个线程都有一个与客户端连接的 Socket

        public ServerThread(Socket socket) { //通过构造方法接收新的 Socket
            super();
            this.socket = socket;
        }

        @Override
        public void run() {
            try { //线程中不能声明抛出异常，只能在线程中处理所有异常
                runSocket(socket);     //调用 runSocket 方法
            } catch (IOException e) {
                e.printStackTrace();
            }
        }
    }
```

```
public void runSocket(Socket newSocket) throws IOException { //与客户端的通信
        //与【例 12-3】单线程版本 TalkServer1 中的 runSocket()方法完全相同
    }
}
```

测试本程序时，用一个命令行窗口运行本程序，然后打开多个命令行窗口运行多个客户端程序，如图 12-4 所示。

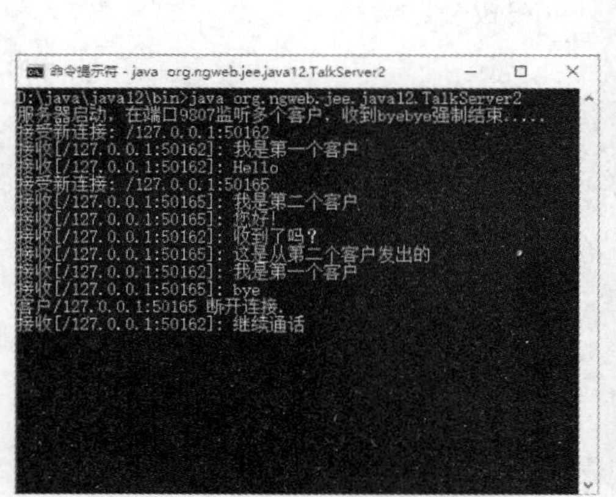

图 12-4　多客户端（一个服务器，两个客户端）

如果出现下述异常信息：

```
Exception in thread "main" java.net.BindException: Address already in use: JVM_Bind
```

说明服务器的端口已被占用，原因是这个服务器程序已经在运行中，例如重复运行 TalkServer2，或者是在启动了 TalkServer1 之后再启动 TalkServer2，因为这两个程序使用相同的端口号，而同一个端口号是不能被多次使用的。这时应该把已经启动的服务器程序停用，才能再启动新的服务器程序。

12.4　综合实训

1.【Jitor 平台实训 12-6】采用 URL 技术，编写一个程序，访问微软搜索引擎 bing.com 的首页内容。

2.【Jitor 平台实训 12-7】采用 TCP 技术实现数据传输，服务器端模拟一个温湿度传感器，监测当前环境的温度和湿度，温度值在 5℃～35℃范围内每秒变化一度，湿度值在 40%～80%范围内每秒变化 1。客户端在任意时刻向服务器端（温湿度传感器）发出读取温湿度数据请求，服务器实时响应。

第 13 章　综合项目

本章所有实训可以在 Jitor 校验器的指导下完成。

综合项目分为两个部分：第一部分是按照 Jitor 校验器的要求一步一步地完成一个项目开发的全过程，从需求分析、技术分析、功能设计、类设计、程序结构设计一直到代码编写，体验一个完整的实际项目开发过程；第二部分是自选题目，参考第一部分的设计和开发过程自行完成项目，在这个过程中，可以参考第一部分的源代码，大部分要自行编写，有些可以复制以后再进行修改。自选题目没有答案，只要完成预先设计的功能即可。

本章可作为课程设计使用。

13.1　学生管理项目

13.1.1　需求分析

1. 项目名称

小型学生管理系统。

2. 项目需求

管理一个班级学生的三门课程成绩，具有数据录入、成绩输出、查询、删除、更新等功能，并能将成绩写入文件（JSON 串行化后写入文件），需要时从文件读出。

3. 信息收集

需要管理的学生信息有如下 8 项：学号、姓名、年龄、电子邮件地址、三门课程的成绩和平均成绩。

13.1.2　技术分析和功能设计

1. 技术分析

综合运用本书的下述知识和技能完成本实训：类、继承、接口、数组、Map、Set、正则表达式、自定义异常、文件处理、串行化和反串行化，并采用单元测试进行自动化测试。

2. 功能设计和界面设计

采用字符界面输出文本菜单，用户通过按键选择所需功能，如图 13-1 所示。

13.1.3　程序结构设计

共有 11 个源代码文件，分别保存在 5 个包中，如图 13-2 所示，其中 StudentMgrSys 是含有主方法的主文件。

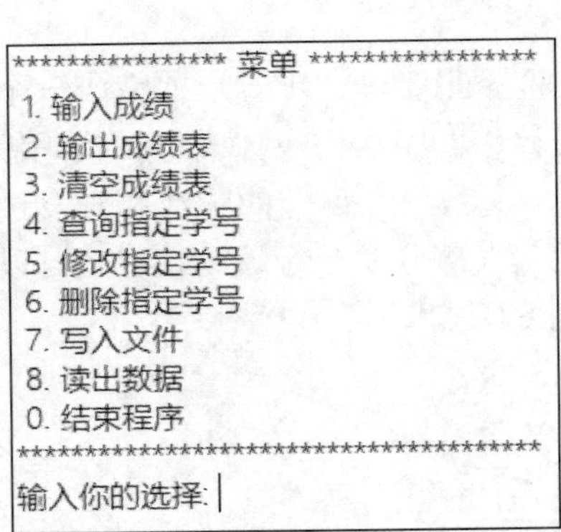

图 13-1　学生管理系统界面

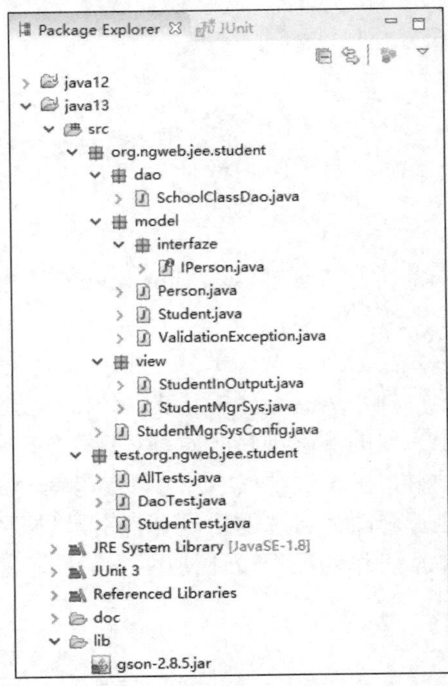

图 13-2　程序文件列表

项目的类图如图 13-3 所示。图中显示了 8 个类（不包括单元测试相关的类），其中 IPerson 接口、Person 类和 Student 类具有继承（包括实现）关系，其他的类之间是使用或依赖关系。

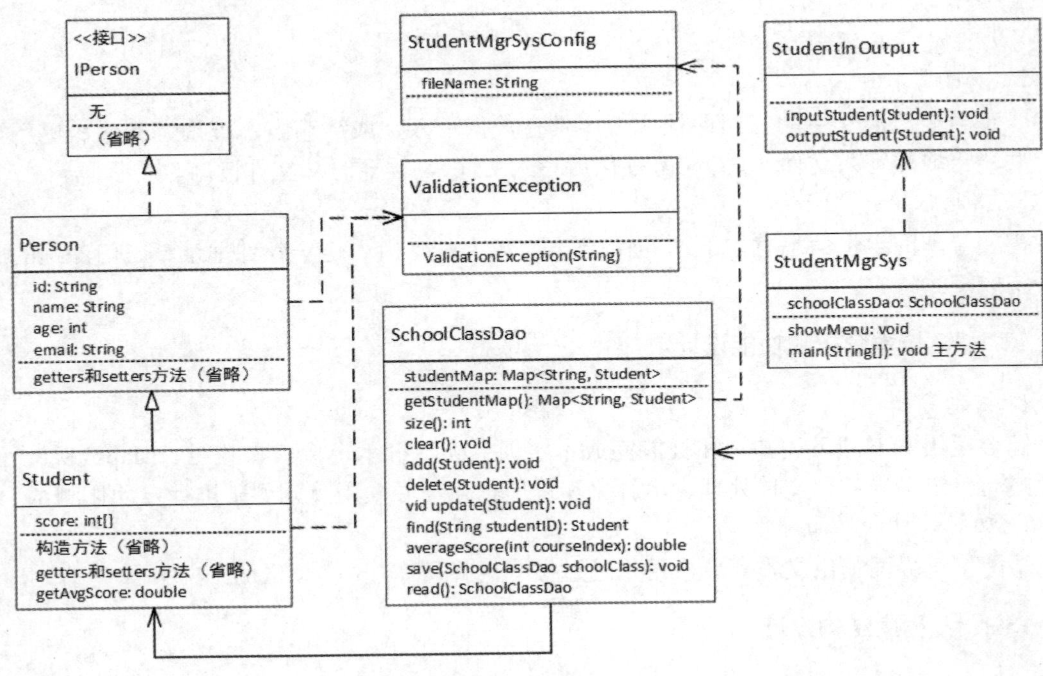

图 13-3　类图

各个包及类的作用如下：

- org.ngweb.java13.student 包：这是学生管理项目的包，所有子包都位于该包之下，包含一个全局配置类 StudentMgrSysConfig。
- org.ngweb.java13.student.model 包：模型层，保存了数据模型，包含人员接口 IPerson、人员类 Person 和学生类 Student，它们具有继承（实现）关系。由于自定义异常类与该包的类的关系比较密切，所以 ValidationException 也保存在这个包中。接口还单独保存在子包 org.ngweb.java13.student.model.interfaze 中。
- org.ngweb.java13.student.dao 包：数据访问层，保存与数据访问功能相关的 SchoolClassDao 类，具有增、删、改、查等功能，也有串行化和反串行化等功能。
- org.ngweb.java13.student.view 包：视图层，这是与用户交互的类，一个是负责学生数据输入输出的类 StudentInOutput，另一个是主方法所在的类 StudentMgrSys，通过主菜单与用户交互。
- test.org.ngweb.java13.student 包：单元测试包，因为这个包将不随产品交付给用户，所以位于单独的包中，但是含有项目的包名，以便于管理。

13.1.4 项目实现

项目的实现是从上至下，参照图 13-3 所示的类图，先顶层实现，后细节实现，共分为 4 个阶段，分阶段完成整个项目。

（1）【Jitor 平台实训 13-1】模型层（一）：IPerson 接口和 Person 类的实现。

在 Jitor 校验器上，对照“13.1.5 项目完整源代码”中的项目源代码完成这一实训所要求的功能。

（2）【Jitor 平台实训 13-2】模型层（二）：Student 的实现。

在 Jitor 校验器上，对照“13.1.5 项目完整源代码”中的项目源代码完成这一实训所要求的功能。

（3）【Jitor 平台实训 13-3】数据访问层：SchoolClassDao 的实现。

在 Jitor 校验器上，对照“13.1.5 项目完整源代码”中的项目源代码完成这一实训所要求的功能。

（4）【Jitor 平台实训 13-4】视图层：输入输出类 StudentInOutput 和主方法所在的类 StudentMgrSys 的实现。

在 Jitor 校验器上，对照“13.1.5 项目完整源代码”中的项目源代码完成这一实训所要求的功能。

13.1.5 项目完整源代码

本项目源代码含有文档注释，可以生成项目的 API 文档，生成过程见“13.1.7 生成 API 文档”一节。在阅读源代码之前，先访问 http://ngweb.org/demo/java/java13/doc/来阅读生成好的 API 文档，从 API 文档中对本项目的程序结构有一个更清晰的了解。

1. 全局配置类 StudentMgrSysConfig

```
package org.ngweb.java13.student;
```

```
import com.google.gson.Gson;

/**
 * 保存项目的全局配置参数
 * @author huangng
 */
public class StudentMgrSysConfig {
    public static String fileName = "d:/student.json";     //保存到文件所用的文件名

    //全局使用的变量
    public static Scanner sc = new Scanner(System.in);
    public static Gson gson = new Gson();
}
```

2. 人员接口 IPerson

```
package org.ngweb.java13.student.model.interfaze;

import java.io.Serializable;

import org.ngweb.java13.student.model.ValidationException;
/**
 * 这是人员接口，声明了所有人员都必须拥有的方法
 * @author huangng
 */
public interface IPerson extends Serializable{
    public String getId();
    public void setId(String id);
    public String getName();
    public void setName(String name)throws ValidationException;
    public int getAge();
    public void setAge(int age)throws ValidationException;
    public String getEmail();
    public void setEmail(String email) throws ValidationException ;
}
```

3. 人员类 Person

```
package org.ngweb.java13.student.model;

import java.util.regex.Matcher;
import java.util.regex.Pattern;

import org.ngweb.java13.student.model.interfaze.IPerson;
/**
 * 这是人员类，实现了人员接口并对属性进行校验，因此构造方法调用了 setters 方法，
 * 实现一致的校验（只在一个地方校验）
 * @author huangng
 */
public class Person implements IPerson {
```

```
    private static final long serialVersionUID = 1L;
    private static int count = 1000;    //人数，用于生成默认的编号（静态变量）

    private String id;
    private String name;
    private int age;
    private String email;

    /**
     * 无参构造方法
     */
    public Person() {
        count++;
        id = "id" + count;    //默认的编号
        age = 0;
    }

    /**
     * 有参构造方法
     * @param name
     * @param age
     * @param email
     * @throws ValidationException
     */
    public Person(String name, int age, String email) throws ValidationException {
        this();
        setName(name);
        setAge(age);
        setEmail(email);
    }

    //以下是 getters 和 setters 方法
    public String getId() {
        return id;
    }

    public void setId(String id) {
        this.id = id;
    }

    public String getName() {
        return name;
    }

    public void setName(String name) throws ValidationException {
        if (name.length() < 2 || name.length() > 4) {
```

```
            this.name = "";
            throw new ValidationException("姓名的长度不符合要求。");
        }
        this.name = name;
    }

    public int getAge() {
        return age;
    }

    public void setAge(int age) throws ValidationException {
        if (age < 15 || age > 28) {
            this.age = -1;
            throw new ValidationException("年龄值不符合学校的要求。");
        }
        this.age = age;
    }

    public String getEmail() {
        return email;
    }

    public void setEmail(String email) throws ValidationException {
        Pattern pattern = Pattern.compile("\\w+([-+.]\\w+)*@\\w+([-.]\\w+)*\\.\\w+([-.]\\w+)*");
        Matcher matcher = pattern.matcher(email);
        if (!matcher.matches()) {
            this.email = "";
            throw new ValidationException("电子邮件格式不对。");
        }
        this.email = email;
    }
}
```

4. 学生类 Student

```
package org.ngweb.java13.student.model;

/**
 * 学生类继承人员类，因此只需要增加学生相关的属性：成绩
 * @author huangng
 */
public class Student extends Person {
    private static final long serialVersionUID = 1L;
    public static final int courseCount = 3;

    private int[] score;    //学生的属性：成绩

    /**
     * 无参构造方法
```

```
     * @throws ValidationException
     */
    public Student() throws ValidationException {
        super();
        score = new int[courseCount];
    }

    /**
     * 有参构造方法
     * @param name
     * @param age
     * @param email
     * @param score
     * @throws ValidationException
     */
    public Student(String name, int age, String email, int[] score) throws ValidationException {
        super(name, age, email);    //调用父类构造方法
        setScore(score);
    }

    //以下是 getters 和 setters 方法
    public int[] getScore() {
        return score;
    }

    public void setScore(int[] score) throws ValidationException {
        for (int i = 0; i < courseCount; i++) {
            if (score[i] < 0 || score[i] > 100) {
                score[i] = -1;
                this.score = null;
                throw new ValidationException( "第 "+(i+1)+" 门的成绩超出百分制的范围。");
            }
        }

        this.score = score;
    }

    /**
     * 求本人的平均成绩
     * @return
     */
    public double getAvgScore() {
        double sum = 0;
        for (int i = 0; i < courseCount; i++) {
            sum += score[i];
        }
```

```
        return sum / courseCount;
    }
}
```

5. 自定义异常类 ValidationException

```
package org.ngweb.java13.student.model;
/**
 * 自定义的异常类
 * @author huangng
 */
public class ValidationException extends Exception {
    private static final long serialVersionUID = 1L;

    public ValidationException(String msg) {
        super(msg);
    }
}
```

6. 数据访问类 SchoolClassDao

```
package org.ngweb.java13.student.dao;

import java.io.BufferedReader;
import java.io.BufferedWriter;
import java.io.FileReader;
import java.io.FileWriter;
import java.util.Iterator;
import java.util.LinkedHashMap;
import java.util.Map;
import java.util.Set;

import org.ngweb.java13.student.StudentMgrSysConfig;
import org.ngweb.java13.student.model.Student;
/**
 * 数据访问对象（Data Access Object，DAO）
 * 保存所有学生的数据（在内存中），类似于数据库，有增删改查的功能
 * @author huangng
 */
public class SchoolClassDao {
    //班级学生数据
    private Map<String, Student> studentMap = new LinkedHashMap<String, Student>();

    /**
     * 返回学生的全部数据
     * @return
     */
    public Map<String, Student> getStudentMap() {
        return studentMap;
    }
```

```
/**
 * 取得班级中的学生人数
 * @return
 */
public int size() {
    return studentMap.size();
}

/**
 * 清空全部数据
 */
public void clear() {
    studentMap.clear();
}

/**
 * 添加一位学生
 * @param student
 */
public void add(Student student) {
    studentMap.put(student.getId(), student);
}

/**
 * 删除指定的学生
 * @param student
 */
public void delete(Student student) {
    studentMap.remove(student.getId());
}

/**
 * 用新的数据更新指定的学生
 * @param student
 */
public void update(Student student) {
    studentMap.put(student.getId(), student);
}

/**
 * 根据学号查找学生
 * @param studentID
 * @return
 */
public Student find(String studentID) {
```

```
        return studentMap.get(studentID);
    }

    /**
     * 计算某门课程的平均成绩（所有学生的）
     * @param courseIndex
     * @return
     */
    public double averageScore(int courseIndex) {
        double sum = 0;
        Set<String> set = studentMap.keySet();
        Iterator<String> it = set.iterator();
        while (it.hasNext()) {
            String key = it.next();
            Student s = studentMap.get(key);
            sum += s.getScore()[courseIndex];
        }
        return sum / studentMap.size();
    }

    /**
     * 串行化并保存到文件中
     * @param schoolClass
     */
    public void save(SchoolClassDao schoolClass) {
        String json = StudentMgrSysConfig.gson.toJson(schoolClass);
        try {
            BufferedWriter bw = null;
            bw = new BufferedWriter(new FileWriter(StudentMgrSysConfig.fileName));
            bw.write(json);
            bw.close();
        } catch (Exception e) {
            e.printStackTrace();
        }
    }

    /**
     * 从文件中读出并反串行化
     * @return
     */
    public SchoolClassDao read() {
        SchoolClassDao schoolClass = null;
        try {
            BufferedReader br = null;
            br = new BufferedReader(new FileReader(StudentMgrSysConfig.fileName));
            String json = br.readLine();      //JSON 只有一行
```

```
            br.close();

            schoolClass = (SchoolClassDao) StudentMgrSysConfig.gson.fromJson(json, SchoolClassDao.class);
        } catch (Exception e) {
            e.printStackTrace();
        }
        return schoolClass;
    }
}
```

7. 输入输出类 StudentInOutput

```
package org.ngweb.java13.student.view;

import java.util.Scanner;

import org.ngweb.java13.student.model.Student;
import org.ngweb.java13.student.model.ValidationException;
/**
 * 学生数据的输入和输出，是与用户直接交互的，所以放在 view 包中
 * @author huangng
 */
public class StudentInOutput {
    private static Scanner sc = StudentMgrSysConfig.sc;     //引用全局配置的变量

    /**
     * 从键盘输入学生的数据，每位学生一行，以空格分隔，因此名字中不能有空格
     * @param student
     */
    public static void inputStudent(Student student) {
        try {
            //student.setId(sc.next());
            student.setName(sc.next());
            student.setAge(sc.nextInt());
            student.setEmail(sc.next());
            int a = sc.nextInt();
            int b = sc.nextInt();
            int c = sc.nextInt();
            student.setScore(new int[] { a, b, c });
            sc.nextLine();    //清除回车键
        } catch (ValidationException e) {
            e.printStackTrace();
        }
    }

    /**
     * 输出学生的数据
     * @param s
```

```
    */
    public static void outputStudent(Student s) {
        int[] score = s.getScore();
        System.out.println("{" + s.getId() + "}\t{" + s.getName() + "}\t{"
                + s.getAge() + "}\t{" + s.getEmail() + "}\t{"
                + score[0] + "}\t{" + score[1] + "}\t{" + score[2] + "}");
    }

    //手工测试：张三 21 zhangsan@aa.com 78 82 65
    public static void main(String[] args) throws ValidationException {
        Student student = new Student();
        System.out.println("输入学生数据：");
        inputStudent(student);
        outputStudent(student);
    }
}
```

8. 主方法所在的类 StudentMgrSys

```
package org.ngweb.java13.student.view;

import java.util.Map;
import java.util.Scanner;
import java.util.Set;

import org.ngweb.java13.student.StudentMgrSysConfig;
import org.ngweb.java13.student.dao.SchoolClassDao;
import org.ngweb.java13.student.model.Student;
import org.ngweb.java13.student.model.ValidationException;

/**
 * 这是主方法所在的类，用户的操作、菜单都在这个类中，所以放在 view 包中
 * @author huangng
 */
public class StudentMgrSys {
    //通过班级来管理班上的学生
    private static SchoolClassDao schoolClassDao = new SchoolClassDao();
    private static Scanner sc = StudentMgrSysConfig.sc;     //引用全局配置的变量

    /**
     * 主方法，抛出自定义异常 ValidationException
     *
     * @param args
     * @throws ValidationException
     */
    public static void main(String[] args) throws ValidationException {
        boolean loop = true;
        String id;
```

```
Student student;

while (loop) {
    showMenu();
    System.out.print("输入你的选择：");
    String choice = sc.nextLine();

    switch (choice.charAt(0)) {
    case '1':
        //输入
        student = new Student();
        System.out.println("输入学生的姓名、年龄、邮件地址、三门课程的成绩，用空格分隔");
        StudentInOutput.inputStudent(student);
        schoolClassDao.add(student);
        break;
    case '2':
        //输出
        System.out.println("全班数据如下（共{" + schoolClassDao.size() + "}条记录）：");
        Map<String, Student> map = schoolClassDao.getStudentMap();
        Set<String> keys = map.keySet();
        for (String key : keys) {
            Student s = map.get(key);
            StudentInOutput.outputStudent(s);
        }
        break;
    case '3':
        //清空
        schoolClassDao.clear();
        System.out.println("已清空");
        break;
    case '4':
        //查询
        System.out.print("输入要查找的学号：");
        id = sc.nextLine();
        student = schoolClassDao.find(id);
        if (student == null) {
            System.out.println("找不到该学生");
        } else {
            StudentInOutput.outputStudent(student);
        }
        break;
    case '5':
        //更新
        System.out.print("输入要更新的学号：");
        id = sc.nextLine();
        student = schoolClassDao.find(id);
```

```
                if (student == null) {
                    System.out.println("该学生不存在，不能更新");
                } else {
                    System.out.println("原数据如下：");
                    StudentInOutput.outputStudent(student);
                    System.out.println("输入新的数据，姓名、年龄、邮件地址、三门课程的成绩");
                    StudentInOutput.inputStudent(student);
                    schoolClassDao.update(student);
                }
                break;
            case '6':
                //删除
                System.out.print("输入要删除的学号：");
                id = sc.nextLine();
                student = schoolClassDao.find(id);
                if (student == null) {
                    System.out.println("该学生不存在，无法删除");
                } else {
                    schoolClassDao.delete(student);
                }
                break;
            case '7':
                //保存
                schoolClassDao.save(schoolClassDao);
                System.out.println("已保存到文件：" + StudentMgrSysConfig.fileName);
                break;
            case '8':
                //读出
                schoolClassDao = schoolClassDao.read();
                System.out.println("从文件读出：" + StudentMgrSysConfig.fileName);
                break;
            case '9':
                //TODO：可以增加更多功能
                break;
            case '0':
                loop = false;
            }
        }
        System.out.println("程序结束");
    }

    public static void showMenu() {
        System.out.println("*************** 菜单 *****************");
        System.out.println(" 1. 输入成绩");
        System.out.println(" 2. 输出成绩表");
        System.out.println(" 3. 清空成绩表");
        System.out.println(" 4. 查询指定学号");
```

```
            System.out.println(" 5. 修改指定学号");
            System.out.println(" 6. 删除指定学号");
            System.out.println(" 7. 写入文件");
            System.out.println(" 8. 读出数据");
            System.out.println(" 0. 结束程序");
            System.out.println("****************************************");
        }
    }
    /*
    测试数据：张三 21 zhangsan@aa.com 78 82 65
    */
```

13.1.6 单元测试

单元测试并不直接属于项目本身，但是对于项目开发有极其重要的意义。下面是一些本项目中使用的单元测试的例子。

1. 单元测试类 StudentTest

```
package test.org.ngweb.java13.student;

import org.ngweb.java13.student.model.Student;
import org.ngweb.java13.student.model.ValidationException;

import junit.framework.TestCase;
/**
 * 单元测试：测试学生类的数据校验
 * @author huangng
 */
public class StudentTest extends TestCase {
    public void testValidateName1() throws ValidationException {
        Student s = new Student();
        try {
            s.setName("李");
        } catch (ValidationException e) {
            System.out.println(e.getMessage());
        }
        TestCase.assertEquals("", s.getName());
    }

    public void testValidateName2() throws ValidationException {
        Student s = new Student();
        try {
            s.setName("错误的名字");
        } catch (ValidationException e) {
            System.out.println(e.getMessage());
        }
        TestCase.assertEquals("", s.getName());
```

```
    }

    public void testValidateName3() throws ValidationException {
        Student s = new Student();
        try {
            s.setName("李明");
        } catch (ValidationException e) {
            System.out.println(e.getMessage());
        }
        TestCase.assertEquals("李明", s.getName());
    }

    public void testValidateAge1() throws ValidationException {
        Student s = new Student();
        try {
            s.setAge(32);
        } catch (ValidationException e) {
            System.out.println(e.getMessage());
        }
        TestCase.assertEquals(-1, s.getAge());
    }

    public void testValidateAge2() throws ValidationException {
        Student s = new Student();
        try {
            s.setAge(12);
        } catch (ValidationException e) {
            System.out.println(e.getMessage());
        }
        TestCase.assertEquals(-1, s.getAge());
    }

    public void testValidateAge3() throws ValidationException {
        Student s = new Student();
        try {
            s.setAge(22);
        } catch (ValidationException e) {
            System.out.println(e.getMessage());
        }
        TestCase.assertEquals(22, s.getAge());
    }

    public void testValidateEmail1() throws ValidationException {
        Student s = new Student();
        try {
            s.setEmail("abc#aa.cc");
```

```
        } catch (ValidationException e) {
            System.out.println(e.getMessage());
        }
        TestCase.assertEquals("", s.getEmail());
    }

    public void testValidateEmail2() throws ValidationException {
        Student s = new Student();
        try {
            s.setEmail("abc@aa.cc");
        } catch (ValidationException e) {
            System.out.println(e.getMessage());
        }
        TestCase.assertEquals("abc@aa.cc", s.getEmail());
    }

    public void testValidateScore() throws ValidationException {
        Student s = new Student();
        try {
            s.setScore(new int[] { 101, 93, 88 });
        } catch (ValidationException e) {
            System.out.println(e.getMessage());
        }
        TestCase.assertEquals(null, s.getScore());
    }
}
```

2. 单元测试类 DaoTest

```
package test.org.ngweb.java13.student;

import org.ngweb.java13.student.dao.SchoolClassDao;
import org.ngweb.java13.student.model.Student;
import org.ngweb.java13.student.model.ValidationException;

import junit.framework.TestCase;
/**
 * 单元测试：测试串行化和反串行化（文件写入和读出）
 * @author huangng
 */
public class DaoTest extends TestCase {
    public void testDao() {
        SchoolClassDao shoolClass = new SchoolClassDao();

        Student student;
        try {
            student = new Student("王明", 23, "wangm@qq.com", new int[] { 82, 93, 88 });
            student.setId("1001");
```

```
            shoolClass.add(student);
            student = new Student("李倩", 22, "liq@qq.com", new int[] { 94, 89, 91 });
            student.setId("1002");
            shoolClass.add(student);
            shoolClass.save(shoolClass);
        } catch (ValidationException e) {
            e.printStackTrace();
        }
        //read from file
        SchoolClassDao shoolClass1 = new SchoolClassDao();

        Student s;
        shoolClass1 = shoolClass1.read();
        s = shoolClass1.find("1001");
        TestCase.assertEquals("王明", s.getName());
    }
}
```

3. 单元测试用例集 AllTests

```
package test.org.ngweb.java13.student;

import junit.framework.Test;
import junit.framework.TestSuite;
/**
 * 单元测试用例集，是本项目所有单元测试的合集
 * @author huangng
 *
 */
public class AllTests {

    public static Test suite() {
        TestSuite suite = new TestSuite(AllTests.class.getName());
        //$JUnit-BEGIN$
        suite.addTestSuite(DaoTest.class);
        suite.addTestSuite(StudentTest.class);
        //$JUnit-END$
        return suite;
    }
}
```

13.1.7 生成 API 文档

本项目的代码中包含了许多文档注释，文档注释以/**开始，直到*/结束，例如下述注释就是文档注释。

```
/**
 * 单元测试用例集，是本项目所有单元测试的合集
 * @author huangng
```

```
 *
 */
```

通过文档注释可以自动生成项目的 API 文档，方便今后的维护。方法是通过项目的右键菜单选择 Export→Javadoc，在弹出的对话框中选择 JDK 中的 javadoc.exe 的位置（在 JDK 的安装目录下）、需要生成 API 文档的包，以及生成文档的保存位置（如图 13-4 所示），javadoc.exe 将会根据代码中的文档注释生成一个网站，保存在指定的目录中（如图 13-5 所示），用浏览器浏览这个网站的效果如图 13-6 所示。

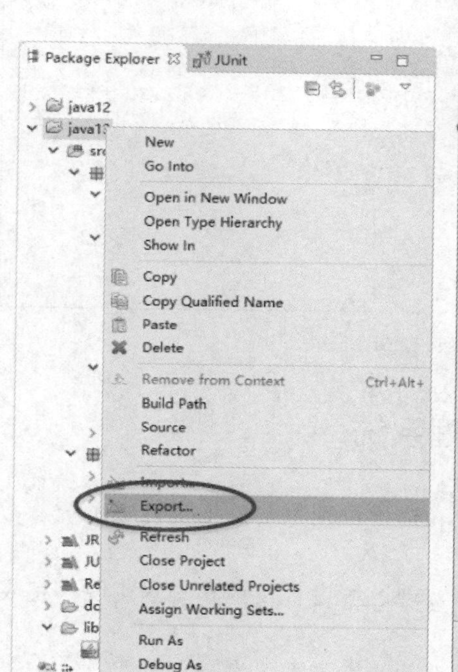

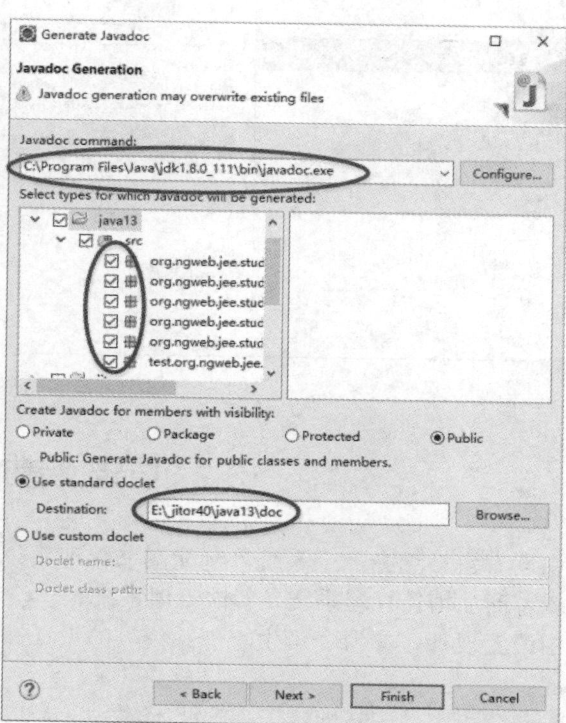

图 13-4　生成 API 文档的过程

名称	修改日期	类型	大小
index-files	2019/6/7 22:57	文件夹	
org	2019/6/7 22:57	文件夹	
allclasses-frame.html	2019/6/7 22:57	Chrome HTML D...	2 KB
allclasses-noframe.html	2019/6/7 22:57	Chrome HTML D...	2 KB
constant-values.html	2019/6/7 22:57	Chrome HTML D...	5 KB
deprecated-list.html	2019/6/7 22:57	Chrome HTML D...	4 KB
help-doc.html	2019/6/7 22:57	Chrome HTML D...	8 KB
index.html	2019/6/7 22:57	Chrome HTML D...	3 KB
overview-frame.html	2019/6/7 22:57	Chrome HTML D...	2 KB
overview-summary.html	2019/6/7 22:57	Chrome HTML D...	5 KB
overview-tree.html	2019/6/7 22:57	Chrome HTML D...	7 KB
package-list	2019/6/7 22:57	文件	1 KB
script.js	2019/6/7 22:57	JavaScript File	1 KB
serialized-form.html	2019/6/7 22:57	Chrome HTML D...	6 KB
stylesheet.css	2019/6/7 22:57	Cascading Style ...	14 KB

图 13-5　生成的 API 文档及目录结构

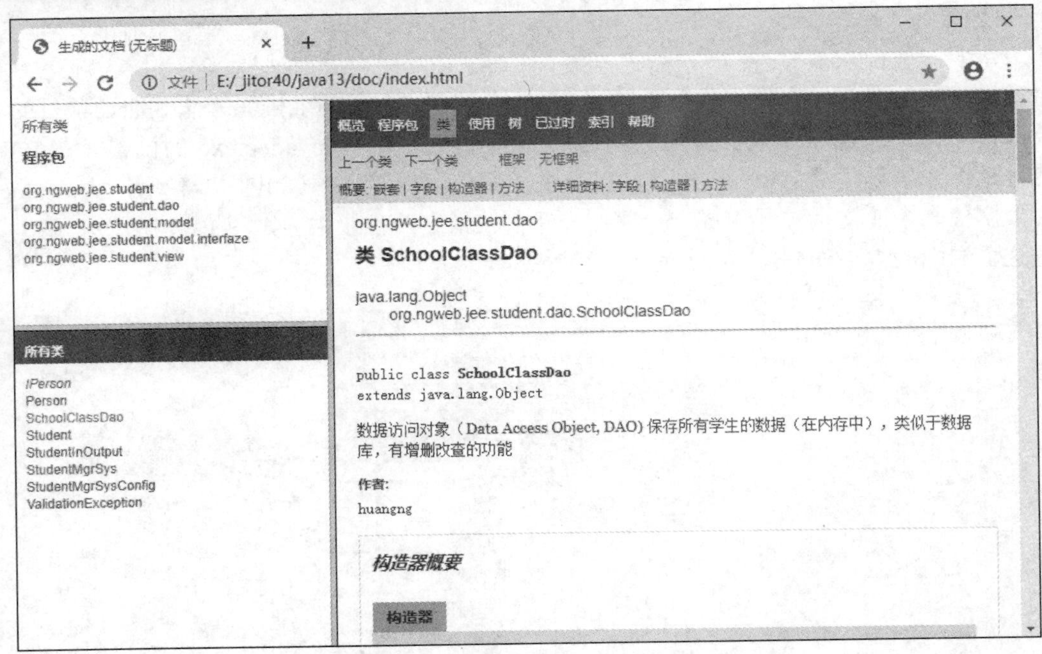

图 13-6　用浏览器浏览生成的 API 文档

13.2　自定义管理系统

由读者自行选择一个系统，例如图书管理系统、宿舍管理系统、工资管理系统、考勤管理系统、商品销售管理系统、餐饮管理系统等。

由读者设计，参考“学生管理系统”的设计和实现过程进行设计和编码实现，完成基本的功能。

这部分内容是创新性设计，因此不在 Jitor 校验器的检查范围之内。

参考文献

[1] 孙浏毅. Java 宝典[M]. 北京：电子工业出版社，2009.

[2] 黄能耿. Java 程序设计及实训[M]. 北京：机械工业出版社，2011.

[3] Bruce Eckel. Java 编程思想[M]. 3 版. 陈昊鹏，饶若楠译. 北京：机械工业出版社，2005.

[4] David J. Eck. Introduction to Programming Using Java. 8.1 版. 2019. 免费电子书，http://math.hws.edu/javanotes/（含 PDF 和源码下载），访问时间：2020-01-11.

[5] Cay S. Horstmann, Gary Cornell. Core Java. Volume I: Fundamentals, 8th ed [M]. California: Sun Microsystems Press, 2008.

[6] James Gosling. The Java Language Specification Third Edition. Boston: Addison-Wesley, 2005.

[7] 在线文档：https://docs.oracle.com/javase/tutorial/, The Java Tutorials，访问时间：2020-01-11.

[8] 在线文档：https://docs.oracle.com/javase/6/docs/api/ Java Platform, Standard Edition 6 API Specification，访问时间：2020-01-11.

附录 A　ASCII 码表

<table>
<tr><th colspan="3">控制字符</th><th colspan="9">可打印字符</th></tr>
<tr><th>Dec</th><th>Hex</th><th>含义</th><th>Dec</th><th>Hex</th><th>字符</th><th>Dec</th><th>Hex</th><th>字符</th><th>Dec</th><th>Hex</th><th>字符</th></tr>
<tr><td>0</td><td>00</td><td>NUL</td><td>32</td><td>20</td><td>(space)</td><td>64</td><td>40</td><td>@</td><td>96</td><td>60</td><td>`</td></tr>
<tr><td>1</td><td>01</td><td>SOH</td><td>33</td><td>21</td><td>!</td><td>65</td><td>41</td><td>A</td><td>97</td><td>61</td><td>a</td></tr>
<tr><td>2</td><td>02</td><td>STX</td><td>34</td><td>22</td><td>"</td><td>66</td><td>42</td><td>B</td><td>98</td><td>62</td><td>b</td></tr>
<tr><td>3</td><td>03</td><td>ETX</td><td>35</td><td>23</td><td>#</td><td>67</td><td>43</td><td>C</td><td>99</td><td>63</td><td>c</td></tr>
<tr><td>4</td><td>04</td><td>EOT</td><td>36</td><td>24</td><td>$</td><td>68</td><td>44</td><td>D</td><td>100</td><td>64</td><td>d</td></tr>
<tr><td>5</td><td>05</td><td>ENQ</td><td>37</td><td>25</td><td>%</td><td>69</td><td>45</td><td>E</td><td>101</td><td>65</td><td>e</td></tr>
<tr><td>6</td><td>06</td><td>ACK</td><td>38</td><td>26</td><td>&</td><td>70</td><td>46</td><td>F</td><td>102</td><td>66</td><td>f</td></tr>
<tr><td>7</td><td>07</td><td>BEL</td><td>39</td><td>27</td><td>'</td><td>71</td><td>47</td><td>G</td><td>103</td><td>67</td><td>g</td></tr>
<tr><td>8</td><td>08</td><td>BS</td><td>40</td><td>28</td><td>(</td><td>72</td><td>48</td><td>H</td><td>104</td><td>68</td><td>h</td></tr>
<tr><td>9</td><td>09</td><td>HT</td><td>41</td><td>29</td><td>)</td><td>73</td><td>49</td><td>I</td><td>105</td><td>69</td><td>i</td></tr>
<tr><td>10</td><td>0A</td><td>LF</td><td>42</td><td>2A</td><td>*</td><td>74</td><td>4A</td><td>J</td><td>106</td><td>6A</td><td>j</td></tr>
<tr><td>11</td><td>0B</td><td>VT</td><td>43</td><td>2B</td><td>+</td><td>75</td><td>4B</td><td>K</td><td>107</td><td>6B</td><td>k</td></tr>
<tr><td>12</td><td>0C</td><td>FF</td><td>44</td><td>2C</td><td>,</td><td>76</td><td>4C</td><td>L</td><td>108</td><td>6C</td><td>l</td></tr>
<tr><td>13</td><td>0D</td><td>CR</td><td>45</td><td>2D</td><td>-</td><td>77</td><td>4D</td><td>M</td><td>109</td><td>6D</td><td>m</td></tr>
<tr><td>14</td><td>0E</td><td>SO</td><td>46</td><td>2E</td><td>.</td><td>78</td><td>4E</td><td>N</td><td>110</td><td>6E</td><td>n</td></tr>
<tr><td>15</td><td>0F</td><td>SI</td><td>47</td><td>2F</td><td>/</td><td>79</td><td>4F</td><td>O</td><td>111</td><td>6F</td><td>o</td></tr>
<tr><td>16</td><td>10</td><td>DLE</td><td>48</td><td>30</td><td>0</td><td>80</td><td>50</td><td>P</td><td>112</td><td>70</td><td>p</td></tr>
<tr><td>17</td><td>11</td><td>DC1</td><td>49</td><td>31</td><td>1</td><td>81</td><td>51</td><td>Q</td><td>113</td><td>71</td><td>q</td></tr>
<tr><td>18</td><td>12</td><td>DC2</td><td>50</td><td>32</td><td>2</td><td>82</td><td>52</td><td>R</td><td>114</td><td>72</td><td>r</td></tr>
<tr><td>19</td><td>13</td><td>DC3</td><td>51</td><td>33</td><td>3</td><td>83</td><td>53</td><td>S</td><td>115</td><td>73</td><td>s</td></tr>
<tr><td>20</td><td>14</td><td>DC4</td><td>52</td><td>34</td><td>4</td><td>84</td><td>54</td><td>T</td><td>116</td><td>74</td><td>t</td></tr>
<tr><td>21</td><td>15</td><td>NAK</td><td>53</td><td>35</td><td>5</td><td>85</td><td>55</td><td>U</td><td>117</td><td>75</td><td>u</td></tr>
<tr><td>22</td><td>16</td><td>SYN</td><td>54</td><td>36</td><td>6</td><td>86</td><td>56</td><td>V</td><td>118</td><td>76</td><td>v</td></tr>
<tr><td>23</td><td>17</td><td>ETB</td><td>55</td><td>37</td><td>7</td><td>87</td><td>57</td><td>W</td><td>119</td><td>77</td><td>w</td></tr>
<tr><td>24</td><td>18</td><td>CAN</td><td>56</td><td>38</td><td>8</td><td>88</td><td>58</td><td>X</td><td>120</td><td>78</td><td>x</td></tr>
<tr><td>25</td><td>19</td><td>EM</td><td>57</td><td>39</td><td>9</td><td>89</td><td>59</td><td>Y</td><td>121</td><td>79</td><td>y</td></tr>
<tr><td>26</td><td>1A</td><td>SUB</td><td>58</td><td>3A</td><td>:</td><td>90</td><td>5A</td><td>Z</td><td>122</td><td>7A</td><td>z</td></tr>
<tr><td>27</td><td>1B</td><td>ESC</td><td>59</td><td>3B</td><td>;</td><td>91</td><td>5B</td><td>[</td><td>123</td><td>7B</td><td>{</td></tr>
<tr><td>28</td><td>1C</td><td>FS</td><td>60</td><td>3C</td><td><</td><td>92</td><td>5C</td><td>\</td><td>124</td><td>7C</td><td>|</td></tr>
<tr><td>29</td><td>1D</td><td>GS</td><td>61</td><td>3D</td><td>=</td><td>93</td><td>5D</td><td>]</td><td>125</td><td>7D</td><td>}</td></tr>
<tr><td>30</td><td>1E</td><td>RS</td><td>62</td><td>3E</td><td>></td><td>94</td><td>5E</td><td>^</td><td>126</td><td>7E</td><td>~</td></tr>
<tr><td>31</td><td>1F</td><td>US</td><td>63</td><td>3F</td><td>?</td><td>95</td><td>5F</td><td>_</td><td>127</td><td>7F</td><td>DEL</td></tr>
</table>

注：Dec 表示十进制，Hex 表示十六进制。

附录 B　Java 编码规范

不同公司的 Java 编码规范可能会有一些不同。本附录主要参考了 Google 的 Java 编码规范，仅选用了一些比较通用的部分。

一、源文件

1. 文件名

源文件以 public 类的类名来命名，大小写敏感，文件扩展名为.java。

2. 空白字符

除了换行符，空格（0x20）是源文件中唯一允许出现的空白字符，这意味着制表符不用于缩进（有些规范使用制表符作为缩进，例如本书就使用制表符）。

3. 特殊转义序列

对于具有特殊转义序列的任何字符（\t、\n、\"、\'和\\），应该使用它的转义序列，而不是相应的八进制（如\012）或 Unicode（如\u000a）转义。

二、源文件结构

一个源文件应该按顺序包含以下部分：

```
许可证或版权信息（如有需要）
package 语句
import 语句
一个 public 类（只有一个）
```

以上每个部分之间用一个空行隔开。

1. 许可证或版权信息

如果一个文件包含许可证或版权信息，那么它应当被放在文件的最前面。

2. package 语句

package 语句不要换行。

3. import 语句

import 语句不要使用通配符，例如不要出现下述带星号的 import 语句。

```
import java.util.*;
```

而是要指定具体的类名，例如以下代码：

```
import java.util.Date;    //日期类
```

import 语句不要换行。

4. 类声明

（1）只有一个 public 类声明。每个 public 类都在一个与它同名的源文件中，文件以.java 作为后缀。

（2）类成员顺序。类的成员顺序对代码的可读性有很大的影响，但是不存在唯一的通用法则。不同场合下成员的排序可能是不同的，应该以某种逻辑去排序它的成员，维护者应该要能解释这种排序逻辑。

5. 重载：永不分离

当一个类有多个构造方法或多个同名成员方法时，这些重载的方法应该按顺序出现在一起，中间不要放进其他方法。

三、格式

1. 花括号

（1）花括号不能省略（即使是可选的）。

花括号与 if、else、for、do、while 语句一起使用时，即使只有一条语句，也应该加上花括号。例如以下代码：

```
if (temperature > 30) {
    System.out.println("{打开空调}");
} else {
    System.out.println("{关闭空调}");
}
```

（2）花括号与换行。

- 左花括号前不换行。
- 左花括号后换行，除非是 if 语句的 else 部分。
- 右花括号前换行，除非是 if 语句的 else 部分。

例如上述条件语句的代码。

2. 块缩进

每当开始一个新的块时缩进增加 2 个空格；当块结束时缩进返回先前的缩进级别。

也有的规范规定缩进 4 个空格或一个制表符，本书采用一个制表符。

3. 一行一条语句

每条语句后要换行。

4. 列限制：80

一行的长度以 80 个字符为限制，除了下述例外，任何一行如果超过这个字符数限制就必须换行，换行后的代码要增加一层缩进。

- package 和 import 语句。
- 一个长的 URL。

5. 空行

空行的作用是对代码进行逻辑分组，以下情况需要使用一个空行：

- 类内连续的成员之间：如成员变量、构造方法、方法、嵌套类等。
- 在方法体内，语句的逻辑分组之间使用空行。
- 类内最后一个成员后加一个空行。
- 多个连续的空行是允许的，但没有必要这样做，也不鼓励这样做。

6. 用圆括号来限定组：推荐

在表达式内部，除非省略圆括号也不会使代码被误解或是去掉圆括号能让代码更易于阅读，否则不应该去掉圆括号。没有理由假设读者能记住全部 Java 运算符的优先级。

四、格式的细节

1. 变量声明

（1）一行只声明一个变量。不要使用组合声明，如 int a, b;。

（2）需要时才声明，并尽快进行初始化。不要在一个代码块的开头一次性声明所有的局部变量，而是在第一次需要使用它时才声明。

局部变量在声明时最好就进行初始化或者声明后尽快进行初始化。

2. 数组

（1）非 C 风格的数组声明。数组声明中的方括号是类型的一部分，如 String[] args 或 int[] socre。

（2）C 风格的数组声明。通常不建议使用，如 String args[]或 int socre[]。

（3）数组初始化。可写成块状结构，如：

```
new int[] {
   0, 1, 2, 3
}
```

或

```
new int[] {
   0,
   1,
   2,
   3
}
```

也可写成非块状结构，如：

```
new int[] {0, 1, 2, 3}
```

3. Modifiers

类和成员如果存在修饰符，则按 Java 语言规范中推荐的顺序出现。

```
public protected private abstract static final transient volatile synchronized native strictfp
```

五、命名约定

1. 对所有标识符都通用的规则

标识符只能使用ASCII字母和数字，因此每个有效的标识符名称都能匹配正则表达式\w+。

标识符应该使用有具体含义的英文单词，不要使用中文、汉语拼音或汉语拼音的缩写。

不要使用下划线和美元符作为标识符。下划线仅在常量的命名中使用。

2. 驼峰命名法（CamelCase）

驼峰命名法分为大驼峰命名法（UpperCamelCase）和小驼峰命名法（lowerCamelCase）两种。

- 大驼峰命名法：每个单词的第一个字母大写，如 UpperCamelCase。
- 小驼峰命名法：除第一个单词，每个单词的第一个字母大写，如 lowerCamelCase。

3. 标识符类型的规则

（1）包名。包名全部小写，连续的单词只是简单地连接起来，不使用下划线，包名的各个部分用小数点分隔。

（2）类名和接口名。类名和接口名以 UpperCamelCase 风格编写。类名通常是名词或名词短语，接口名有时可能是形容词或形容词短语。测试类的命名以它要测试的类的名称开始，以 Test 结束。例如 HashTest 或 HashIntegrationTest。

（3）方法名。方法名以 lowerCamelCase 风格编写。方法名通常是动词或动词短语。

（4）常量名。常量名命名模式为 CONSTANT_CASE，全部字母大写，用下划线分隔单词。常量名通常是名词或名词短语。

（5）普通变量名。普通变量名（非常量字段名）以 lowerCamelCase 风格编写。普通变量名通常是名词或名词短语。

（6）参数名。参数名以 lowerCamelCase 风格编写。参数应该避免用单个字符命名。

（7）局部变量名。局部变量名以 lowerCamelCase 风格编写。虽然对局部变量的命名要求较为宽松，但还是要避免用单字符进行命名，除了临时变量和循环变量。

虽然有些局部变量是 final 和不可改变的，但也不应该把它视为常量，因此不能用常量的规则去命名它。

六、编程实践

1. @Override：能用则用

在需要的地方，应该尽可能加上@Override 注解。

2. 捕获的异常：不能忽视

对异常应该及时作出处理，只有在测试用例中不要对异常作出处理，以便测试时及时发现异常。

3. 静态成员：使用类进行调用

使用类名调用静态的类成员，而不是具体某个对象或表达式。